今すぐ使える！

Google Workspace & Chromebook 情報セキュリティ管理術

学校・オフィスを守るクラウド時代の新常識

平塚知真子、井上勝［著］／イーディーエル株式会社［監修］

技術評論社

はじめに

情報セキュリティの知識に自信がない方でも、Google の端末とツールを**正しく活用**することによって、**安全性と利便性を両立させ、組織全体の生産性を劇的に向上させることができます**。日本人の多くがセキュリティと聞くと保護する・守る等のガードマン（警備会社）を連想し、ダメ・禁止をイメージします。しかし、保護（禁止）するだけでなく、可用性（アクセス権を有する人が必要なときに必要なところで情報を利用可能とする特性）を重視することが、**クラウド時代の「情報セキュリティ」対策**であるとも言われています。

重要な情報を保護し、情報を完全な状態を保ち利用可能にすることが、情報セキュリティ。そして、それを手軽に実現できるのが、Google Workspace & Chromebook である。私たちはこう考えます。

本書は、**ビジネスのオーナーやプロジェクト責任者、あるいは組織の情報管理責任者**として、今の時代にふさわしく、もっと効果的に最新のテクノロジーを活用し、効率良くスピーディに情報を共有し、成果を出していきたいと願うリーダーのために書かれました。

これまでは、自分で作成したデータを保存するのは自分自身の端末というのが当たり前。異なる端末同士でデータを共有するには、コピーをメールに添付して送信するか、USBメモリからコピーするしかありませんでした。どちらの方法も文書の原本に加筆修正するわけではないため、複数の関係者が編集を繰り返すと、複数のコピーが次々に生まれ、「どれが最新版なのか」わからなくなってしまうリスクもありました。

また、[名前をつけて保存]、[上書き保存]をしないとデータが失われてしまうリスクもありました。これはよくある「デジタル化はされているけれどクラウド化ができていない例」です。

しかし、Google のツールと端末を使うと、本当の意味でクラウド化が実現します。

Google のクラウドベースの オフィスツール（文房具アプリ）は、利用者に誰でも無料かつ無条件で、従来とはまったく次元の異なる生産性向上をもたらしてくれます。例えば、必要な相手にファイルの原本を[共有]し、いつでもどこでも最新版を確認してもらうことができます。相手に編集権限を付与すれば、どのOS、どの端末からでも文書を加筆修正できるようになりますし、閲覧権限でPDFファイルのように見るだけの状態に制限することもできます。まるで**“四次元ポケット”**を手に入れたようなものです。

Google のツールは基本的に作業が自動保存されるため、停電や故障等でトラブルが起きても、そのタイミングでデータは安全に自動保存されます。編集履歴も自動で残るため、誰がどこを編集したのか確認できますし、過去の版を復元したり、それを別ファ

参照
出典:"GIGAスクール構想の実現について:文部科学省" https://www.mext.go.jp/a_menu/other/index_00001.htm。

参照
出典:"公立小中学校1人1台環境でChrome OSがトップシェア - MM総研." https://www.m2ri.jp/release/detail.html?id=475

イルとして後で切り出したりすることもできます。
また、すべてのデータがクラウドに保存されるため、端末が盗まれたり、故障してもデータは完全に無傷のまま残ります。

今、時代は大きな変革期の真っ只中にあります。
例えば、オフィスツールといえば、数年前まではマイクロソフト社一択でしたが、最近では Google のアプリ群も選択肢の1つとして認知され始めています。
2021年に政府主導で行われたGIGAスクール構想によって、今や、日本の小学校でも1年生から高速Wi-Fiを使って1人1台の端末で授業が行われています。公立小中学校で購入された端末のうち実に 43% が Google が開発した Chromebook です。
また、Google のオフィスツールである Google Workspace を活用する学校はさらに多く、全体の過半数を超えているのです。
Google の端末とツールで次世代の情報活用スキルを身につけた子どもたちが社会に出ていくのも、もはや遠い未来のことではありません。学校だけでなく、社会も最新のテクノロジーをもっと活用していく時代なのです。もちろん安全性と利便性を両立させていく必要があります。

クラウド時代の「新しい情報セキュリティ対策」をしっかりと理解し、素早く実行していくことにますます注目と重要度が増していくことでしょう。

そこで本書は、経営者やビジネスパーソン、そしてGIGAスクール構想において組織の情報管理責任者となった先生たちが**「安全性」と「利便性」を両立させる情報セキュリティの全体像と具体的な Google の端末とツールの設定方法を短時間で理解できること**を目指して執筆しました。

また、本書は 以下の点について、モヤモヤした思いを抱える企業や組織、学校のリーダーにも最適です。

- **情報セキュリティに関する書籍を読んでも、言葉や概念が難しくて、理解できた気がしない**
- **組織のリーダーとして具体的に何を最低限やっておくべきか、手っ取り早く知りたい**
- **選定ポイントがわからず、DXを推進するツールをまだ組織に導入できていない**

本書は Google の開発した Google Workspace と Chromebook について解説しています。そこで、以下のような企業、組織や学校リーダーにも最適です。

- **Google Workspace や Chromebook の導入を検討しているが、安全性や他の選択肢とどう違うのか知りたい**
- **Google Workspace および Google Workspace for Education の各エディションの違**

いや、無償版と有償版で何が異なるのかよくわからない**
- **とりあえず管理を任されているが、組織的にツールや端末の管理を実施するのに必要な具体的なお手本や設定情報がなく、不安だ**

本書は、これまで十分な具体例に触れることができていなかった**「安全性と利便性」を両立する「組織での活用法」**と、特に**「Google の情報セキュリティ」の概要と具体的な設定方法**についてフォーカスしました。類書となる Chromebook 関連書籍は、すでに導入を決定している方を対象に書かれたものが大半ですが、本書は、**「これから Chromebook や Google Workspace の活用を検討される方」**のためにも、わかりやすくそのメリットを解説しました。

本書で私たちは、Google の認定パートナー企業として、正確な情報を心がけながら、現場で培われた数々のノウハウや考え方を、惜しみなく共有したつもりです。

本書の構成は以下のとおりです。

序　章：知っておきたい情報セキュリティの基本
第1章：Google が実施する情報セキュリティとは
第2章：Google Workspace の管理コンソールの初期設定
第3章：企業などの組織で実施する情報セキュリティ
第4章：教育機関で実施する情報セキュリティ
第5章：セキュリティをより高めるための対策と設定

まず序章では**「情報セキュリティとは、そもそも何を対策すべきなのか」**、また**「制限しすぎることなく情報セキュリティを正しく実現するための基本ポイント」**を解説しました。

続いて本文では、**情報セキュリティ対策を「サービスを提供する事業者が実施すべき対策」と「利用者であるユーザーの代表者が実施すべき対策」**とに分けて把握、解説を試みました。

第1章では**「サービス提供者」である Google が実施している情報セキュリティ対策**について取り上げました。 Google の端末やツールを使う際に「ユーザー」が意識するしないに関わらず、Google が対策してくれている情報セキュリティに関する情報になります。なお、本書では全編を通じて、「ツール」である Google のアプリ群（ Google Workspace ）と「端末」である Chromebook をできるだけ分けて話が混同しないように記述しています。

第2章からは「サービス利用者」、つまり「組織の情報管理責任者」「 Google Workspace 管理者」として実施できる情報セキュリティについて、具体的な対策・設定方法を詳述しました。設定は、組織の管理者が操作可能な「管理コンソール」と呼ばれる画面から行います。

第2章では**企業と学校に共通する管理コンソールの初期設定**について、第3章では**企**

業や組織などで想定される管理、設定とエディションの違いについて、第4章では**教育現場の事例を取り上げながら学校に特化した管理、設定と有償エディション**について詳しく述べていきます。そして第５章では、管理者とユーザーのそれぞれが、第４章までの設定に加えて実施しておくとよい設定について解説します。

管理コンソールから行う設定は、組織のセキュリティ・ポリシー（ルールや手順）が決定されていることが前提となります。まだセキュリティポリシーを検討していないという場合、今すぐ設定に進めないかもしれませんが、本書に掲載の考え方と推奨設定を参考にしながら検討してください。**巻末では、具体的に決めておく必要がある項目を、「各種推奨ポリシー一覧」として紹介**しております。

ポリシーが決まれば、設定自体は非常に簡単です。組織として最低限やっておくべき情報セキュリティ対策はすぐに完了するでしょう。

GIGAスクール構想によって全国の小中学校で4割以上のシェアを獲得したChromebookですが、ビジネスの現場やオフィスでももちろん大活躍、効果絶大であること間違いなしです。

Chromebookだからこそ可能となる活用法や、必要に応じて追加費用で適用できる高度な情報セキュリティ対策と組織管理の具体例をGoogle WorkspaceおよびGoogle Workspace for Educationのエディション別にできるだけわかりやすく言及しました。

また、**進化が速いと言われるGoogle**ですが、安全性（機密性）と利便性（可用性）をどう両立させているのか、**原理原則・本質を理解**していれば、進化しても対応は可能です。今後、管理コンソールの機能や画面がアップデートされ、本書の図と違っていたとしても、ぜひ考え方を参考にしてください。

本書を活用して対策されることで、組織の情報管理責任者が抱える大きな重圧、ストレスから少しでも解放されることを願っています。利便性（可用性）を損なう安全性（機密性）一辺倒の情報セキュリティでは意味がありません。難しそうに思えるかもしれませんが、学校で習ったことがないだけで、あなたも本書を読めば必ずできます。

これからも私たちEDLは学校現場だけでなく、すべてのビジネスや社会の組織における次元の異なる生産性劇的向上を全力で応援していきます！

2022年7月吉日

イーディーエル株式会社（EDL）平塚 知真子

Contents

第4章 教育機関で実施する情報セキュリティ 149

第5章 セキュリティをより高めるための対策と設定

注意 **購入・ご利用の前に必ずお読みください**

- 本書に記載された内容は、情報の提供のみを目的としています。したがって、本書を用いた運用は、必ずお客様自身の責任と判断によって行ってください。これらの情報の運用の結果について、技術評論社および著者はいかなる責任も負いません。

- Google が提供するサービスやアプリの操作に関する記述は、2022年6月現在での最新情報をもとにしています。サービスやアプリはアップデートされる場合があり、ご利用時には本書での説明とは機能や操作方法、画面図などが異なってしまうこともあり得ます。あらかじめご了承ください。

- 本書は、インターネットに接続でき、Google Chrome™ がインストールされているPCやタブレット、スマートフォン、Chromebook™ での使用を想定して解説していますが、お使いの機種やアップデートの状況によっては、操作や画面図に違いのある場合もございます。

- インターネットの情報についてはURLや画面等が変更されている可能性があります。ご注意ください。

以上の注意事項をご了承いただいた上で、本書をご利用願います。これらの注意事項をお読みいただかずにお問い合わせいただいても、技術評論社および著者は対処しかねます。あらかじめご承知おきください。

今すぐ使える!
Google Workspace
& Chromebook

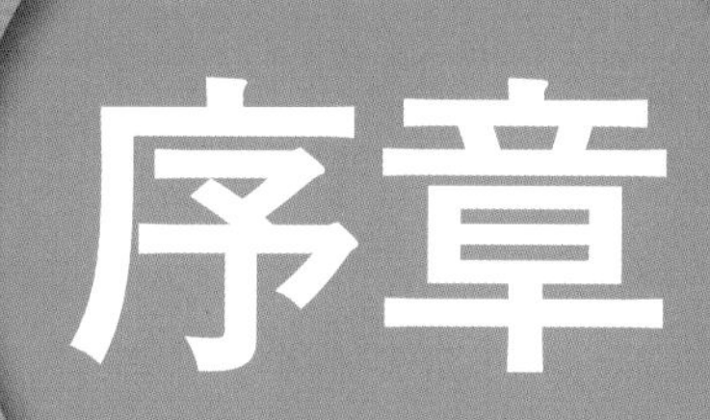

知っておきたい 情報セキュリティの基本

情報セキュリティ対策を実行するためには、そもそも何のために実施すべきものなのか、しっかりと理解しておくことが重要です。

そこで、序章ではまず、「情報セキュリティとは、そもそも何を対策すべきなのか」、「どのような視点で対策を実施すればよいか」など、情報セキュリティを正しく実現するための基本ポイントを解説します。

Google Workspace
& Chromebook

新型コロナウイルス感染症の拡大で、私たちの生活は一変しました。

日常生活を振り返ればスマホを活用して、オンラインで商品を注文したり、インターネットで動画を視聴したりするなど、あなたにも様々な変化が生じているはずです。PayPay などのキャッシュレス決済を使うようになった人は、電通の調査によればすでに生活者の9割を超えています。コロナ禍でデジタル化は確実に加速し、仕事の場面でも普及が進んでいます。

こうした状況のなか、組織の情報セキュリティ脅威第1位が何だったかご存知でしょうか？

2022年3月、IPA（独立行政法人 情報処理推進機構）が発表した『情報セキュリティ10大脅威2022（組織）』によると「**ランサムウェアによる被害**」がトップ。2020年の5位から急上昇した昨年同様の首位でした。

「ランサムウェア」とは、身代金を意味する「Ransom」と「Software」を組み合わせた造語で、「身代金要求型不正プログラム」とも呼ばれます。感染すると端末等に保存されているデータを暗号化して使用できない状態にした上で、復旧と引き換えに金銭を要求します。

2022年3月1日、このランサムウェアのサイバー攻撃を受け、トヨタ自動車では国内全工場（14工場28ライン）の稼働を止めざるを得ない事態となりました。The strength of the chain is in the weakest link.《くさりの強さは一番弱い環で決まる》ということわざがありますが、トヨタ自動車の企業本体ではなく、主要取引先である樹脂部品メーカーのシステム障害によって、納品データのやり取りができなくなったことが原因です。

トヨタという巨大なサプライチェーン（供給網）が、たった1社の「最も弱い環」によって寸断されてしまったということになります。情報セキュリティ水準の底上げが急務です。

ランサムウェアの攻撃数は日本だけでなく世界中で93%増という驚異的な伸びを示しました。身代金を支払わなかったら窃取した情報を公開すると脅す手口以外にも、企業・組織の顧客やビジネスパートナーを標的にして身代金を要求する手口も増えています。

2022年情報セキュリティ10大脅威の第2位は「標的型攻撃による機密情報の窃取」、第3位は「サプライ チェーンの弱点を悪用した攻撃」、第4位は「テレワーク等のニューノーマルな働き方を狙った攻撃」と続きます。

サイバー攻撃は年々増え、新しい攻撃も次々に始まっています。ニュースでも、情報漏洩やSNS乗っ取り、ネット詐欺などの話も多く取り上げられています。攻撃は、プログラムが不特定多数を狙うもので、相手を見て判断しているわけではありません。何も対策をしなければ、いつ、あなた自身が攻撃を受けてもおかしくないのが現実です。

この章では、情報セキュリティとはそもそも何か、何をどう対策すればいいのか、基本用語をわかりやすく解説します。まず「セキュリティ」という漠としたものを理解し、自分の言葉で説明できるようになりましょう。

参照
キャッシュレス決済の利用についての調査は下記を参照。
"「電通，第2回 コロナ禍における生活者のキャッシュレス意識調査」を実施."
https://www.dentsu.co.jp/news/release/2022/0121-010493.html

参照
"情報セキュリティ10大脅威 2022 - IPA 独立行政法人 情報処理推進機構."
https://www.ipa.go.jp/security/vuln/10threats2022.html

参照
ランサムウェアの攻撃数については下記を参照。
"「サイバー攻撃トレンド2021年中間レポート」を発表 - PR TIMES."
https://prtimes.jp/main/html/rd/p/000000084.000021207.html

そもそも「セキュリティ」とは?

「セキュリティ」というと、あなたはどんなイメージを持っていますか？

ウィキペディアによれば、セキュリティとは、**「危険や脅威から解放された状態」を実現するための段取りや手段**のこと。人、住居、資産、組織、地域社会、国家などを脅威から守るさまざまな計画・段取りや手段を示す言葉で、**対象となる範囲が非常に幅広い**ことがわかります。「危険」や「脅威」は分野ごとにさまざまなものを指し得るため、**人によってイメージするものが異なりやすい**のです。

そこで、**組織で情報セキュリティを対策していく際に非常に重要なことは、情報セキュリティを正しく定義すること。言い換えれば「何(どの情報)」を「何」から「どう」守るのか？　誰が見てもわかるように、ハッキリと決めておくこと**です。

参照
"中小企業の情報セキュリティ対策ガイドライン - IPA 独立行政法人 情報処理推進機構セキュリティセンター"
https://www.ipa.go.jp/security/keihatsu/sme/guideline/

IPAが提唱している**『中小企業の情報セキュリティ対策ガイドライン』**によれば、「企業の規模に関わらず、必ず実行すべき重要な対策」は以下の5つです。

1. **OSやソフトウエアを最新の状態に保つ**
2. **ウイルス対策ソフトを導入する**
3. **パスワードを強化する**
4. **共有設定を見直す**
5. **脅威や攻撃の手口を知る**

まずはこれを実行することが「最低限の情報セキュリティ対策」の基準といえます。もし、上記の対策すら、まだ適切に行われていない場合には、早急に対応が必要です。

とはいえ、これら「最低限の情報セキュリティ対策」さえ行えば安心できるかというと、残念ながら情報セキュリティの専門家なら全員が「あまり安心ができない状態」と断言するでしょう。逆に、ありとあらゆる情報セキュリティ対策を実施していたとしても、これで「完全に安全だ」とは誰も言えないでしょう。

根本的には**「対策にかかるコスト」と「事故が起こった場合のダメージ」を天秤にかけて、費用対効果の見極めを毎回検討**し、決定して前へ進むしかありません。その決断を見誤らないためにも、「5. 脅威や攻撃の手口を知る」必要があるのです。「正解」はもはや1つではありません。そこを理解しておきましょう。

参照
「教育情報セキュリティポリシーに関するガイドライン」公表について：文部科学省 https://www.mext.go.jp/a_menu/shotou/zyouhou/detail/1397369.htm

教育現場の場合、「何」を「何」から「どう」守るのか、「組織としてのルール・共通見解」を決定するために参考とすべきは、文部科学省が公表している**『教育情報セキュリティポリシーに関するガイドライン』**となります。本書では第4章で詳しくみていきますが、図やコラムを用いてガイドラインの要点をまとめた『ハンドブック』は大変わかりやすく、具体的です。なかでもコラムは必読です。

情報セキュリティは「資産」・「脅威」・「脆弱性」の視点で対策する

一般的にセキュリティを高めるため、具体的に「何」をすべきか考えるには、その**対立概念である「リスク」**に目を向けてみましょう。「リスク」のほうがイメージしやすいからです。

例えば、暗い夜道を一人で歩いているときに、2つの防犯のポスターを目にしたとします。

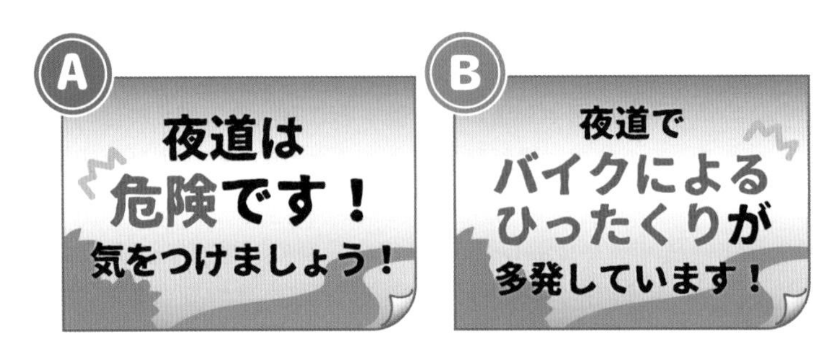

さあ、あなただったら、AとB、どちらのほうが、より危険をイメージした対策をとりやすいでしょうか。

明らかに「B」ですよね。「夜道は危険です」だけだと、「よし、十分に気をつけよう」とは思っても、何に対してどう気をつければ良いのか、よくわからないからです。具体的な「リスク」、ひったくりが出没している、ということがわかれば、やるべき対策が見えてきます。

情報セキュリティの「リスク」についておさえるべき重要ワードは次の3つです。

(1) 資産　＝　守るべきもの
(2) 脅威　＝　資産を脅かすもの
(3) 脆弱性　＝　脅威がつけこむ隙

この3つの要素だけ覚えておけばOKです。いわゆる情報セキュリティ専門用語ですから、具体的なイメージと結びつけてしっかり理解しておきましょう。

上記の例であれば、以下になります。

(1) 資産　＝　お金や運転免許証・クレジットカードの入っているカバン
(2) 脅威　＝　ひったくり
(3) 脆弱性　＝　警戒心：「自分も狙われる可能性がある」という意識がない
カバンの持ち方：自転車のカゴに入れたり肩にかけたりしている

ここに「そもそも暗い夜道を歩かない」が入っていないことにご着目ください。つまり、「暗い夜道だけれど猛烈に近道だ！」という場合、利便性と脅威、そして脅威に対する対策を天秤にかけて、「歩く」という選択肢についての議論をしているわけです。

クラウド活用も同じです。「危険だから使わせない・使わない」という選択肢はもはや現実的ではないのです。きちんと対策しましょう、ということになります。

それでは、３つの重要ワード「資産」「脅威」「脆弱性」について、情報セキュリティに当てはめてみましょう。

あなたが守るべきもの＝「資産」

セキュリティ対策とは、「大切なものを守るため」に必ずやっておくべきこと。この「大切なもの」を情報セキュリティ用語で**「資産」**と呼びます。「資産」と呼ぶべきものは何か、他人任せにせず、ご自身でしっかり定義しておきましょう。

例えば、コンピュータを使う上で、一般的に守るべきものとはなんでしょうか？

もちろん「情報」、ですよね。

今やあらゆる情報がデジタルデータで保存・送受信される時代です。これまでと違って、オンライン会議中の発言やチャットでのちょっとしたつぶやきまで、その気になればすべてを記録しておくことができます。手書きで書類作成していた時代に比べ、かなり膨大な量です。

情報をやりとりするパソコンやスマートフォンは、インターネットを経由して外の広い世界と簡単につながっていて、情報そのものが自動的にクラウド上に保存されるサービスが主流となっています。**もはや端末だけをガチガチに守るという対策だけでは、情報という資産を守れなくなっている**のです。

実際、情報の「すべて」を守る必要もありません。

では、このうち、いったい何が守るべき「情報資産」なのか、どうやって見分ければいいのでしょうか。

ひとことで言えば、「**失ったら取り返しのつかないもの**」です。もしもその情報が漏えいした場合、取引先・顧客・関係者（児童生徒・保護者など）への影響が大きかったり、あるいは組織の存続に深刻な影響が出たりするものが「大切な情報」です。

何が該当しそうでしょうか？　保有するすべての情報資産を洗い出し、その中から保護すべき情報資産を特定していきましょう。

「資産」がイメージできたら、次は「脅威」について見ていきましょう。

「脅威」からあなたの「情報資産」を守り、利活用する

「何」を守るかが決まったら、今度は「何」から守るかを考えます。「恐れるべきもの」を、情報セキュリティでは「**脅威**」と呼びます。

脅威は、資産の種類によって異なります。例えを使って説明してみましょう。

お金（資産）を持っていれば、泥棒は脅威ですよね。カエルにとってはヘビが大きな脅威になるでしょう。脅威は泥棒でありヘビですが、この組み合わせを反対にしてみたらどうでしょう？　お金にとってヘビは脅威とならないし、カエルにとっては泥棒は怖い存在ではなさそうです。

このように、資産の種類によって脅威となるものは違ってきます。自分や組織がどんな資産を持っているか、何を守りたいかを具体的に把握していることがとても重要になってきます。守りたいものがどんなものか把握していないと、それに対する脅威も見つけられず、対策も立てにくくなってしまうからです。

「何」を「何」から守るのかさえわかってしまえば、今後、あなたの大事なものを「うっかりなくす」ということはありえません。

つまり、**守るべき情報資産が明確になれば、あなたはそれに対する脅威を明確化できるようになる**、というわけです。

さらに「物理的脅威」「技術的脅威」「人為的脅威」の3つに分類し、脅威について理解を深めておきましょう。

memo
脅威は環境的脅威・偶発的脅威・意図的脅威で分類する考え方もある。

物理的脅威

まずは1つ目「**物理的脅威**」とは、物理的な原因でパソコンが壊れたり使えなくなったりするものです。会議室への移動中、パソコンを誤って落としてしまった。パソコンやシステムが古くなって、故障してしまった。など、こういった日常の中で起こりうることも、物理的脅威です。原因や被害が比較的想像しやすいので、対策も講じやすいのではないでしょうか。

忘れてならないのが天災です。地震、落雷、洪水などの自然災害も、物理的脅威となります。自然災害を未然に防ぐことはできませんが、被害をおさえるよう対策を立てることはできます。

火 災

洪 水

ハードウェア障害

技術的脅威

2つ目の「**技術的脅威**」とは、不正プログラムを利用した技術的要因によって発生する脅威です。

悪意のあるソフトウェアを総称して「マルウェア（Maltware）」と呼びます。 マルウェアに感染すると、パソコンが突然動かなくなったり、情報の搾取、メール送信、SNS投稿、課金が勝手に行われたりするなど、さまざまな被害が発生します。何に感染したかによって対処方法が異なります。前述のランサムウェアはマルウェアの一種です。マルウェアの中でも身代金を要求する類いのものをランサムウェアと呼んでいます。

他にも「ソフトウェアのバグ」も正常に動作しなくなる原因となるため、技術的脅威に含まれます。

memo
「マルウェア（Maltware）」とは、Malcious Software（悪意のあるソフトウェア）という造語を略したもの。

サイバー攻撃

マルウェア

ソフトウェアの不具合

人為的脅威

3つ目は「**人為的脅威**」です。つまり、「人」が原因となる脅威です。人による操作や行動によって引き起こされるもので、意図的なものと意図せずに行われる偶発的なものの2種類があります。

意図的なものとしては、パスワードを盗み見したり、なりすまして個人情報などを不正に取得したり、情報を不正に持ち出すことなどの行為。これを「不正アクセス」といいます。一方、偶発的なものは、操作ミスでデータを全部消してしまった、間違った送信先を入力してメールを送ってしまった、といった行為です。うっかりミスだったとしても人為的脅威に含まれます。

実は**情報セキュリティインシデント（情報セキュリティに関する事故や攻撃）の原因としては、組織内部の人によるものが過半数を占めています。**JNSA（NPO法人日本ネットワークセキュリティ協会）が発表した『2018年情報セキュリティインシデントに関する調査結果～個人情報漏えい編～（速報版）』によると、情報漏洩のもっとも大きな原因は人為的要因でした。不正アクセスなどのサイバー犯罪よりも、**「紛失・置忘れ」「誤操作」「不正アクセス」が情報漏洩の3大原因（約70%）である**という事実は、組織の管理者として知っておくべきでしょう。

参照
"2018年 情報セキュリティインシデントに関する調査報告書【速報版】"
https://www.jnsa.org/result/incident/data/2018incident_survey_sokuhou.pdf

人為的脅威は、組織内の専門部署や担当者だけが取り組むだけではなくせません。

特にリモートワークが進み、自宅で仕事をすることも増えていますから、組織に所属する一人ひとりが気をつけていかなければならないのです。

悪意のある脅威の手口は、どんどん進化、巧妙化しているので、それぞれの脅威に対しての対策が必須です。脅威を正しく理解して、正しく恐れていきましょう。

「脆弱性」をなくして「資産」を守る

最後は「**脆弱性**」です。

脆弱とは文字通り、「脆さ」、「弱さ」、です。安全のためには、弱いところをなくしていかなければいけません。具体的に情報セキュリティにおいて「脆弱性」とは何を意味するのでしょうか。まず、身近な例で「脆弱性」について考えてみましょう。

例えば、お金（資産）がたくさんある家があるとします。そこに泥棒（脅威）が来ます。頑丈なドアに鍵がかかっていれば、簡単にはお金を盗みに入れません。では、ドアの鍵が壊れていたり、鍵をかけ忘れていたらどうでしょう？　家の中にすぐ侵入できてしまいますね。

この場合、「鍵の壊れたドア」「鍵のかけ忘れ」はリスクの要因となる弱点です。つまり、これらを「脆弱性」と呼びます。

鍵を閉めずに外出したり、鍵の壊れたドアをそのまま放置しておくのは、危険です。反対に、毎回必ず施錠し、鍵が壊れたらすぐに修理しておけば、当然のことながら、高いセキュリティを維持できます。まったくのところ、難しい話ではありませんよね？

「しっかり鍵をかける」ことは、泥棒の侵入を防ぐ対策です。それでも泥棒が侵入できてしまった場合を想定してみましょう。大切な資産が目につくところにあればどうでしょうか。泥棒は簡単に持っていけます。この場合、「大切な資産が目につくところにある」状態は脆弱性ですので、「金庫に入れて保管する」というような対策を立てるといいですね。泥棒に侵入される前だけでなく、万一、侵入された場合の対策も立てておきましょう。いろいろな場面を想定して防御することが重要です。

場面	脆弱性	対策
侵入前	鍵の壊れたドア	修理して、しっかり鍵をかける
侵入後	盗まれては困るものを目につくところに放置	金庫に入れて保管する

情報セキュリティのCIAとは？

最後に、「**情報セキュリティのCIA**」について理解しておきましょう。「情報セキュリティ」は、情報セキュリティ マネジメント システムの国際標準であるISO/IEC 27002 で、「**情報の機密性・完全性及び可用性を維持すること**」と定義されています。

情報の**機密性（Confidentiality）**、**完全性（Integrity）**、**可用性（Availability）**。この英語の頭文字をとって、「CIA」と呼ばれています。CIAといえば、「中央情報局（Central Intelligence Agency）」、主に国外での諜報活動を行うアメリカ合衆国の情報機関を連想しますよね。スパイから身を守るための情報セキュリティのCIA、覚えやすいと思います。

それでは、この専門用語「機密性」「完全性」「可用性」について解説していきましょう。

機密性 ～許可された人だけが情報にアクセスできるようにする～

「**機密性**」と聞いて何を思い浮かべますか？　「機密情報」、「機密文書」など、他人に漏らしてはいけない情報や、取り扱いに注意が必要な文書、というようなイメージが浮かんだのではないでしょうか。

あなたのIDやパスワード、クレジットカード情報等は個人の機密情報です。もし流出すれば、本人になりすまして不正な取引が行われ、被害にあう恐れがあります。

また企業情報のうち、顧客情報や給与・住所等の社員情報等が外部に開示されることは本来あってはなりません。開示によって企業に損害が生じる可能性のある情報も機密情報です。

「機密性」とは、「**許可された人だけが情報にアクセスできるようにすること**」を意味します。

では、情報の機密性を維持する、つまり、あなたの大切な情報を盗み取る「泥棒」から身を守るためには、どうすればよいでしょうか？

まずは自分が泥棒になったつもりで、「どうやったら盗めるか」考えてみましょう。

あなたはX社の社員です。ライバルのY社よりも先に新製品を出すために、「Y社の技術情報を入手せよ」という任務が与えられた、とします。さて、あなたならどうしますか？　目的達成までに、以下のように複数のフェーズを踏むことになるはずです。

❶ Y社を偵察して侵入できそうな場所を確認し、必要となる道具などを用意する。(準備)

❷ 社員証の偽造、ピッキング、騒ぎを起こすなど、何らかの方法を使って侵入する。(侵入)

❸ 関係者のふりをして社内の人から聞き出す、手あたり次第引き出しの中を探すなどして機密文書を見つけ出す。(盗む)

❹ 機密文書を持ち帰る。(持ち出す)

❺ 盗んだ機密文書に掲載された技術情報を利用して新製品を出す。(目的達成)

泥棒が目的を果たすことができるのは、❶～❺のすべてがうまくいった場合のみです。つまり、たとえ泥棒の侵入と機密文書の窃取を許したとしても、最終的に持ち出しを阻止できれば泥棒は目的を達成できません。したがって、侵入を阻止する(入口)、機密文書が見つからないようにする(内部)、社外へ持ち出せないようにする(出口)にそれぞれ対策を行って、❶～❺のどこかのフェーズで流れを断ち切ることができれば、被害

を未然に防ぐことができます。

サイバー世界における情報セキュリティ対策も考え方も実はこれと同じです。サイバー空間における攻撃者の行動をモデル化した考え方を"Cyber Kill Chain"(サイバーキルチェーン)と呼びます。

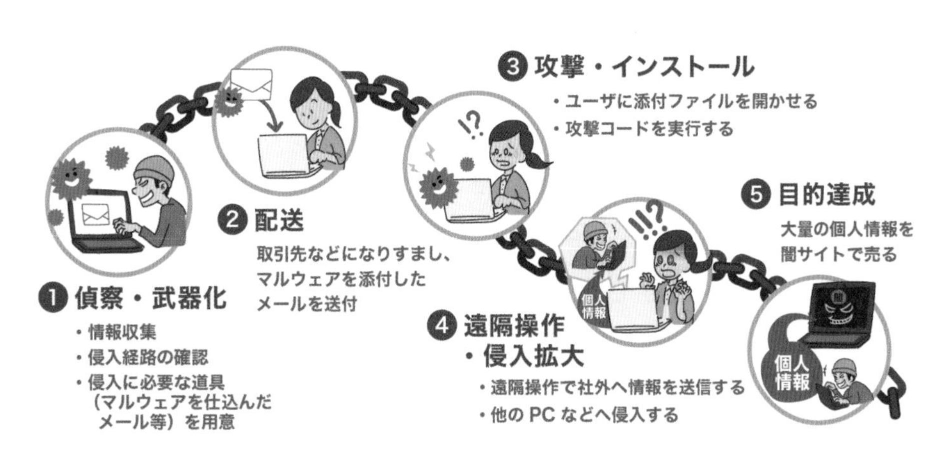

泥棒対策と同様に、守る側はこのサイバーキルチェーンの各フェーズにおける対策を考えることで、攻撃を断ち切ることができます。現実世界の泥棒対策とサイバー世界の情報セキュリティ対策を並べてみましょう。

	現実世界の泥棒対策	サイバー世界の情報セキュリティ対策
入口の対策	• 建物の入口に警備員や認証が必要なセキュリティゲートを設置する	• ファイアウォールや外部からの不正な侵入を防ぐシステムにより不審な通信を遮断する
	• 監視カメラや防犯アラームを設置する	• 不正侵入検知システムや端末の挙動監視により外部からの不正な通信を検知する
	• 建物の入退出記録を管理する	• ログを取得し、分析をする
内部の対策	• 機密文書を強固なキャビネットに入れ鍵をかける	• ファイルを暗号化する
	• 機密文書を保管している部屋の入り口に生体認証錠を取り付ける	• 共有権限の設定や特権管理により、アクセスを制限する
	• 社員に不審者を見つけたら即報告するよう教育をする	• 不審なファイルやURLなどを開かないようユーザー教育をする
出口の対策	• 建物の出口にセキュリティゲートを設置し、不審者に対しては持ち物検査を行う	• 外部への不正通信を検知して通信を防御する

このように、泥棒もサイバー攻撃も、入口、内部、出口でそれぞれ対策を行うことでチェーンを断ち切り、被害を防ぐことができるのです。

泥棒やサイバー攻撃を防ぐためには、上記チェーンのどこか一ヶ所でも切ることができればよいわけですが、だからといって、一ヶ所だけ対策しておけばよいというわけではありません。
世の中に100%成功する対策は存在せず、手を打っていたとしてもすり抜けられてしまうリスクは常にあります。また、完璧な対策と思えても、日々変化する環境と進化する攻撃に対して継続的に対応していかなければなりません。

したがって、情報セキュリティを強化するうえで「**あらゆる攻撃を防御する**」という新しい考え方、つまり入口、内部、出口のすべてのフェーズにおいて対策を行う「**多層防御**」が非常に重要と考えられるようになってきたのです。
具体的にGoogleのツールと端末がどんな多層防御を講じているかは、第2章で紹介します。組織の管理者としては、こういった考え方のもと、多層防御が施されたツールや端末を選択しましょう。

完全性 ～利用される情報が正確であり、完全である状態を保持する～

「**完全性**」とは、「**情報が正確で、完全である状態**」を意味します。言葉そのものは難しくはありませんが、「情報が完全である」状態とは何か、少しイメージしにくいかと思います。
ここでも反対から考えてみましょう。情報の完全性が失われた場合、そのデータは正確性や信頼性が疑われます。そして利用価値もまた失われます。

普段の生活でも、例えば、Google スプレッドシートのデータに対して「間違った売上金額を入力して共有してしまったらどうなるか？」「共有した相手がデータを誤って削除してしまったことに誰も気づかなかったらどうなるか？」という視点で考えてみると、完全性の重要性がより身近なこととして理解できるでしょう。情報の「完全性」を守るためにどう対策できるのか、第2章以降で解説します。

可用性 ～保管されている情報が必要なときにいつでも使える～

いよいよ情報セキュリティのCIAの最後です。この「**可用性**」という言葉も、普段あまり使われませんね。可用性とは、英語でavailability。すなわち、使うことが可能である・有効であるという意味で、転じて、「システムを障害などで停止させることなく、継続して稼働できる能力」を指します。言い換えれば、「**許可された者が、使いたいときに使える**」状態になっていることです。

では「可用性」が失われると、どんな状態になるでしょうか。「使いたいときに使えない」状態になりますよね。
例えば、自然災害やシステム トラブルなどによって一時的にシステムがダウンしてしまった場合、いかに早く復旧できるかが問われます。さらに何らかの原因でデータが破壊・消失しても、バックアップがあれば慌てなくて済みます。
一般的に可用性は「一定時間のうち、システムを稼働可能な時間の割合」を意味する「稼働率」で表現されます。Google の場合、この数値はどれくらいを達成しているので

参照
Gmailの稼働率については、下記の14ページを参照。"Google security whitepaper." https://services.google.com/fh/files/misc/google_security_wp.pdf?hl=ja

しょうか？　2019年のデータでは、Gmailでは、なんと99.984%でした。つまり、1年でたった2時間のダウンタイム（稼動停止時間）だったことになります。

また、大量のアクセスが集中した結果、ウェブサイトが表示されなくなることがありますが、これも可用性が失われた状態です。

実は、「機密性」と「完全性」を保持する管理体制を取っていることが、「可用性」の前提となります。しかし、この2つを重視し、管理を徹底すればするほど、利用したい時に利用できない、可用性が失われた状況になってしまいがちです。漏えいリスクを恐れるあまり、情報をいわば「開かずの間」にしまい込んでしまえば、営業や経営判断へのスピーディな利活用がビジネスの鍵を握る時代の流れとは逆行してしまいます。教育現場でも、教室でのやり取りすべてを機密扱いにしてしまえば、社会に開かれた学びとはかけ離れていってしまうでしょう。

3つの要素をバランスよく意識して、システムの選定や調達、ルールの運用を行うことが重要です。すでに実施している情報セキュリティのシステムや運用ルールを見直すにも、この視点は必要です。

ここでは詳しく触れませんが、情報セキュリティの3要素「機密性」「可用性」「完全性」は、1996年に「真正性」「責任追跡性」「信頼性」が、2006年に「否認防止」の要素が追加され、現在では情報セキュリティの7要素とされています。

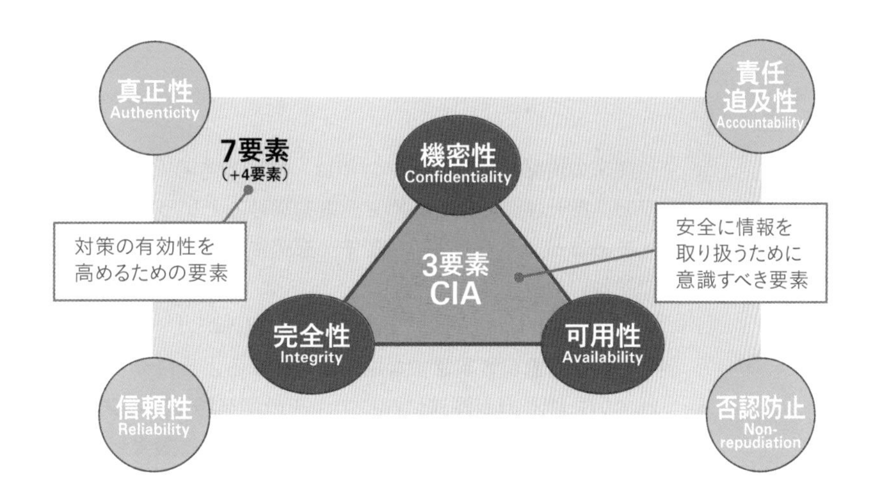

情報は、「機密性」「完全性」「可用性」の3つが保持されてこそ、さまざまな脅威から守ることができます。保有する情報資産の特質をよく検討して、機密性、完全性、可用性のバランスを考慮しながら現場の声を聞き、ルールを定着させていくことが大切です。

ニューノーマル時代の情報セキュリティ対策「ゼロトラスト」とは？

クラウドサービスの利用増加やリモートワークの急増、サイバー攻撃の高度化などの影響で、もはや社内のネットワークだからといって安心できる時代ではなくなりました。どこからでも繋がり、組織内のネットワークに限らず、クラウドを利用して組織の内外の人と同じファイルを共有する時代です。そこで注目されているのが「**ゼロトラスト**」です。

Google のツールと端末は、このゼロトラストの考え方に則った機能が標準装備されています。ここでは、安全で強固なネットワーク環境を作り出せる新たな考え方、ゼロトラストについて解説します。

従来のセキュリティ対策

ゼロトラストセキュリティ

従来の情報セキュリティ対策は、信頼できる「内側」と信頼できない「外側」にネットワークを分け、その境界線で対策を講じるというものでした。家の中に大切なものがすべてあるという状態だからこそ、玄関に鍵をかければ守ることができる、という考え方ですね。

しかし、いまは、守るべき資産が組織内だけでなく組織外（クラウド）にも保管され、守るべき対象がさまざまな場所に点在するようになりました。組織の内と外の間に引かれていた境界線が曖昧になって、その境を防衛するスタイルの情報セキュリティ システムでは、企業や組織が情報資産を守ることに限界が見えてきました。

状況が変わったため、**情報セキュリティの見直しをする必要が出てきた**というわけです。

従来の、境界線の内部からのアクセスしか許さない環境では、仕事にも支障が生じます。自宅からや出張先からのアクセスが、たとえ「正当な利用者」であってもできなくなってしまうのです。かといって、組織外からのアクセスもオープンにしてしまうのは、大切なものが保管されている家のドアも窓も全開にするのと同じく危険です。

そこで、組織の内と外という区別せず、情報資産へのアクセスは**すべて信用せずに**

検証する、という新しい考え方が広まりました。何も信用しないこの考え方を、情報セキュリティでは、「**ゼロトラスト**」と呼びます。

もちろん、同僚や上司を信じないということではありません。「セキュリティにおいて絶対はない」、だからそのアクセスが正当かどうか、まずは疑うという考え方で対策しましょう、ということです。

境界のない情報セキュリティとも呼ばれます。情報へのアクセス管理を徹底するという対策で、**安全性（機密性）も利便性（可用性）も両立できる**のです。

状況に応じた見直しと、安全性と利便性のバランスが重要

序章では、情報セキュリティの基礎知識について解説してきました。決して難しかったり、今までの私たちの経験とかけ離れたことではない、ということがおわかりいただけたのではないかと思います。

ただし、情報セキュリティ対策はこれさえやっておけば大丈夫、という万能レシピがありません。その理由は、時代がどんどん変化していくからです。**状況に応じて、さまざまな側面を見直していくことが必要不可欠**となります。しかし、情報セキュリティがどういうものなのか、原理原則を理解し、何を対策すべきかが把握できれば、どんな状況でも応用できるようになるはずです。

次の章から、具体的な Google のツールと端末に関する情報セキュリティの機能や設定方法について解説していきます。まずはサービス提供者として Google が実施してくれている安全性と利便性を高めるものから説明します。これは、最初から利用者に適用されている情報セキュリティの機能になります。

第2章からはいよいよ読者であるあなた自身が実施できる情報セキュリティ対策となります。具体的な管理コンソールの設定項目や構成などを詳しくご紹介します。

実際のところ、組織全体の情報セキュリティは一人では守れません。情報システム管理者などの情報セキュリティ担当が、リモートワークに適した対策を行うとともに、組織内の個々人の情報セキュリティに関するベーススキルを向上させることが必要不可欠です。どれだけ徹底した管理をしていたとしても、組織の中のたった一人が組織全体の情報セキュリティを危険に晒す事態を招く可能性は残されています。悪気はなかったとしても、です。最悪の事態を防ぐためにできること、やるべきことをやりましょう。

安全性（機密性）と利便性（可用性）のバランスを考え、現実的な情報セキュリティ対策で運用することが重要です。それでは次に進みましょう。

今すぐ使える!
Google Workspace
& Chromebook

第1章

Googleが実施する情報セキュリティとは

第1章では、「サービス提供者」であるGoogleが実施している情報セキュリティ対策について取り上げます。
Googleの端末やツールがどのような情報セキュリティ対策をしているか、ほかの選択肢とどう違うのか、解説していきます。

Google Workspace
& Chromebook

1 Googleのサービスは100%クラウドベース

ポイント
- クラウド ネイティブなツールならば情報管理も安全
- Chromeブラウザで情報セキュリティを強化

memo
クラウド ネイティブ」とは、最初からクラウドで運用されるように作られたシステムのこと。34ページで詳述。

Googleの情報セキュリティは業界最高水準です。そして、その最大の特徴は、すべてのサービスが**クラウドベース**であり、**クラウドネイティブ**に開発、提供されているということです。

「**クラウドベース**」とは**ソフトウェア本体やそこで生成されたデータがすべてクラウド上にある**、ということ。例えるなら「雲」の上から降ろさず(ダウンロードせず)、すべて雲の上で一元管理したまま、端末に映し出し、情報を処理するイメージです。

この使い方であれば、アプリを端末にいちいちインストールしなくても利用できます。また、すべてクラウド上にあるので、データやアプリ同士の連携が手軽でスピーディ。作業履歴はすべて自動で残り、クラウド上に安全に保管されるため、情報が失われることがありません。

管理コストについても最小限に抑えることができるので、導入のための時間と費用を節約できます。無料で様々な新機能が継続的に提供される大規模なアップグレードも、他のメールシステムやグループウェアにはない魅力の1つです。

クラウドベースでデータを保護し、情報管理をシンプルにする

端末(エンドポイント)で実施する情報セキュリティ対策の限界

Googleでは、従来の「**エンドポイント セキュリティ**」に限界を見出し、クラウドベースならではの新しい解決策を提案しています。ここでいう「エンドポイント」とは、「末端」「終点」を意味する言葉から転じて、「**ネットワークに接続されている末端の機器**」、つまりPCやスマホ、タブレットなどの端末(デバイス)を指します。これらのエンドポイント自体や、エンドポイントに保存している情報を、サイバー攻撃から守るための情報セキュリティ対策が「**エンドポイント セキュリティ**」です。

「脅威」は日々絶えず拡大を続け、それに伴うコストも膨れ上がる一方です。エンドポイントの保護は、サイバー セキュリティやIT運用の専門家にとって特に大きな課題。専門家ですら、進化し続ける攻撃に直面し、対応に苦慮しているのです。

なぜかというと、エンドポイント セキュリティには、次のような特徴があるからです。

memo
「セキュリティ パッチ」とは、ソフトウェアで発見された問題点や脆弱性に対し、これらの不具合を解決するためのプログラムのこと。

memo
「モジュール」とは、機能単位、交換可能な構成部分などを意味する英単語。

1. **攻撃対象となり得る多数のソフトウェア(古いバージョン、セキュリティ パッチ未適用のバージョン、未承認のソフトウェア パッケージを含む)が存在する**
2. **悪意のあるウェブサイトへのアクセス、提供元不明アプリのダウンロード、または必要なソフトウェア アップデートの適用漏れにより、脆弱になる**
3. **知的財産、個人情報、ユーザーの認証情報が大量に保存されている**
4. **アプリケーションと OS プロセスとの境界の適用が不十分であるため、1 つのソフトウェア モジュールが侵害されると、攻撃者によってシステム全体または会社のネットワーク全体にアクセスされる可能性がある**

つまりエンドポイントは、常に脆弱性をはらんでいるわけです。サイバー犯罪者の侵入手段は日に日に多様化し、組織内部のヒューマン エラーは常にリスクとしてつきまとっています。この脆弱性をなくすことは誰にとっても容易ではありません。

情報をクラウドに保存することで脆弱性を減らす

こうした環境の中、組織におけるすべてのエンドポイントを監視し、脆弱性を特定して侵害を検出したり、セキュリティ パッチ適用およびアップデートを行う作業は、非常に多くの労力と時間がかかります。あってはならないことですが、もしかするとやり切れず、もはや諦め、放置された状態となっている可能性もあります。あなたの組織ではどうでしょうか？

さらに、コロナ禍によってテレワークなど、職場外で仕事をすることも一般的になりました。仕事をする場所が分散し、従来の特定の場所を限定して守るセキュリティ設定では、守りきれなくなっています。

この苦境から抜け出してエンドポイントのセキュリティと管理を大きく改善できるのが、クラウドでデータを保護し、情報セキュリティ管理をシンプルにするという**新しいセキュリティ対策**です。多数の端末を管理するより、一元化したクラウド プラットフォームで、ソフトウェアの追跡とアップデートを行うほうがはるかに簡単です。

memo
「プラットフォーム」とは、ある機器やソフトウェアを動作させるのに必要な、基盤となる装置やソフトウェア、サービス、あるいはそれらの組み合わせ(動作環境)のこと。

Google Workspace を使えば、すべての情報がエンドポイントではなくクラウドに保存されます。ノートパソコンの紛失や盗難があった場合でも、顧客リスト、事業計画、収益レポート、人事データ、あるいは児童生徒の成績や健康診断の結果について心配する必要はありません。

もし、端末が侵害された場合でも、顧客のクレジットカード番号、従業員のマイナンバー、会社の財務システムにアクセスするためのパスワードなどが攻撃者に発見されてしまう可能性が大幅に低減されます。つまり、従来のエンドポイントと比べて攻撃対象となる脆弱性が減少します。

また、**Google が開発した Chromebook は ChromeOS を搭載した、まったく新しいクラウド端末です。**詳しい説明は第3節に譲りますが、ChromeOS のそもそもの設計思想は、“Chrome ブラウザを起動する端末”。アプリのインストールは一切できない仕様ですから、ウイルスの入ったプログラムもインストールできません。インストールできないので、ウイルスに感染するはずもないわけです。

Google のクラウド ネイティブな技術

クラウドの正式名称である「クラウド コンピューティング」という言葉は、2006年当時、GoogleのCEO エリック・シュミット氏のスピーチがきっかけで注目を集め、一般でも使われるようになりました。つまり、**クラウドといえばGoogle** なのです。

クラウド が誕生した理由の1つは、「IT 関連コストの削減」と言われています。クラウドを活用することで、個々の PC 上にそれぞれ運用されていた IT リソースを一ヶ所にまとめて管理できるため、コストカットと管理の効率向上が実現します。

近年、「**クラウド ネイティブ**」という概念が注目されるようになっています。いったいどんな考え方なのでしょうか？

「本来の」「生まれつき」などの意味を持つ「ネイティブ」という単語が使われているとおり、クラウド ネイティブとは**最初からクラウドで運用されるように作られたシステム**のことです。例えば、従来のオンプレミスのシステムを単純にクラウド環境に移行させただけではクラウド ネイティブとはいえません。

クラウド ネイティブなツールを採用すれば、環境や状況に応じてシステムをいかようにも柔軟に短期間で改修できる**クラウドの長所を最大限活かすことができます**。クラウド ネイティブは、「クラウドに最適化されたシステム」という意味で使われることが多く、クラウド分野でのリーダーであり、クラウドの老舗といえる Google のツールと端末は、紛れもなくクラウド ネイティブだといえます。

memo
「オンプレミス」とは、サーバーやソフトウェアなどの情報システムを、使用者が管理している施設の構内に機器を設置して運用することを指す。自社で構築、運用するため、システムを柔軟にカスタマイズしやすく、自社システムと連携しやすいというメリットがある。

すべての情報の保管場所となるデータセンターのセキュリティ

こうしたクラウドを支える基盤となるのが**データセンター**です。私たちが利用するデータセンターやサーバーマシンなどのインフラ（基盤設備）は、無料での利用であっても、**Google の社内や Google の提供する有料サービスで運用されているのと同じもの**です。Google が構築し、日々利用している保護機能の利点をあなたも活用することができます。

ところであなたは **Google が使用するサーバーはすべて自社開発**であることをご存知でしたか？　実は Google は世界有数のハードウエア メーカーであり、ソフトウエア メーカーなのです。

自社開発にこだわる理由は、脆弱性を引き起こす可能性のあるものが含まれることがないよう、Google が Google のサービスを提供することのみを目的として設計するからです。**サーバーだけでなく、データセンター、ネットワーク回線に至るまで自前主義**を貫いており、データセンターを支える基盤ソフトも内製されています。最先端の技術で対策を徹底し、常に管理しているからこそ、安全は守られ、大規模なサービスを柔軟に提供できるのです。

memo
データセンター内部もYouTube 動画で公開されている。「Google Data Center 360° Tour」という動画がわかりやすく、おすすめ。
https://www.youtube.com/watch?v=zDAYZU4A3w0

なお、Google は世界で最も厳しいセキュリティ基準、プライバシー基準に準拠しています。第三者独立機関による監査を受け、ISO 27001、ISO 27017、ISO 27018などの国際標準規格を取得しています。客観的にも信頼性が示されているので、安心です。

2020年のISO/IEC 27701 認証証明書の取得は、大手クラウド プロバイダとしては初めてのこと。Google が取得した独立系第三者機関による認証証明書は、Google が長きにわたってプライバシーに取り組んでいることと、最も信頼できるサービスをユーザーに提供していることを実証するものです。

Google が取得する国際標準規格は Web サイトで確認できる（画像は https://cloud.google.com/security?hl=ja より）

Google は、セキュリティとプライバシーを重視する企業文化を持っています。

Google では情報セキュリティの専門家を 900 人以上擁し、堅牢でグローバルなインフラを運営しながら、革新を推し進めています。私たちはそのおかげで、常に時代を先取りしながら非常に安全で信頼性の高い、各基準に準拠した環境を低コストで利用することができます。

Google のセキュリティに関する最新情報は、『Google Workspace セキュリティ ホワイトペーパー』で知ることができます。2020年版は 27ページに渡り、セキュリティとプライバシーに重点を置き、Google が人材、運用、管理体制、セキュリティの技術などについてどんな対策をしているかが具体的によくわかる資料となっています。

参照
Google Workspace セキュリティ ホワイトペーパーは誰でも閲覧できる公開情報。「Google ホワイトペーパー」と検索すると日本語版が検索結果に表示される。
https://static.googleusercontent.com/media/workspace.google.com/ja//intl/ja/files/google-apps-security-and-compliance-whitepaper.pdf

すべてのアプリの土俵となる Chrome ブラウザの情報セキュリティ

Google Workspace は、文字通り「Web上の仕事場」です。Webサービスはセキュリ

ティ レベルが低いと、悪意ある第三者の攻撃を受けやすく、情報漏えいの原因となる可能性があります。Google ではどんな対策をしているのでしょうか？

Google Workspace の推奨利用環境は「 **Google Chrome** 」というブラウザです。「ブラウザ（Web ブラウザ）」とは、Web ページを閲覧するためのソフトウェアのこと。Microsoft Edge、Safari、Mozilla Firefox などがあり、Chrome ブラウザは ChromeOS と同様、Google が開発、提供しています。Chrome ブラウザのシェアは 世界で60%、また日本でも45%を超えており、いずれも第1位です。

参照
ブラウザのシェアは下記のWebサイトを参照。
"Statcounter Global Stats"
https://gs.statcounter.com/

このブラウザを最新版にして Google Workspace を使うことで、脅威と脆弱性への対応が強化されます。「ブラウザ」は、いわばインターネットを使うための基盤。ブラウザが安全であるかが、Web上での作業すべてに影響を与えるといえます。

ここからは、「**セーフ ブラウジング**」「**自動アップデート**」「**暗号化**」「**AI（機械学習）によるスキャン機能**」といった Chrome の情報セキュリティ対策をひとつずつ見ていきましょう。

【セーフ ブラウジング】

「**セーフ ブラウジング**」とは、フィッシングやマルウェア、悪意のある広告、侵入型広告、危険だと認識されているウェブサイト、ダウンロード、拡張機能などからユーザーを保護するための機能です。

Google のセーフ ブラウジング機能では、ユーザーが不審なファイルをダウンロード、または、マルウェアもしくはフィッシング コンテンツを含むウェブサイトにアクセスしようとすると、警告が表示されます。これは、安全ではない数多くのウェブサイトを日々検出して 40億台の端末を保護している Google のサービスをベースにした機能です。

セーフ ブラウジングのメッセージは、Chrome ブラウザの画面に表示されるだけではありません。Google 検索や Android アプリでは危険なサイトを警告するメッセージが表示され、Gmail のメッセージには、悪意のあるウェブサイトへのメールリンクについて警告するメッセージが表示されます。

【自動アップデート】

Chrome ブラウザは、最新のセキュリティ アップデートでユーザーを保護するため、新しいバージョンが利用可能になったときに「**自動更新**」されます。Google では 2021年9月から Chrome のアップデート サイクルを6週間から4週間に短縮しました。

memo
「HTTPS（Hypertext Transfer Protocol Secure）」とは、ブラウザとWebサーバーの間で送受信されるデータの整合性と機密性を確保できる通信規約のこと。自分のサイトで HTTPS を有効にするには、セキュリティ証明書を取得する必要がある。

【暗号化と HTTPS 通信】

攻撃やユーザーの失敗に対する保護策として最も望ましいのは、**情報セキュリティが最初から組み込まれていること**です。サイバー セキュリティについてそれほど詳しくないユーザーのために、Google は情報セキュリティを確保するため**すべてのユーザーデータをあらかじめ暗号化**しています。

Google は、安全性が高い通信規約である HTTPS がGoogleのサイトやサービスでデフォルトで使われるようにするために資金と労力を注いでいます。Google のサービス全体で 100% の暗号化を実現するという目標を掲げているほどです。

暗号化とは元のデータを 鍵（暗号鍵）と呼ばれる秘密のデータを使って第三者が解読できないようなデータに変換することです。

Google のサービスにおいては、最新の暗号基準が使用され、保存中および転送中のすべてのデータが暗号化されます。ユーザーは何もしなくても情報が保護されますので安心ですね。

HTTPS で通信することにより、傍受や中間者攻撃、信頼できるウェブサイトへのなりすましを防ぐことができます。つまり、**暗号化によって、大切なデータが途中で盗難・盗聴されるのを阻止し、やり取りする情報の完全性を確保することが可能**です。ただし、古いハードウェアやソフトウェアは最新の暗号化技術に対応していないことが多いため、こうした端末を使っていると脆弱性が高くなる恐れがあります。Chrome ブラウザ上で作業を行うことを前提とした Google の端末である「Chromebook」であれば、その点、心配はありません。

【脅威を排除する Google のAI（機械学習）】

Google では「AI」と一括りにした名称ではなく、あえて「**機械学習**」と呼んでいます。

機械学習は多数の事例を収集し、その事例を説明するパターンを見つけ出します。そして、**そのパターンを使って新しい事例について予測する**のです。

Google ではこの機械学習を使用して Gmail の数十億通のメールから脅威指標を分析し、潜在的なセキュリティ攻撃を速やかに特定できるよう役立てているのです。

Gmail のユーザーはいまや 30億人。

あなたは、Gmail を使うだけで機械学習によって 99.9% 以上の迷惑メール、フィッシング、不正なソフトウェアがユーザーに届かないようブロックされていることをもうご存知でしたか？

驚きますが、Gmail は毎日 1 億ものフィッシング メールをブロックし、毎週 3,000 億もの添付ファイルをスキャンしてマルウェアを探査しているのです。クラウドネイティブなメール ソリューションを使用して、目に見えない脅威にしっかり対策しておきましょう。

以上、セーフブラウジング、自動アップデート、暗号化、そして機械学習による脅威の排除について Chrome ブラウザの情報セキュリティを概観しました。

続いての第2節では Google Workspace および Google Workspace for Education というオフィスツール（文房具アプリ群）、第3節で Google の端末 Chromebook について解説します。

2 Google Workspace とは

ポイント
- 組織のニーズに合ったエディションを選択する
- 上位エディションなら高度な管理機能とセキュリティ機能が使える

過去に例を見ない形で働き方そのものが激変しています。これまで必要とされた「オフィス」という物理的な場所は、もはや必要不可欠なものではなくなりました。今では各自仕事をする場所が職場となり、メールやチャットでやり取りをし、オンラインで情報共有、という状況です。そのため、今まで休憩所や会議が始まる前のちょっとした時間に雑談をする機会が極端に減ってしまいました。こうした急激な変化の中、人と人とのつながりを築き、維持することがとても難しくなっています。今まで短い時間で済んでいた確認や気づきの共有は困難になっているのです。

もっと気軽にコミュニケーションできるツールがあれば、重要なことにより時間をかけたり、人とのつながりを育んだりすることが、どこにいても可能になるはずです。そして、そのツールは安全であることが強く求められます。

そして、この解決策こそが Google Workspace の活用です。

Google の提供する目的別オフィスツール

改めて、Google Workspace とは、一体なんでしょうか？

Google の提供する**グループウェアとして組織での利用が可能なアプリのセット**をこう呼んでいます。グループウェアとは、組織内の情報共有・コミュニケーションの促進、業務効率化に役立つ機能を持った各種アプリケーションソフトウェアのことです。

なかでも、Gmail 、Google カレンダー、Google ドライブ、Google フォーム、Google ドキュメント、スプレッドシート などオフィスツール（文房具）として活用するアプリ群を Google Workspace の「コアサービス」と呼びます。また、Google Workspace アカウントで、他に 60 を超える Google のサービス（Google Earth、Blogger など）が利用可能です（ユーザーが利用できるサービスは組織の管理者により制御可能）。

本節では Google Workspace が具体的にどのように安全なのか解き明かしていきます。Google Workspace は「ワークスペース」という名のとおり、「**すべてが一ヶ所にまとまっている**」環境を提供してくれます。いつでもどこからでも繋がり、作業の続きができる出社と在宅勤務を組み合わせたハイブリッドな働き方に対応する「安全なクラウド上の仕事場」です。

参照
管理者による利用サービスの制御についての詳細は第2章78～81ページ参照。

Google Workspace を毎月使っているユーザーの数はなんと30億。また、Google Workspace の導入後に仕事が以前より楽しくなったと答えたユーザーの割合は68%にのぼります。

2022年6月現在、組織の業種や規模、ニーズに合った運用ができるよう、以下のようなGoogle Workspaceエディションが用意されています。

企業向け （最大300ユーザー）	**Businessエディション** ・Google Workspace Business Starter ・Google Workspace Business Standard ・Google Workspace Business Plus
企業向け （大規模な組織向け）	**Enterpriseエディション**
教育機関向け	**Educationエディション** ・Google Workspace for Education Fundamentals ・Google Workspace for Education Standard ・Teaching and Learning Upgrade ・Google Workspace for Education Plus
Gmailなど、一部のサービスを利用しないチーム向け	**Essentialsエディション** ・Google Workspace Essentials Starter ・Google Workspace Enterprise Essentials

参照
Google Workspace導入後の仕事への意識については下記の調査を参照。
"Google Workspace vs. O365 Impact on Business." https://emergys.com.mx/wp-content/uploads/2021/05/Google_Workspace_vs._O365_Impact_on_Business-1.pdf

memo
「エディション」とは、出版物などの「版」という意味の英単語。ITの分野では、ソフトウェア製品などでバージョン（世代）は同じだが構成や機能、用途、販売方法などが異なる製品パッケージのことをエディションという。

表に挙げたエディションの他にも、Individualエディション（個人事業者や個人起業家向け）やFrontlineエディション（現場従業員向け）、Google Workspace for Nonprofits（非営利団体向け）、Governmentエディション（政府及び行政機関向け）が提供されています。こうした数あるエディションのうち、本書では主としてBusinessエディションとEducationエディションについて解説します。

ビジネス目的のGoogle Workspace

従来の@gmail.comで作成できる無料アカウントは、ビジネス目的でも利用できます。しかし、もともと一人で利用することを想定した個人向けサービスであるため、チームでの作業が前提なら、メンバー25名まで無料で利用できるエディションEssentials Starterがオススメです。2022年2月に発表されたEssentials Starterは、既存の仕事用メールアドレスでそのまま利用できます。

無料と有料のサービスの違いは、組織情報の一元的な管理と高度なセキュリティ機能の有無です。違いを比較できるように各種Businessエディションを表にまとめました。

▼Google Workspace のエディション比較（2022 年 6 月現在）

	@gmail.com	Essentials Starter	Business Starter	Business Standard	Business Plus
対象	個人	チーム	最大 300 ユーザー		
料金（月額・税別）	無料	無料	680 円	1,360 円	2,040 円
ユーザー数	一人	最大 25 人 ただし組織で登録できるチームの数に制限はない	最大 300 ユーザー		
メールアドレス	@gmail.com（Gmail）	独自ドメイン（Gmailは利用不可）	独自ドメイン（Gmail）		
1 ユーザーあたりのクラウド容量	15 GB		30 GB	2 TB	5 TB
サポート	なし		日本語による 24 時間 365 日サポート。電話も OK。		
サービス稼働保証（SLA）	なし	99.90%			
管理画面	なし	あり			あり さらに高度なセキュリティと管理機能
Gmail	99.9% 以上の攻撃をブロックするフィッシングおよび迷惑メール保護機能				
Google Meet（オンライン会議システム）	60 分・100 人まで参加可能		336 時間・100 人まで参加可能	336 時間・150 人まで参加可能・録画・ノイズキャンセル・ブレイクアウトセッション・アンケート・Q&A・挙手機能・共同主催者を会議に追加	336 時間・500 人まで参加可能・録画・ノイズキャンセル・ブレイクアウトセッション・アンケート・Q&A・挙手機能・共同主催者を会議に追加
チーム向け共有ドライブ	なし			あり	

教育目的のGoogle Workspace for Education

参照
Google Workspace for Educationの利用資格については下記のWebサイトも参照。
“Google Workspace for Education のご利用資格 - Google Workspace 管理者ヘルプ”
https://support.google.com/a/answer/134628?hl=ja

Google Workspace が企業向けであるのに対し、Google Workspace for Education は、教育機関におけるコラボレーション、指導の効率化、安全な学習環境の維持を目的にカスタマイズされた Google ツールとサービスのセットになります。Google Workspace for Education の利用は、幼稚園、小中高校、高等教育機関の場合は、初等、中等、高等以降の各レベルで、国内的または国際的に承認された認定資格を提供する、政府公認校として正式な認可を受けた教育機関であることが条件となっています。

基本となるのが、無償で提供される **Google Workspace for Education Fundamentals** です。さらに、高度なセキュリティ機能と管理機能が追加される Education Standard、Google Classroom や Google Meet の拡張機能など教育に役立つ高度な機能が利用できる Teaching and Learning Upgrade 、そして、Education Standard と Teaching and Learning Upgrade の全機能に加え、Google Cloud Search などの追加機能が利用できる

Google Workspace for Education Plus の３つの有償エディションがあります。

無料で使えるのに、有料ライセンスにする必要はある？

memo

Google Cloud Search にはGmail やドライブ、カレンダーなどGoogle Workspace 内にあるファイルを包括的に検索する機能などがある。

「Gmail や Google カレンダー、Google ドキュメント って、Google のアカウントを作れば無料で利用できるよね？」「Google Workspace って最近よく耳にするけれど、なんのこと」と疑問に思われているかもしれません。

確かに Google のアプリは誰もが無料で使えます。Google マップのように、アカウントすら作成しなくても使えるアプリもあります。無料であっても高機能ですし、世界最高水準の強固なセキュリティで守られています。最先端のAI が各アプリに標準搭載されているので、使うだけで大幅な時短が実現できます。個人で利用するなら、無料のもので十分でしょう。

ただ、組織としての情報の管理・運用体制においては、いささか物足りない面があります。例えば、無料の Gmail アカウントを利用し、組織の情報を共有していたとします。**共有範囲や権限をどこまでにするのかはアカウントを作成した本人の判断次第です**。組織として制御はできませんし、設定を他の人が確認することはできません。

また、Gmail アカウントは作成した個人の財産ですから、そのアカウントで生み出された文書やアイデアは基本的に、その個人の知的財産とされるのです。そのため、何らかの理由でその個人が組織を離れる時には、仕事で全員が使っていたファイルだとしても、当然ながら、そのデータの所有権はオーナーである本人にあります。もし、その人がもう不要と判断して削除してしまったり、共有を解除してしまったら、その情報は見られなくなってしまいます。

さらに言えば、退職してもその個人はアカウントは使い続けることができるので、共有の設定が解除されていなければ、機密情報でも閲覧や編集ができてしまうのです。ファイルをコピーして外部に開示される可能性がないとは言い切れません。

これらの深刻な問題を解決できるのが Google Workspace です。 Google Workspace のアカウントであれば、「組織外とファイルを共有しない」などの制限をかけることが可能となります。共有を前提とした組織の環境を安全かつスピーディに構築できます。

Google Workspace for Education は、教育機関が利用することを前提としているため、無償にもかかわらず、最初からこうした管理機能を使えるエディションとなっています。有償のエディションにアップグレードすることでEducation Fundamentals の基本機能にさらなる高度な管理機能とセキュリティ機能、そして1人1台時代の新しい教育をサポートする機能を追加することができます。

違いを知り、クラウド サービスをより安全に使って生産性を向上させることが可能となる有償エディションも積極的に検討してみましょう。有償エディションの詳細は第3章、第4章で解説します。

3 Chromebook の情報セキュリティ

ポイント

- ChromeOS 、Chrome ブラウザはセキュアを追求する設計思想
- Chromebook は「多層防御」により強固なセキュリティを実現

本節では、Windows、Macに続いて「第3のパソコン」といわれる Google の開発した Chromebook について解説します。

Chromebook は前述のGIGAスクール構想において、4割を超えるシェアを獲得しました。その理由は、電源を入れると数秒で起動してすぐ使えるという**スピード感 (Speed)、シンプルな操作 (Simplicity)、セキュリティの高さ (Security)、管理の容易さ (Smarts)、協調学習のしやすさ (Shareability)** など、教育現場で求められている5つの要素がすべて満たされていたからです。

参照
Chromebookの費用に関する調査は下記を参照。
"The Economic Value of Chromebooks for Education - Google."
https://services.google.com/fh/files/misc/google_infobrief_us45739919tm.pdf

コストをかけずに業務の効率化を推進できるデバイスであることに気づいた企業での導入も進んでいます。Google Workspace との親和性が高くて使いやすく、比較的安価で組織でまとめて導入しやすい Chromebook 。アメリカの大手調査機関によれば Chromebook の購入・導入・運用にかかる費用は、他の端末を選択した場合に比べて3年間で57%抑えることができています。

Chromebook は新しい働き方に最適な端末なのです。

ChromeOS と Chrome ブラウザ

memo
ChromeOS を搭載したデバイスには、ノート型の Chromebook 、デスクトップ型の Chromebox 、液晶ディスプレイ一体型の Chromebase などがある。

「**OS**(オーエス)」とは オペレーティング・システム(Operating System)の略で、日本語では「**基本ソフトウェア**」とよばれます。つまり、OSはコンピューター上の基本的な操作、例えばファイルの管理やメモリの管理を行うソフトウエアのこと。文書処理や表計算、プレゼンテーションなどの特定の用途や目的のために作られたアプリケーションソフトウェア(応用ソフトウェア)には、ファイルを開いたり、文字を画面に表示したりという共通の動作がありますが、OSはそれぞれのソフトに共通する部分の処理を提供しています。OS には Windows、mac OS、Linux 等があり、ChromeOS は Google が開発、提供する OS です。

memo
Google が審査した Android アプリを Play ストアからインストールすることは可能。

Windows や mac OS 搭載のパソコン であれば、パソコンにアプリケーション ソフトウェアをインストールして使うことができますが、Chromebook をはじめとした ChromeOS を搭載した端末では**基本的にアプリケーション ソフトウェアを端末にインストールして使うのではなく、ほとんどの作業が Chrome ブラウザ上で実行される**ようになっています。ChromeOS が他の OS と大きく違うところは **Chrome ブラウザをメインにしており、Web アプリケーションの使用を前提**にしている点です。

Chrome ブラウザと ChromeOS を支える Chromium（クロミウム）プロジェクトの Chromium OS セキュリティ概要ページ冒頭には、

> memo
> 「Chromium プロジェクト」とは、Chrome ブラウザと Chrome OS の背景にあるオープンソース プロジェクト。すべてのユーザーに、より安全で、より速く、より安定したコンピューティング体験を提供することを目的にしている。

Chromium OS has been designed from the ground up with security in mind.
（Chromium OSは、セキュリティを念頭に置いてゼロから設計されています。）

と、書かれています。

また、**ユーザーにとって、実用的に安全で使いやすいシステムを提供するために、次の4つの原則に則って開発されています。**

> 参照
> Chromium プロジェクトのセキュリティ概要ページは下記を参照。
> "The Chromium Projects" https://www.chromium.org/chromium -os/chromiumos-design-docs/security-overview/

- **The perfect is the enemy of the good.（完璧は善の敵。）**
- **Deploy defenses in depth.（防御を徹底的に展開。）**
- **Make devices secure by default.（デフォルトでデバイスを安全に。）**
- **Don't scapegoat our users.（ユーザーをスケープゴートにしない。）**

組織の内と外という区別をせず、情報資産へのアクセスはすべて信用せずに検証する、という「**ゼロトラスト**」のお話をしましたが、ChromeOS 、Chrome ブラウザについても同様に、完璧なセキュリティ ソリューションはありえない、という意識です。

完璧なソリューションはありえないと自分たちの作った「安全」を過信せず、また、ユーザーが必ずしも安全な行動をとるとは限らない、という意識で情報セキュリティ対策がとられています。初めから起こりうる危険に備えた設計にし、初期設定でいくつもの防御を備えているのです。

> memo
> Chrome Vulnerability Rewardプログラムの公式サイトは、下記を参照。
> "Chrome Vulnerability Reward Program" https://www.google.com/about/appsecurity/chrome-rewards/index.html.

情報セキュリティを徹底的に追求するためには脆弱性を見つけることが欠かせません。Google は2010年から「Chrome Vulnerability Reward Program」という ChromeOS 、Chrome ブラウザの脆弱性を発見した情報セキュリティ研究者に、報奨金を支払うプログラムを実施しています。2020年に支払われた報奨金はなんと210万ドル。より多くの「脆弱性発見の目」を持ち、よりセキュアなものにしていこうというわけです。

Chromebook の強固な情報セキュリティ

> 参照
> Chromebook のセキュリティについては下記のWebサイトを参照。
> " Chromebook のセキュリティ" https://support.google.com/chromebook/answer/3438631?hl=ja

Chromebook ヘルプ「Chromebook のセキュリティ」のページの冒頭に、「***Chromebook では、「多層防御」の原則に基づいて複数の層で情報を保護しています。***」と書かれています。

「多層防御」については、序章の25ページで、入口、内部、出口のすべてのフェーズにおいて対策を行うという泥棒対策のお話をしましたが、それと同様、「いろいろな場面を想定して、複数の層で防御している」ということです。

自動アップデート

参照
自動更新のポリシーについては下記のWebサイトも参照。
"自動更新ポリシー"
https://support.google.com/chrome/a/answer/6220366?hl=ja

本章36ページでChromeブラウザは最新バージョンに自動更新されると述べましたが、ChromeOSも同様に自動更新されます。

端末の更新プログラム適用漏れはあらゆる攻撃の標的となるリスクにつながります。しかし、Chromebookなら更新は自動で行われます。ユーザー自身による更新プログラムの適用を前提としていないため、常に最新で最も安全なバージョンが動作するようになっています。

そもそも、ChromeOSは読み取り専用で他のOSのように、フォルダの中にアプリケーションを人的に入れるという選択肢を持っておらず、Googleの署名が付いたものしかアップデートとしてインストールすることができません。これにより改ざんやウィルス感染の余地を作らないのです。

Chromebookには稼働している現在のバージョンのOS（❶）とその前のバージョンのOS（⓿）が保存されていています。その間に最新のバージョンのアップデートバージョン（❷）が利用可能になると、バックグラウンドでダウンロードされその前のバージョン（⓿）と置き換わって保存されます。ユーザーが次にChromebookを起動したときにはアップデートされたOS（❷）が読み込まれます。

起動中に不具合が検出されたときはクリーンなバージョンのOS（❶）が起動します。

ChromeOSのアップデートは約4週間に1度のメジャーアップデートが行われますが、脆弱性が新たに発見された場合はそれに対する更新プログラムが迅速に展開されます。

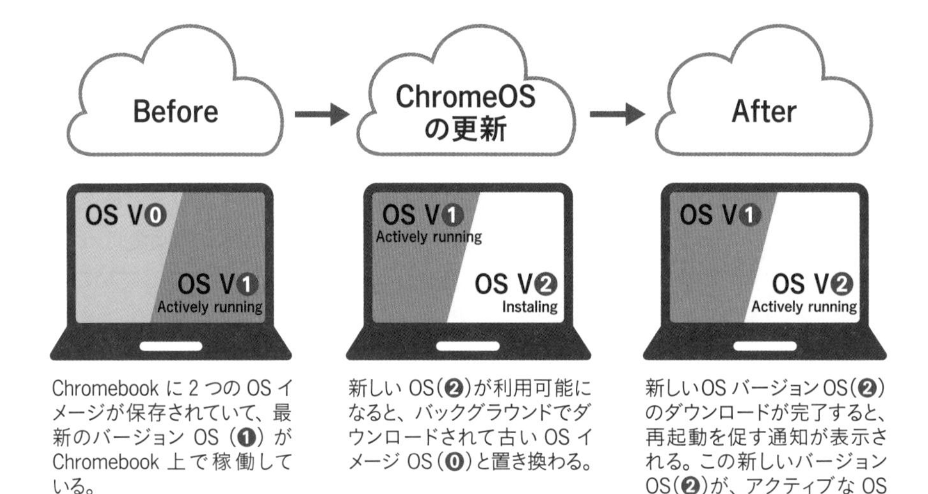

Chromebookに2つのOSイメージが保存されていて、最新のバージョンOS（❶）がChromebook上で稼働している。

新しいOS（❷）が利用可能になると、バックグラウンドでダウンロードされて古いOSイメージOS（⓿）と置き換わる。

新しいOSバージョンOS（❷）のダウンロードが完了すると、再起動を促す通知が表示される。この新しいバージョンOS（❷）が、アクティブなOSになる。以前のバージョンOS（❶）も、次のアップデートサイクルまではデバイス上に残る。

OSの自動更新と同様にChromebookはChromeウェブストア、Google Playストアで拡張機能やアプリケーションに利用可能なアップデートがないかどうかを定期的に確認します。新しいバージョンがあれば自動的にダウンロードされ、アプリケーションがアップデートされます。

サンドボックス化

「**サンドボックス**」は直訳すると「砂箱」ですね。子どもが遊ぶ公園の「砂場」をイメージしてください。仕切られた環境にあるので、砂で遊んでも周囲に飛び散るのを防いでくれます。サンドボックスとは制限された領域でプログラムを実行し、不具合が起こったとしてもその**領域外には影響を与えないようにする仮想環境**です。

Chromebook では個々の Web ページやアプリケーションが サンドボックス化された環境で実行されます。もしウイルスに感染したページを開いたとしても、それを閉じるだけで他のタブ、アプリ、その他の要素に影響を及ぼすことが食い止められるのです。かんたんに言うと「1つ1つのタブがサンドボックス化されていて、そこで問題が生じてもそのタブを閉じれば影響がない」ということです。

確認付きブート

コンピュータの電源を入れてから（あるいはリセットしてから）稼働できる状態になるまでに自動的に行われる一連の処理を「**ブート**」といいます。Chromebook では起動時に毎回、「**確認付きブート**」と呼ばれるセルフチェックが行われます。Chromebook の電源を入れるとファームウェアが改ざんされていないかどうかをファームウェア自身が確認、検証します。

正しいファームウェアが検証されれば、ファームウェアが OS 並びに Chrome ブラウザを読み込むときに OS および Chrome ブラウザが改ざんされていないかどうかを検証し、正しいと検証されれば OS が起動するという流れになっています。改ざんや破損が検出された場合は、初期化された状態に自己修復をして起動されます。

memo
「ファームウェア」とはコンピュータや電子機器などに内蔵されている制御のためのソフトウェア。パソコンではOSが起動するより以前の制御に関わるもので、ハードディスクなどをはじめとした装置の制御を行う。

参照
出典：セキュリティのルールを変える "Challenging the rules of security - Chrome Enterprise." https://chromeenterprise.google/os/security/guide/

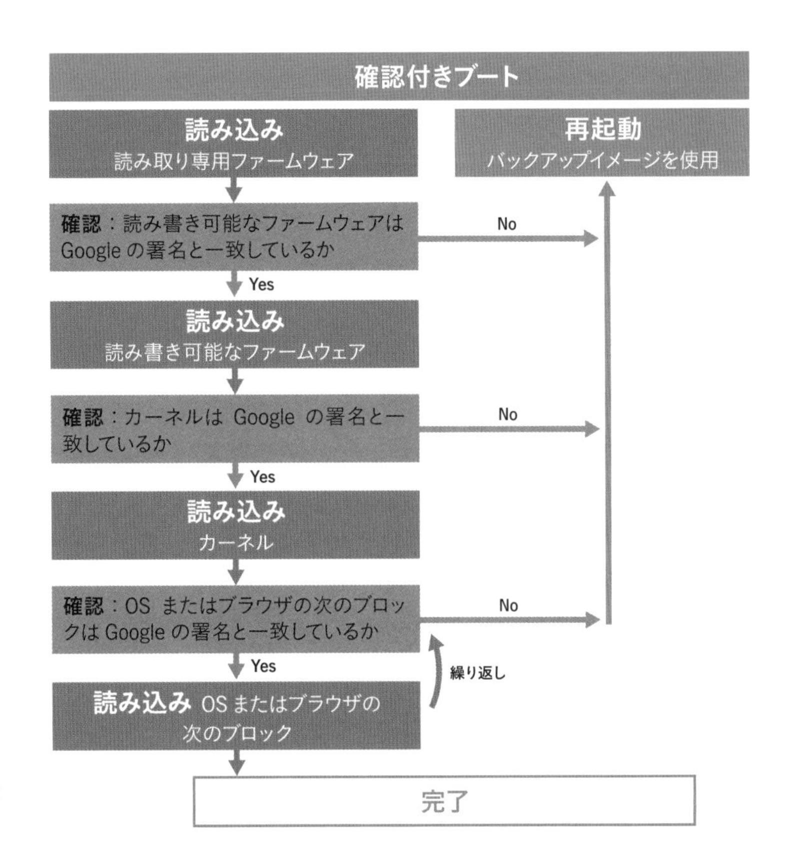

► 確認付きブートのプロセスにより、ファームウェア、OS、ブラウザが改ざんされていないことが確認される

データの暗号化

Chromebook は基本的に端末内部にデータを持ちません。 しかし、**ダウンロードしたファイル、Cookie、ブラウザのキャッシュ ファイルなどのユーザーデータは端末内に保存**されます。Chromebook 内に保存されたこれらのデータは、不正使用検出機能が搭載された「セキュリティ チップ」により暗号化され、Chromebook 上に安全に保存されます。他人の Chromebook から抜き出した記憶装置からデータを盗もうとしても簡単には復元できないようになっています。

memo
「セキュリティ チップ」とは、漏洩防止を目的にコンピュータなどのハードウェアに搭載されているもの。Chromebook では、Google が設計した「Titan C チップ」が標準装備されている。

情報セキュリティ対策が施された Google Workspace と Chromebook をどのように活用するのかは組織によって異なりますが、企業でも学校でも各組織の情報セキュリティポリシーに準拠した形で活用していきましょう。とはいえ、どのようにカスタマイズしていけばいいのでしょうか？

Google は組織における各種設定管理ができる「**Google 管理コンソール**」を用意してくれています。組織の情報セキュリティポリシーに合わせて、細やかにオンライン上から一元管理することができます。次で、Google 管理コンソールについて、設定項目や構成などを具体的にご紹介していきます。

今すぐ使える!
Google Workspace
& Chromebook

第2章

Google Workspaceの管理コンソールの初期設定

この章では、管理コンソールの概要と、「サービスの利用者」であるGoogle Workspace 管理者が管理コンソールから行う初期設定について詳しく解説していきます。

Google Workspace
& Chromebook

1 Google 管理コンソールとは

ポイント
- Google 管理コンソールでできることを知る
- Chrome Enterprise Upgrade と Chrome Education Upgrade についてい知る

- **Google Workspace や Google Workspace for Education が組織に導入され、突然、管理をやってくれと言われて担当になった。しかし、何から手を付けていいかわからない。**
- **組織の責任者として、Google Workspace を導入検討しているが、具体的にどんな管理ができるのかイメージがわかない。**

そんな戸惑いはあるものの、管理を任された以上はしっかりとやりたい。
特に情報セキュリティ関連の事故は起こしたくない！

本章では、そうお考えのあなたがどこで何を実施すれば良いのか具体的に解説します。

Google のサービスには、事故を未然に防ぐためのユーザーやブラウザ、Google Workspace、そして Chromebook の設定が簡単に実施できる「**Google 管理コンソール**」というものが用意されています。

▼［Google 管理コンソール］のアイコン

Google Workspace のユーザーに安全な利用環境を提供するクラウド上の管理画面が「Google 管理コンソール（以下、管理コンソール）」です。

管理コンソールにアクセスできる権限を持っているユーザーを、「管理者ユーザー」「Google Workspace 管理者」「ドメイン管理者」などと呼びます。管理者ユーザー（以下、本書では **Google Workspace 管理者**とする）は Google Workspace で提供されるサービスを管理コンソールで一元的に管理できます。つまり管理コンソールは組織で活用する Google Workspace を運用する上で必要不可欠なものです。

Google Workspace の申込みをしたときに入力したユーザーには「**特権管理者**」、つまり「すべてのことができる権限」が付与されています。最初はこのユーザー アカウントでログインして管理コンソールを操作することになります。できることを限定した「管理権限」を別のユーザーに割り当てることができますが、これについては後述します。

参照
管理権限の割り当てについては第2章2節61ページ参照

ツールだけでなく、デバイスも制御可能

社員や教職員など、組織で業務中に使用するパソコンやタブレット等のデバイス管理は、様々なことを考慮して管理する必要があります。ユーザー アカウントの付与はもちろんのこと、パスワードの設定ルールなどのセキュリティ対策、アプリの設定と利用、トラブル対応など、考えただけでも次々と思い浮かぶのではないでしょうか。

もともとそういった管理は、情報管理の担当者が1台ずつ設定作業を実施したり、特定の場所だけで使用できるネットワークを組んで、オンライン制御をしたりするのが一般的でした。しかし、こうした従来の方法による管理は、設定変更の際や不具合が起きた際に、毎回毎回、膨大な設定作業を誰かがコツコツと行うことになります。とんでもなく多くの時間と手間がかかるため、そもそもこうした管理そのものが実行できないまま利用を続けるといった現実もあり、問題がありました。

ところが、Chromebook なら、ライセンスを購入することで、デバイスに指一本触れることなく管理コンソールからオンラインで「一括遠隔管理」を行うことが可能になります。何百台、何千台あっても、すべて一括で設定できるようになるのです。

その企業向けのライセンスが **Chrome Enterprise Upgrade**、教育機関向けのライセンスが **Chrome Education Upgrade** です。Chromebook とこのライセンスを紐付けることにより、Chromebook を管理コンソール上で管理することができるようになります。この工程を「Chromebook をエンロールする」、「Chromebook を管理コンソールに登録する」等といいます。

memo
Chrome Enterprise Upgrade、Chrome Education Upgrade をまとめて CEU と略記することがある。

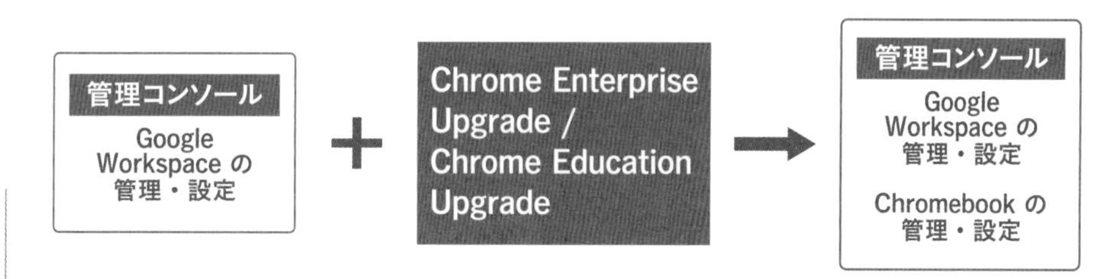

memo
Chromebook の自動更新の有効期限に達すると、CEU による管理にも一部影響が生じる。

教育機関向け Chrome Education Upgrade のライセンスは、永久ライセンスです。それに対して企業向け Chrome Enterprise Upgrade には、有効期限が1年間の年間ライセンスと永久ライセンスがあります。また Chrome Enterprise Upgrade がバンドルされた Chromebook も販売されています。

memo
「バンドル」とは、束ねる、まとめるという意味。

ChromeOS デバイス向けの Upgrade の購入を検討する際、必要となる情報は、Google 公式サイト [Chrome Enterprise and Education ヘルプ] に掲載されています。あるいは Google の認定パートナーにご相談ください。「Google パートナーディレクトリ」と検索すると、自社に合った Google Cloud Partner を探すことができます。

参照
Upgrade の購入については下記の Web サイトも参照。
"ChromeOS デバイス向けの Upgrade を購入する"
https://support.google.com/chrome/a/answer/7613771?hl=ja

- **パートナー ディレクトリ**
  https://cloud.google.com/find-a-partner/

Google 管理コンソールへのアクセス

それでは、管理コンソールについて具体的に見ていきましょう。

Google Workspace 管理者が管理コンソールにアクセスするには次の2つの方法があります。

方法① URLから直接アクセス

Chrome ブラウザのアドレスバーに [admin.google.com] を入力します。

方法② アプリランチャーからアクセス

> memo
> 管理コンソールのアイコンは、管理者権限を持つユーザーアカウントでログインしている時にのみ表示される。

[Google アプリ] アイコンをクリックし(❶)、[アプリランチャー] から [管理] をクリックします(❷)。アクセス後、本人確認が求められますので、もう一度ログインしてください。

管理コンソールにアクセスすると、管理コンソールのホーム画面が表示されます。ここから各種管理設定の画面に移動できます。利用できる機能や実施できる管理タスクは、委任された管理者の役割(後述)により異なります。また利用している Google Workspace・Google Workspace for Education のエディションによっても異なります。

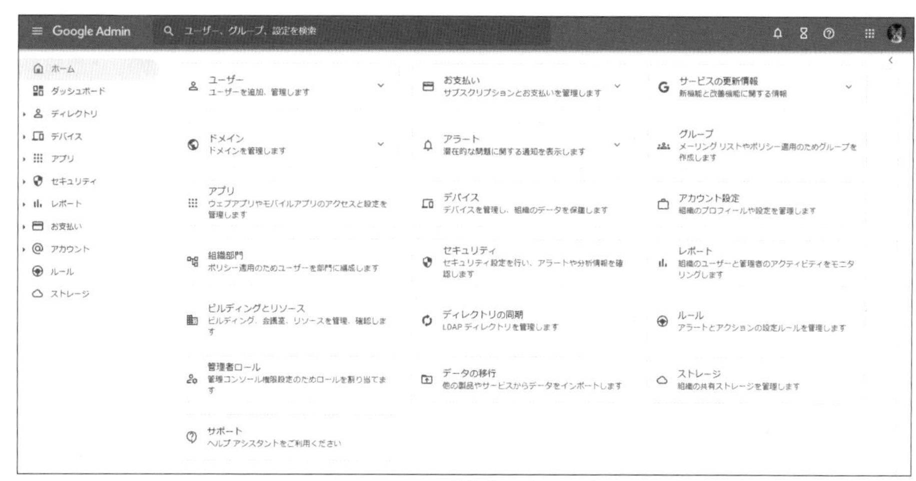

▲Google Workspace for Education Fundamentals の特権管理者でログインした管理コンソールのホーム画面（2022 年 6 月時点）

また、「**サイドメニュー**」を使用すると、管理コンソール内の情報と設定の表示、検索、直接移動をより簡単に行えます。

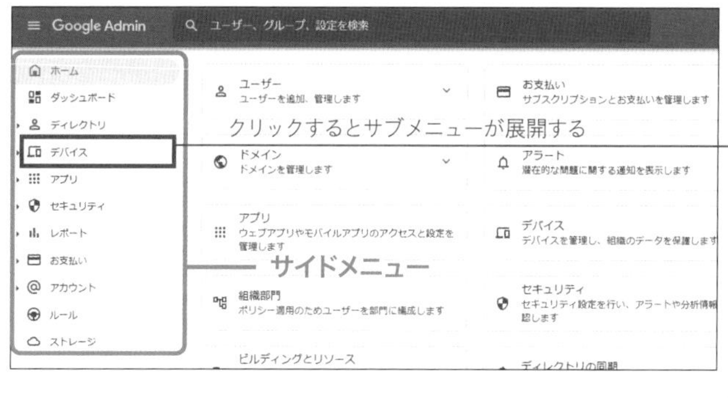

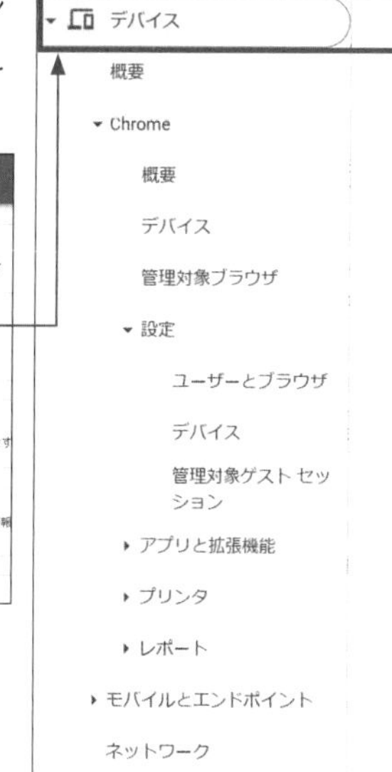

サイドメニューの特長は以下のとおりです。

- **階層メニュー**によって、必要なものをすばやく見つけることができる。
- **クリックによるメニューのプルダウンで、表示したいページを直接参照できる**ため、探しているものがすぐに見つかる。
- 委任された管理者の権限レベルに応じてアクセス可能なメニュー アイテムのみが表示されるため、効率的に管理業務を行うことができる。

管理コンソールの設定操作は、管理コンソールのホーム画面に並ぶカードまたは、サイドメニューにある項目を選択するところからスタートします。管理するご自身の組織でどんな設定が可能なのかを知るのにも役立ちますので、一度ひと通り見ておくとよいでしょう。

memo
各設定ページに進んだ後、画面左上の[Google Admin]、または、サイドメニューの[ホーム]をクリックすると、管理コンソールのホーム画面に戻ることができる。

管理コンソールは言うまでもなく機密性が高いので、一定時間経過すると再ログインが求められます。面倒だと思われるかもしれませんが、正当なユーザーかどうか確認してくれていると考えて認証しましょう。

管理コンソールでの設定には、例えば以下のようなものがあります。

カテゴリー	できること
ユーザー	ユーザーの追加、削除など
ドメイン	ドメインの追加、ドメインの許可リストへの登録など
アプリ	Google Workspace の各アプリの有効化/無効化、詳細設定など
組織部門	組織構造の設定
ビルディングとリソース	組織のビルディング（建物）やリソース（会議室、社用車など）の管理（カレンダーに連携され、ユーザーは予約ができる）
管理者ロール	管理コンソール内の役割の権限の付与・作成など
お支払い	Google Workspace エディションをアップグレードするなど
アラート	アラートの確認
デバイス	ブラウザ、デバイスの詳細設定・管理など
セキュリティ	2 段階認証プロセスの適用、パスワードポリシーの設定など
ディレクトリの同期	LDAPディレクトリの管理
データの移行	他の製品やサービスからのデータ移行サービス
サービスの更新情報	Google Workspace アップデート ブログの最新のブログ投稿を読む
グループ	メーリングリストの作成など
アカウント設定	組織の詳細情報をカスタマイズする
レポート	Google Workspace の各アプリの利用状況の確認など
ルール	アラートを受け取るルールやデータを保護するルールの作成など
ストレージ	組織の共有ストレージの管理
サポート	チャット、電話、メールで Google のサポートを受ける、特定のヘルプトピックを検索する

本書ではこれらの項目のうち、組織ごとに特に検討すべきことを順に詳細を解説していきます。

2 Google 管理コンソールではじめに設定すべきこと

ポイント
- ●組織部門はできるだけシンプルに構成することが重要
- ●管理ロールを割り当てれば管理業務は分担できる

組織部門(Organizational Unit)の作成

組織を管理する際、ユーザーの「所属チーム」や役職、役割等の「カテゴリ」ごとに一括で設定を変更したいということがよくあります。

Google Workspace ではユーザー及び デバイスの設定、サービスの有効化／無効化などを効率よく行うために「**組織部門(OU)**」を作成して管理、制御します。

初期状態では、ベースとなる最上位の組織部門が1つ用意されています。管理者は、この最上位の組織部門の配下に、用途に合わせて組織部門の階層構造を作成することができます。階層を作成することで、アカウント内のすべてのユーザー及びデバイス(Chromebook)を1つの組織部門に所属させ、組織部門ごとに利用するサービスの設定やデバイスの設定を行うことができるようになります。

組織部門作成のポイント

組織部門は、実際の企業や学校の組織の構成と一致させる必要は全くありません。管理運用の負荷を低減するために、Google は、組織部門の構成を「できるだけシンプルに」設計するとともに、ユーザー用とデバイス用で別個の組織部門を作成することを推奨しています。これは、後々のメンテナンスの負担を軽減するための大切なポイントです。

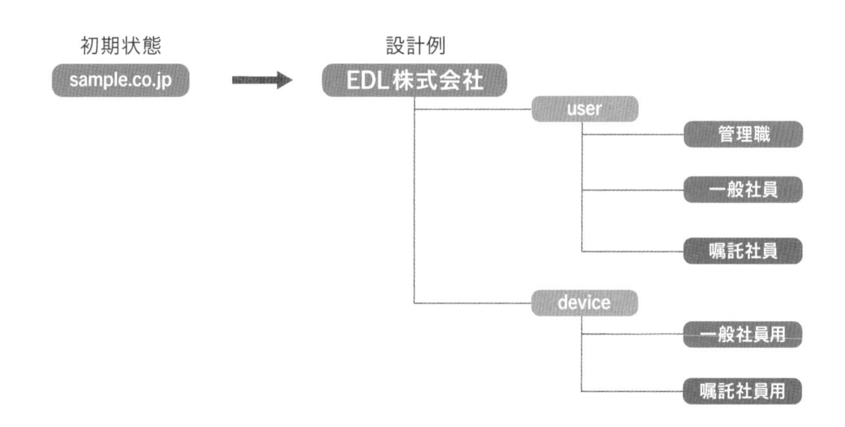

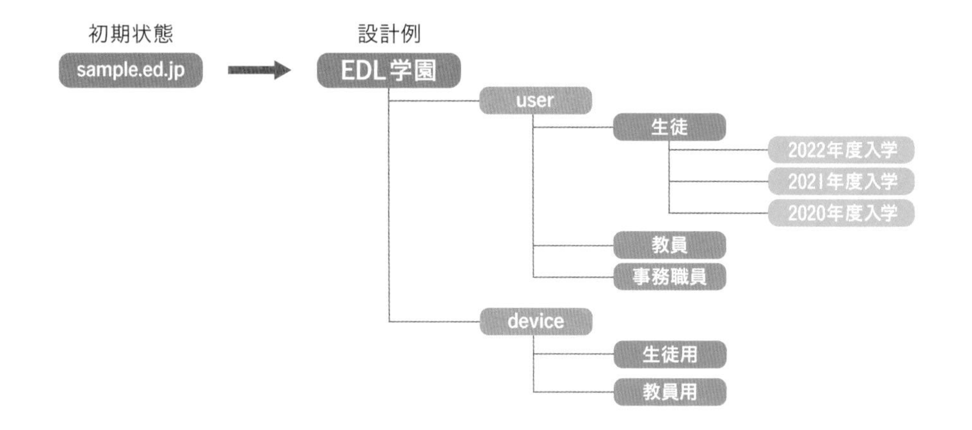

ユーザーにどのように活用してほしいのか、誰にどこまで利用権限を付与するのかによって、組織部門の構成は変わってきます。ユーザーのITリテラシー、業務形態や業務内容などからでも構成を考えることができます。実際の活用シーンを具体的にイメージすることで適切な組織部門を構成することを意識しましょう。また、組織部門の構成は、いつでも変更可能ですので、運用しながら最適解を見つけていきましょう。

設計した組織部門の上位の組織から作成します。ここでは、教育機関をイメージし、解説します。

最上位の組織部門［sample.ed.jp］の名前を［EDL学園］に変更し、この組織部門の下に［user］という組織部門を作成していきます。

memo
各種設定の詳細画面へ遷移するには、サイドメニューからアクセスする方法とカードからアクセスする方法がある。
この例の場合、手順1の操作の代わりに、［組織部門］カードをクリックすれば、手順2の操作に進むことができる。

手順1. 管理コンソールのホーム画面サイドメニューの［ディレクトリ］（❶）-［組織部門］をクリックします（❷）。

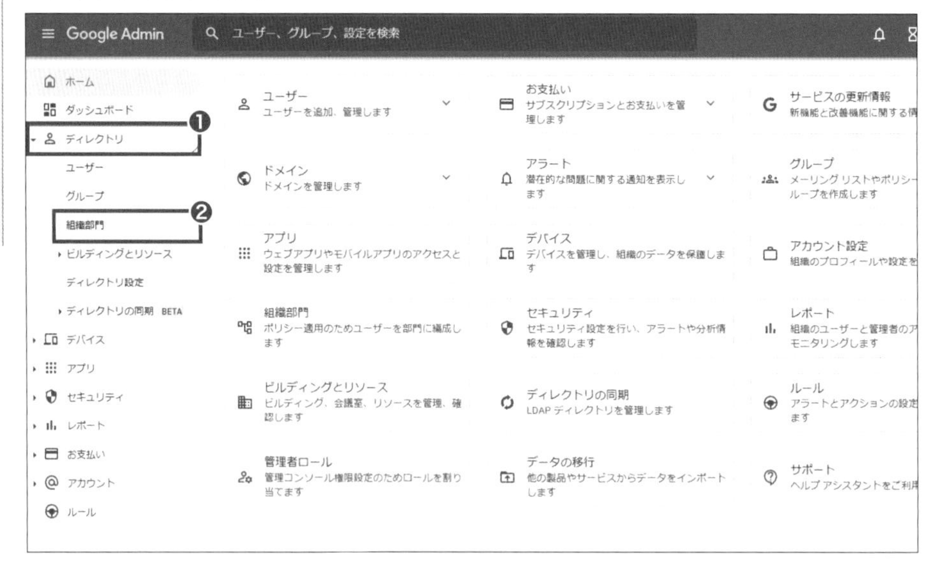

手順2. 最上位の組織部門名［sample.ed.jp］の右の⋮から［編集］を選択し（❶）、組織部門名を［EDL学園］に変更し（❷）、［更新］をクリックします（❸）。説明は省略可能です。

手順3. 作成したい組織の親組織の上にマウスポインタをおき、［＋（新しい組織部門を作成）］をクリックします。

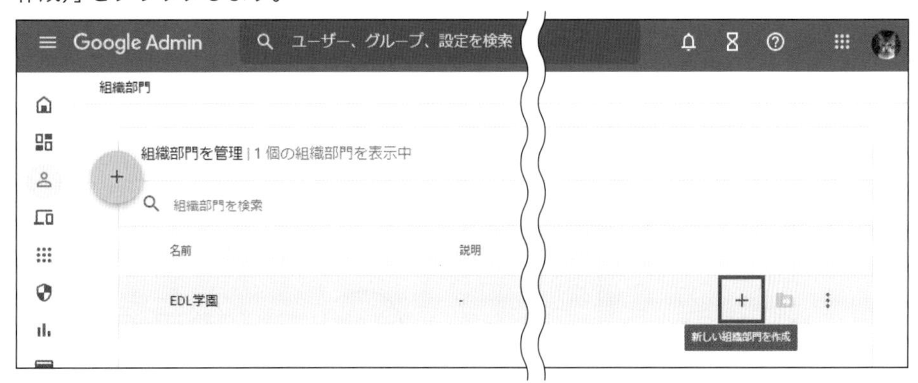

手順4. 組織部門の名前（ここでは「user」）を入力し（❶）、親の組織部門が正しいことを確認し、［作成］をクリックします（❷）。

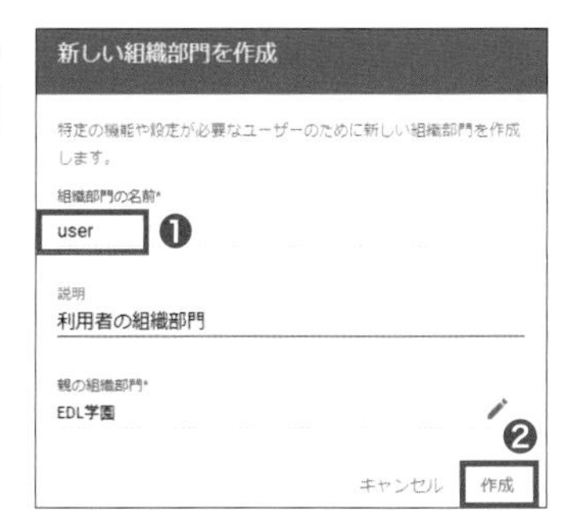

組織部門 [user] が作成されました。

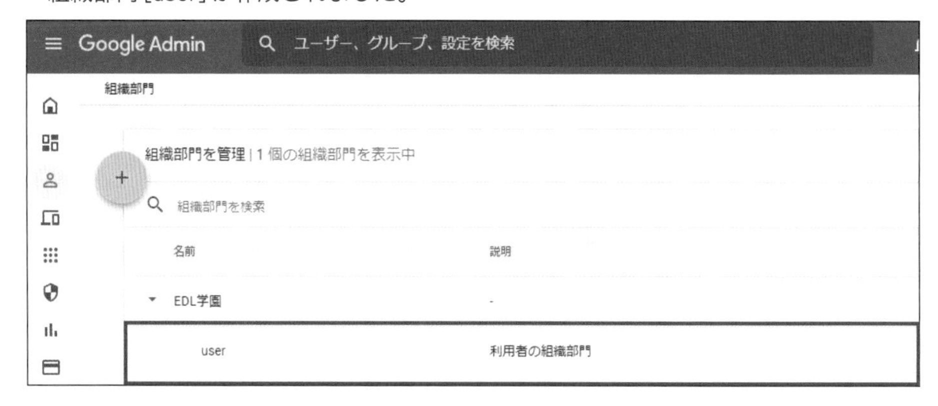

同様の手順で組織部門 [user] の配下に組織部門 [生徒]、[教員] ... と作成します。作成した組織部門は、後から別の組織部門の配下に移動したり、組織部門名を変更することができます。

後述する利用するサービスの設定やデバイスの設定などは組織部門ごとに行います。そこで重要なのが**組織部門の「継承」の考え方**です。「継承」とは、すべての子組織は親組織の設定がそのまま反映されるという意味です。

- トップの組織部門で反映した設定は配下の組織部門すべてに継承される
- 下位の組織部門で反映した設定はその配下の組織部門にのみ継承され、並列の組織部門には反映されない
- 一番下位の組織部門で反映した設定はその組織部門のみに適用される

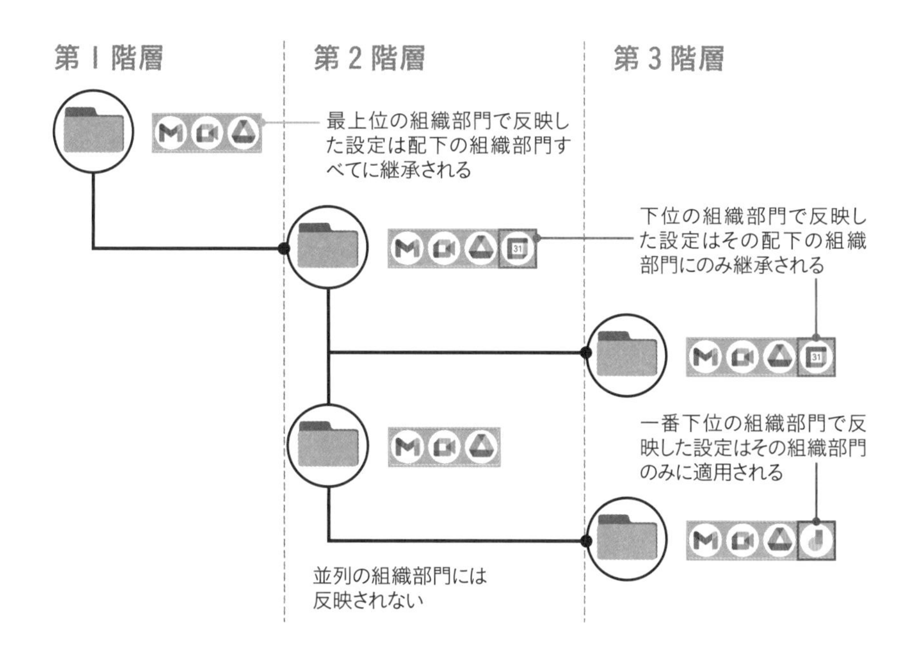

管理コンソールで組織部門単位で設定を行う際は**どの組織部門に対して行うのかを確認**してから保存をするようにしましょう。

ユーザー アカウントの作成（ユーザーの追加）

Google Workspace 運用開始時には特権管理者権限を持った1つのユーザーアカウントしかありません。この特権管理者アカウントを複数名で使い回すことは、セキュリティ上、おすすめできません。

組織内のユーザーが Google Workspace のサービスを使用するには、個々にユーザーアカウントを持つ必要があります。ユーザー アカウントは、管理者が作成し、各ユーザーに付与します。

memo
エディションによっては、ユーザー アカウント ライセンスを利用者人数分購入する必要がある。

ユーザーの追加にはいくつかの方法がありますが、ここでは1人ずつユーザーを追加する方法と CSV（カンマ区切り値）ファイルをアップロードして一括追加する方法について解説します。

ユーザーを1人ずつ追加する

筑波陽翔さんのアカウントを組織部門［教員］に作成してみましょう。

手順1. 管理コンソールのホーム画面サイドメニュー（54ページ参照）の［ディレクトリ］-［ユーザー］をクリックします。

memo
管理コンソールのホーム画面の［ユーザー］カードをクリックしてもアクセスできる。

手順2. 画面上部の［新しいユーザーの追加］をクリックします。

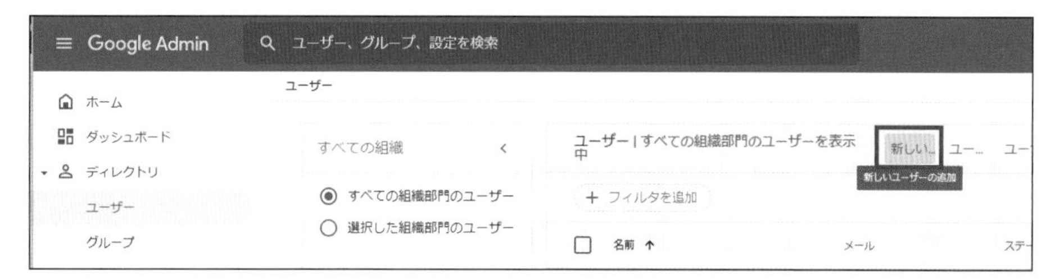

手順3. ［ユーザーのパスワード、組織部門、プロフィール写真を管理する］の横にある下矢印アイコンをクリックします。

手順4. 表示されたダイアログボックスでユーザー情報を入力します（❶）。

> memo
> ユーザーが次回ログインしたときにパスワードを変更するように求めるには、[ユーザーのログイン時にパスワードを変更してもらう] をオンにする。また、パスワードは8文字以上100文字以下で入力する必要がある。

- 姓（必須）：筑波
- 名（必須）：陽翔
- メインのメールアドレス（必須）：ユーザー名（@より左の部分）を入力
- 予備のメールアドレス/電話番号（省略可）：
- 組織部門（必須）：編集アイコンをクリックしてユーザーを追加する組織部門を選択。
- プロフィール写真（省略可）：
- Password：次のいずれかの操作を行います。
  [パスワードを自動的に生成する] をオンにする
  [パスワードを作成する] をオンにして自分で作成する

> 参照
> パスワードのポリシー設定については、第5章196ページを参照。

入力後、[新しいユーザーの追加] をクリックし（❷）、[完了] をクリックします（❸）。ユーザー名、パスワードを新しいユーザーに周知する方法を事前に決めておきましょう。

ユーザーを一括追加する

手順1. 管理コンソールのホーム画面サイドメニュー（54ページ参照）の [ディレクトリ] - [ユーザー] をクリックします。

手順2. 画面上部の [ユーザーの一括更新] をクリックします。

ユーザー | すべての組織部門のユーザーを表示中　新しいユーザーの…　ユーザーの一括…　ユーザーをダウンロード…
ユーザーの一括更新
＋ フィルタを追加

手順3. [空のCSVテンプレートをダウンロード]をクリックします(これにより、必要なすべての列が含まれる空のファイルがデバイスにダウンロードされます。編集後にこのファイルをアップロードするので、このダイアログ ボックスは開いたままにしておきます)。

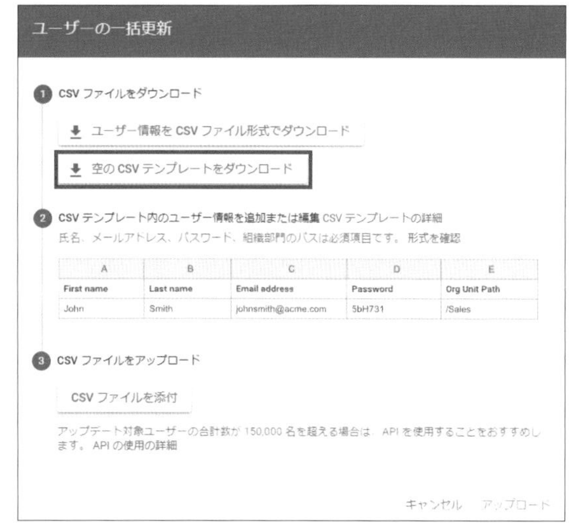

手順4. Google ドライブ を開き、[＋新規](❶)-[ファイルのアップロード]を選択し(❷)、ダウンロードされたCSVファイルをGoogle ドライブへアップロードします。

手順5. Google ドライブにアップロードされたCSVファイルをダブルクリックで開くとプレビュー画面(黒い画面)が表示されます。ここで、画面上中央にある[アプリで開く]をクリックし(❶)、「Google スプレッドシート」を選択します(❷)。

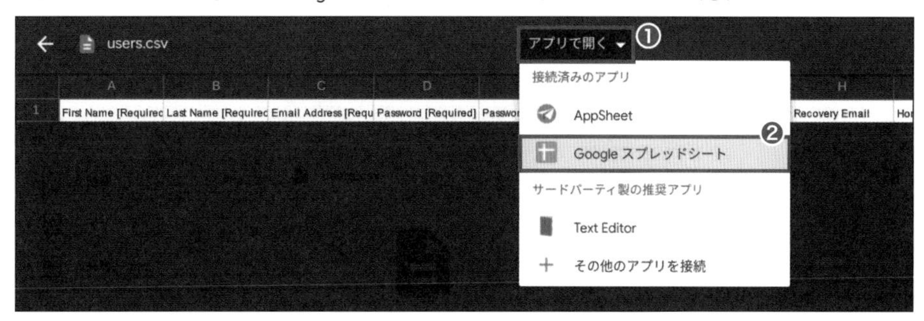

手順**6.** 追加するユーザーごとに、次の必須情報をスプレッドシートの列に入力します。

- First Name
- Last Name
- Email Address
- Password（8文字以上で指定します）
- Org Unit Path（ユーザーを所属させる組織名を指定します）

ユーザーが初めてログインするときにパスワードを変更するように求める場合は、Z列にある[Change Password at Next Sign-In]に「TRUE」と入力します。

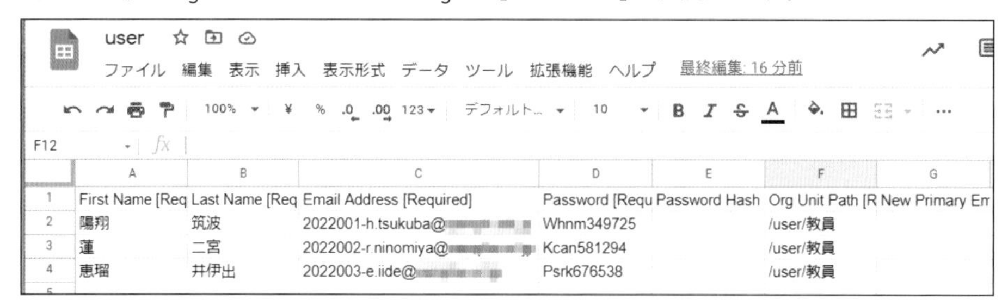

手順**7.** 入力が完了したら、メニューバーの[ファイル]（❶）-[ダウンロード]（❷）-[カンマ区切り形式（.csv）]と選択し（❸）、このスプレッドシートをCSVとしてダウンロードします。

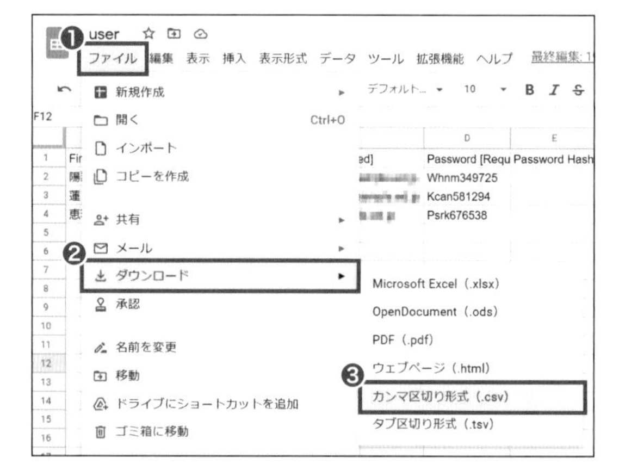

手順**8.** 管理コンソールの画面に戻り、[CSVファイルを添付]（❶）をクリックし、ダウンロードしたCSVファイルを選択して（❷）、[アップロード]をクリックします（❸）。

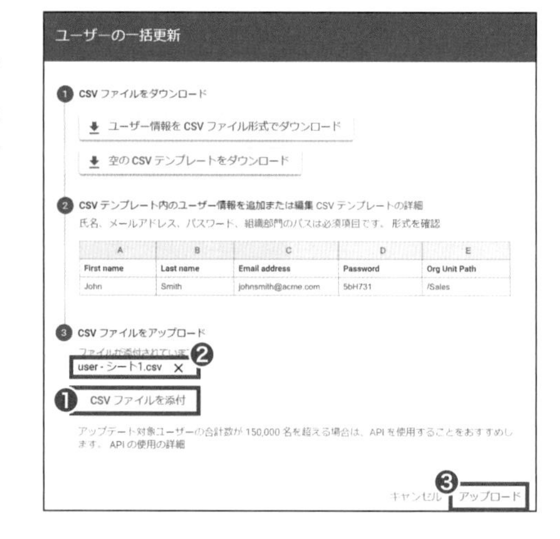

ユーザー1名につき1アカウントが推奨

これまで、1つのアカウントを複数のスタッフで共有して使う場面もあったかもしれません。しかし、本書では**情報セキュリティ対策のため、原則ユーザー1名につき1アカウント付与することを推奨**します。

アカウントを使いまわしすることによるデメリットは、以下のリスクが高まることです。Google Workspace に限らず、他のクラウドサービスを利用される際も同様です。

- 複数名が同じパスワードを知っていることで、外部にパスワードが漏洩するリスク
- 休職者や退職者など本来情報にアクセスしてほしくないユーザーを排除できないリスク
- 誰がいつ利用したか特定できなくなるため、監査ログが意味をなさないリスク
- 不正利用と Google のセキュリティが判断し、強制ロックがかかるリスク
- 2段階認証の運用が非常に困難になるため、セキュリティを強化できないリスク
- 万一アカウント情報が漏洩したときの業務停止リスク

1名の方のログイン情報が漏洩した場合は、該当アカウントからのアクセスを停止するだけで済みますが、1つのアカウントを使いまわしている場合、アクセス停止により全員がアクセスできなくなり、業務ができなくなる恐れがあります。

「IDはidentification（身分証明）であり、識別するための情報」ということを認識し、管理者アカウントについても利用者個々に発行しましょう。

もちろん共有アカウントを完全にゼロにできない事情や状況も存在しています。アカウント共有に潜むリスクをきちんと認識した上で、リスク許容できるか、運用面でどうするかを判断し、アカウントの共有を許可するかどうか判断していきましょう。

管理者ロールの割り当て（管理権限の委任）

社員や児童生徒がパスワードを忘れてログインできなくて困っているときに対処できる人が身近にいなければ困りますよね。組織の大小を問わず、一人の特権管理者だけにGoogle Workspace の管理を任せるのはかなりのリスクを伴い、現実的ではないことは明白です。また、複数名で特権管理者のアカウントを使い回すことは絶対にやめてください。

特権管理者は他のユーザーに管理者ロール（管理者の役割）を割り当てることでGoogle Workspace の管理業務を分担することができます。「ロール（role）」とは、英語で「役割」という意味ですね。

「ロール」を割り当てられたユーザーは管理コンソールにアクセスできるようになります。管理コンソールへのフルアクセス権を持つ特権管理者に割り当てることも、行える操作を限定したロール（例えば、ユーザーのパスワードの再設定のみを行える）を割り当てることもできます。また、特定の組織部門に限定してロールを割り当てることも

できます。

既定の管理者ロールの割り当て

参照
各ロールでできることについては、下記の Web サイトも参照。
"既定の管理者ロール"
https://support.google.com/a/answer/2405986?hl=ja

管理者権限を別のユーザーに与える最も簡単な方法は、**既定の管理者ロール**を割り当てることです。一般的な管理業務を想定した「グループ管理者」や「ユーザー管理者」などのロールがあらかじめ設定されていますので、すぐに割り当てたロールに応じて権限を付与することができます。

既定の管理者ロールには特権管理者、グループ管理者、ユーザー管理者、ヘルプデスク管理者、サービス管理者などがあります（一人のユーザーに複数のロールを割り当てることもできます。すると、それらのロールに含まれるすべての権限が付与されます）。

役割種別	内容
特権管理者	管理コンソール上のすべての設定・管理が可能 特権管理者だけができる操作もある ・管理者ロールの作成、割り当て ・組織部門（OU）の作成・削除 ・削除したユーザーの復元
グループ管理者	Google グループを作成・削除、グループ内のメンバーの変更・削除ができる
ユーザー管理者	管理者以外のユーザーアカウントに関するすべての管理（追加・削除・変更）操作を行える
ヘルプデスク管理者	管理者以外のユーザーのパスワードを再設定したり、アカウントの各情報・状況を確認できる（閲覧のみ）
サービス管理者	各アプリの設定変更や、有効化の範囲設定などを行える

【設定例】

筑波陽翔さん（2022001-h.tsukuba@ xxxx）に［ユーザー管理者］のロールを割り当ててみましょう。

memo
管理コンソールのホーム画面の［管理者ロール］カードをクリックしてもアクセスできる。

◉管理者ロールの設定画面でユーザーへ割り当てる方法

手順1. 管理コンソールのホーム画面サイドメニュー（54ページ参照）の［アカウント］-［管理者ロール］をクリックします。

手順2. ［ユーザー管理者］の［管理者を割り当て］をクリックし（❶）、開いた画面で［ユーザーへの割り当て］をクリックします（❷）。

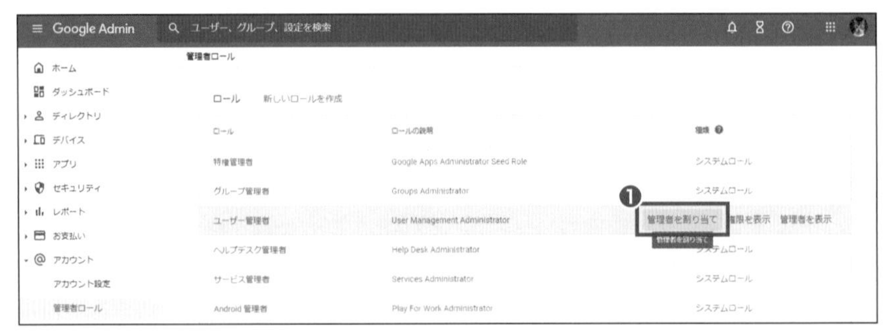

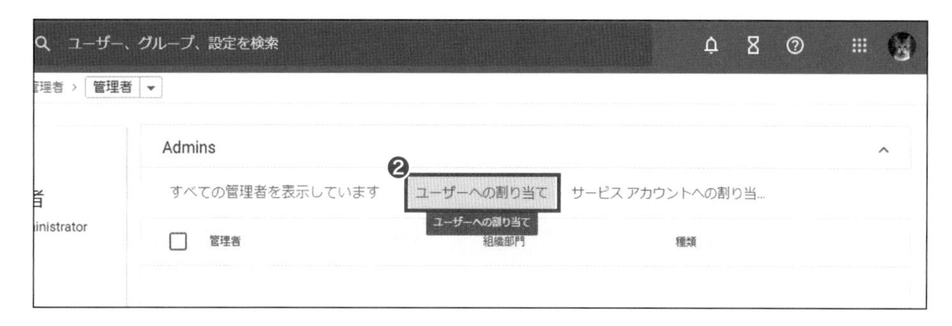

手順3. ユーザーを検索して選択し（❶）、［ロールを割り当て］をクリックします（❷）。

▲ロールを割り当てると、ユーザー管理者の管理者画面に表示される

◉ユーザーの管理画面からロールを割り当てる方法

ユーザーの管理画面から割り当てることもできます。

手順1. 管理コンソールのホーム画面サイドメニュー（54ページ参照）の［ディレクトリ］-［ユーザー］をクリックします。

手順2. 管理者ロールを割り当てたいユーザーを検索します。

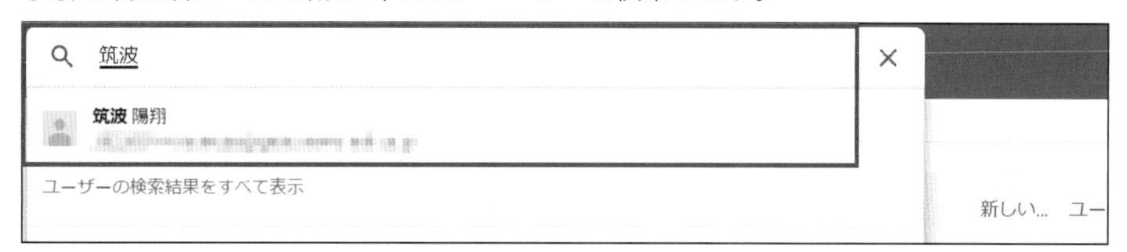

手順3. 該当ユーザーの画面で［管理者ロールと権限］をクリックします。

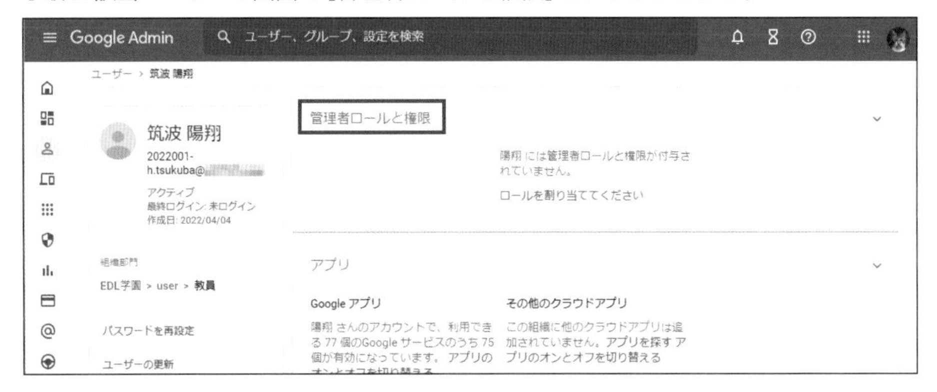

手順4.［ユーザー管理者］の［割り当て状況］のスライダーをクリックして、［割り当て済み］にし（❶）、［ロールの範囲］を選択して（❷）、［保存］をクリックします（❸）。

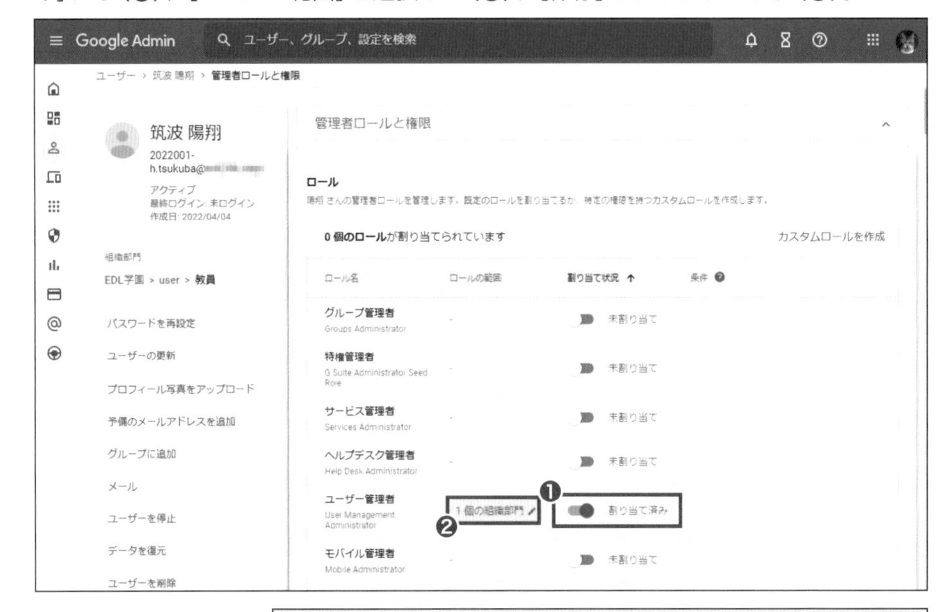

［ユーザー管理者］のロールを割り当てられた筑波陽翔さんの管理コンソールのホーム画面です。

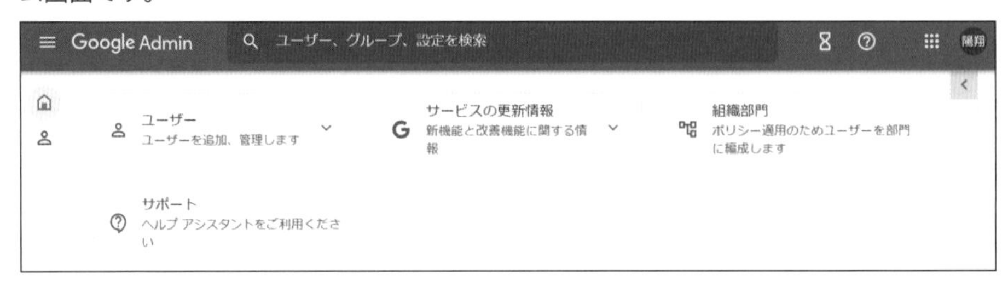

カスタムロールを作成する

既定の管理者ロールでは必要な権限をユーザーに割り当てられない！　そんな時は「**カスタムロール**」を作成しましょう。「ロール」をあなたの組織にあった形にカスタマイズすることができます。

それぞれのカスタムロールに管理者権限を含めることで、そのロールを持つユーザーは、管理コンソールで特定の管理タスクを行えるようになります。どの権限を選択するかで、管理できる項目が決まります。また、ユーザーの管理コンソールのホーム画面に表示されるカードも変わります。

【設定例】

ユーザー管理者のロールを割り当てた筑波陽翔さんに、ユーザーとブラウザの設定やChromebook の管理もしてもらうため、[Chrome 管理] の権限をもったカスタムロールを作成し、筑波陽翔さんに割り当てます。

手順 1. 管理コンソールのホーム画面 サイドメニューの [アカウント] (❶) - [管理者ロール] をクリックし (❷)、[新しいロールを作成] をクリックします (❸)。

手順 2. [ロールの情報] 画面で [名前] を入力し (❶)、[続行] をクリックします (❷)。

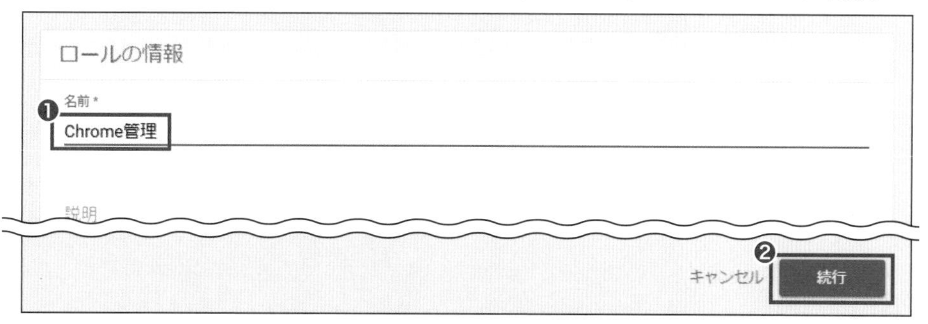

手順3. [権限を選択] 画面の [Chrome 管理] の [設定] にチェックを入れ (❶)、[続行] をクリックします (❷)。

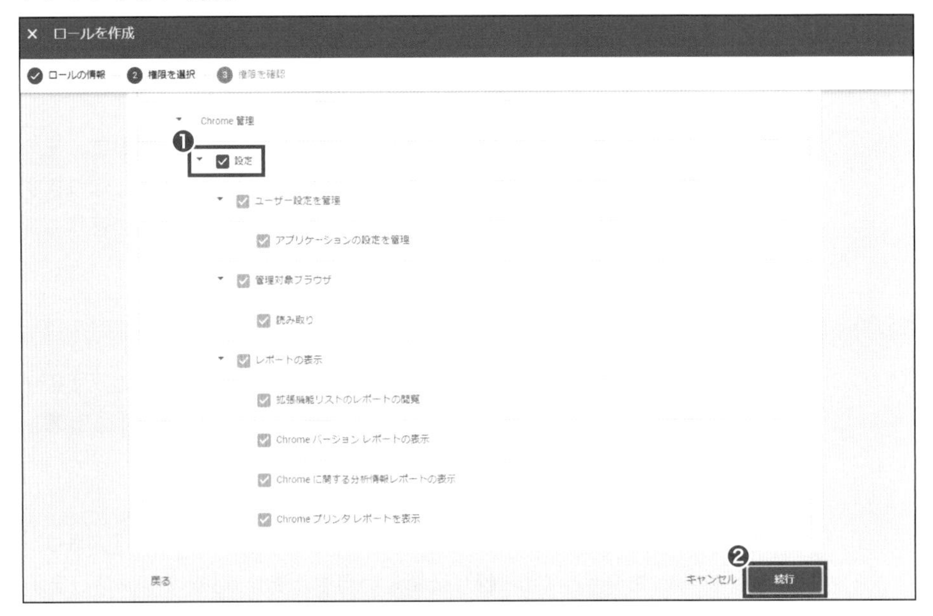

手順4. 権限を確認し、[ロールを作成] をクリックします。

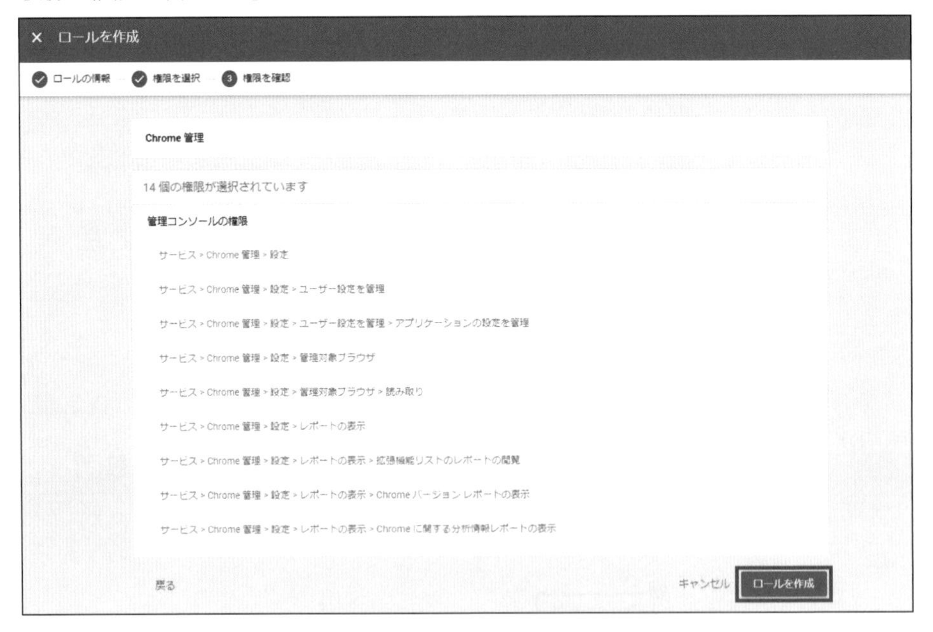

手順5. 62ページの手順2、3の方法で、[ユーザーの割り当て]からユーザーを検索し(❶)、[組織部門]を選択し(❷)、[ロールを割り当て]をクリックします(❸)。

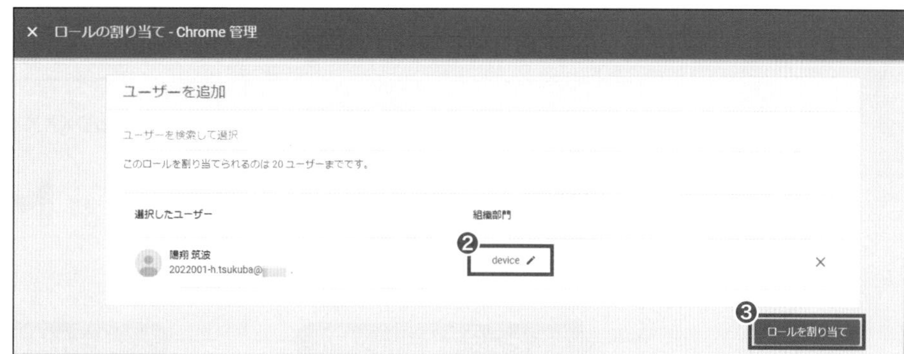

[Chrome管理]のロールを割り当てられた筑波陽翔さんの管理コンソールのホーム画面です。

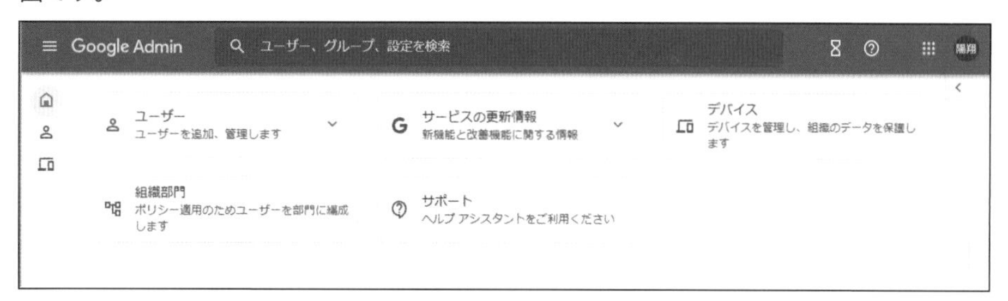

Google グループの作成

「Google グループ」は新規作成した1つのメールアドレスに複数のメンバーを紐づけすることで、情報を一括で共有できるツールです。任意の Google グループを作成し、そこにメンバーを追加することで次のようなことができるようになります。

- メンバーに一括でメールを送信できる
- Google ドキュメントや Google スプレッドシートなどのファイルをメンバーに、一括で共有できる

memo

「メーリングリスト」とは、複数名に対して同じメールを一斉送信できるしくみ。特定のメールアドレス宛にメールを送ると、あらかじめ登録されている宛先すべてに同じメールを送ることができる。

- Google Classroom の [クラス] に生徒を一括で招待できる
- 問い合わせのメールに対して複数のメンバーで対応ができる

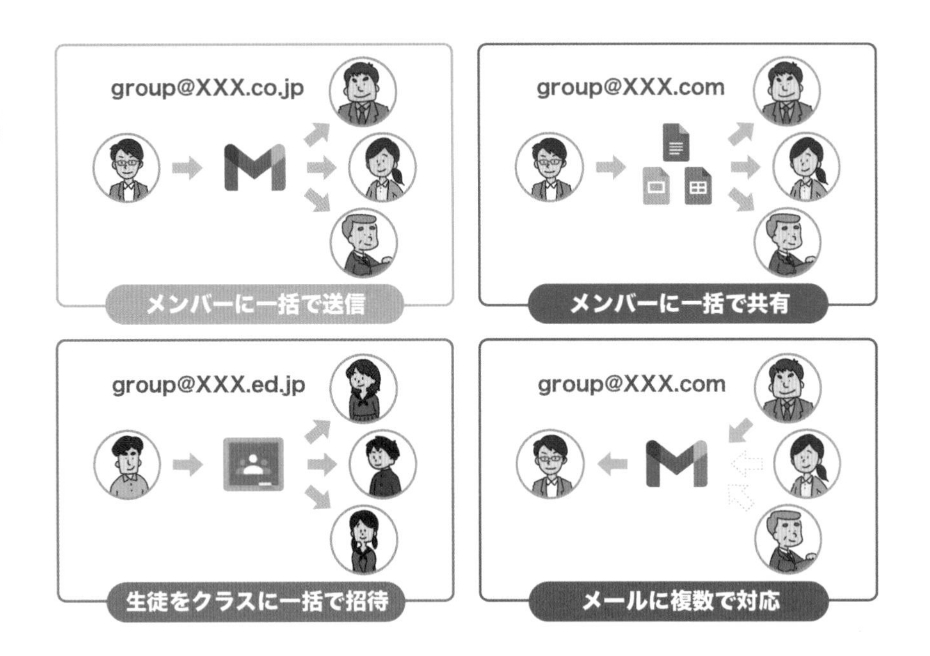

最初は全従業員・全教職員をメンバーとするグループを作成し、運用をはじめてみましょう。その後、使っていて必要だと感じたら、部単位のグループ、学校では教科ごとの教員グループ、クラスや部活動ごとの生徒グループなどを随時作成し、活用しましょう。

「組織部門」と「グループ」はその役割が異なります。組織部門は、管理コンソール上で各種アプリやユーザー設定、デバイス設定などの設定を有効化したり、無効化したり管理するために使用します。一方、「グループ」は役割ごとの共有などに使用します。

グループを作成する

全教職員にお知らせを送るためのグループを作成してみましょう

memo

管理コンソールのホーム画面の[グループ]カードをクリックしてもアクセスできる。

手順1. 管理コンソールのホーム画面サイドメニュー（54ページ参照）の [ディレクトリ] - [グループ] をクリックします。

手順2. [グループを作成] をクリックします。

手順3. グループの詳細情報を入力し (❶)、[次へ] をクリックします (❷)。

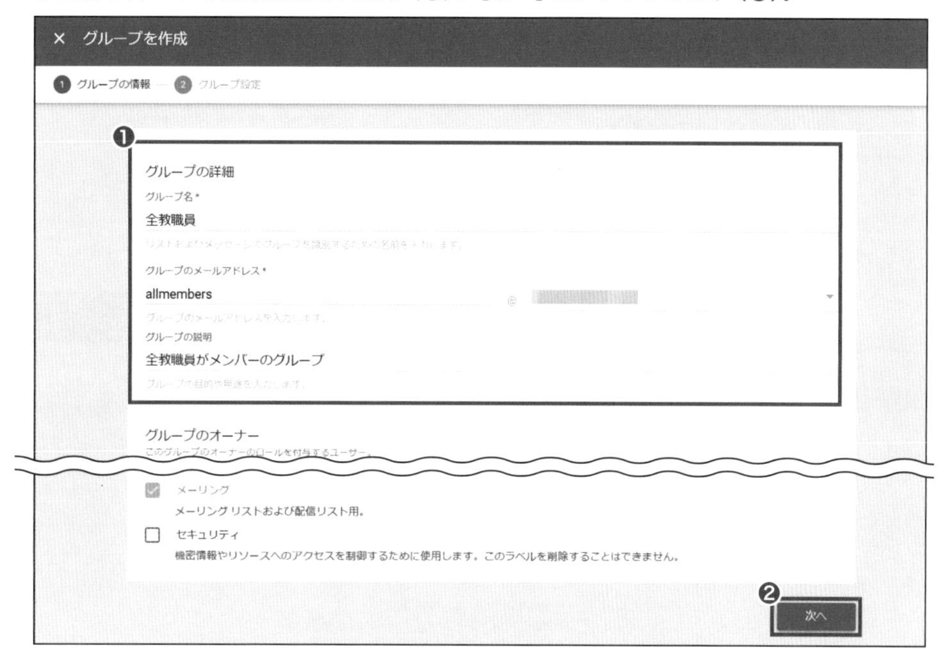

手順4. アクセスタイプを [公開]、[チーム]、[通知のみ]、[制限付き] から選択するか、カスタマイズします。アクセスタイプを変更すると、マトリックスのチェック位置が変わります。

画面を下にスクロールし、ユーザーをグループに追加する方法を選択し（❶）、［グループを作成］をクリックします（❷）。

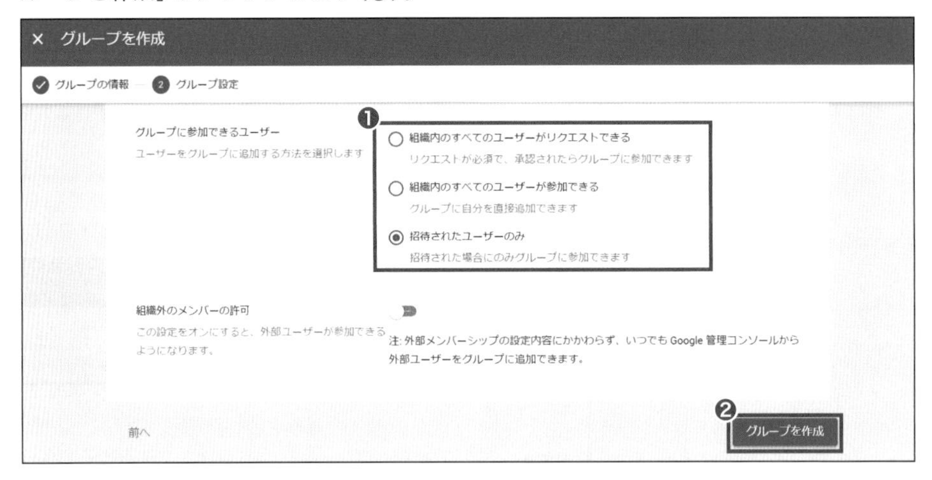

手順5.［完了］をクリックします。

× グループを作成

全教職員 を作成しました
設定を保存しました
オーナーを追加しました

次の操作
全教職員 へのメンバーの追加
全教職員 のグループの詳細を表示
詳細ページでは、グループのメンバーや設定などを確認できます
別のグループを作成

完了

グループへのメンバーの追加

作成した［全教職員］グループにメンバーを追加します。

手順1. 管理コンソールのホーム画面サイドメニュー（54ページ参照）の［ディレクトリ］-［グループ］をクリックします。
手順2.［全教職員］を選択し（❶）、［メンバーを追加］をクリックします（❷）。

手順3.［ユーザーまたはグループを検索］欄で追加したいユーザーもしくは別のGoogle グループアドレスを検索し（❶）、［グループに追加］をクリックします（❷）。

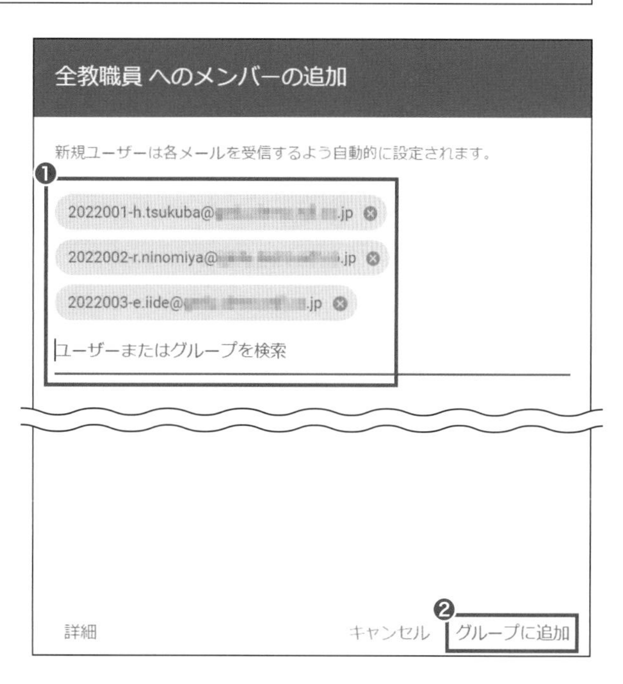

CSVファイルをアップロードすることによりユーザーアカウントを一括追加できましたが、同じような手順で、手順2の下の画面で［メンバーを一括アップロード］を選択してグループのメンバーを一括して追加することもできます。

参照
CSVファイルのアップロードによるユーザー アカウントの一括追加の方法は58～60ページを参照。

Wi-Fiネットワークの設定

管理者は、組織で管理する Chromebook をデバイスもしくはログインするユーザーに応じて接続先のネットワーク(Wi-Fi)を変え、利用可能なネットワークをコントロールすることができます。

ネットワーク設定を追加する際は、組織全体に同じネットワーク設定を適用することも、それぞれの組織部門に特定のネットワーク設定を適用することもできます。

デバイスに対するWi-Fi ネットワークが未設定の場合、毎回ユーザーは手動で利用する Wi-Fi を設定しなければなりません。また、管理者としてネットワークに関するトラブル対応を減らすためにも、自動的に接続するWi-Fi ネットワークを、最上位の組織部門に少なくとも1つは、設定することをおすすめします。この設定を行うと、Chromebook はログイン画面で自動的にこの Wi-Fi ネットワークにアクセスすることができるようになります。

ここでは設定済みのWi-Fiネットワークを Chromebook に自動的に追加する手順について解説します。

手順1. 管理コンソールのホーム画面サイドメニューの[デバイス](❶)-[ネットワーク]をクリックします(❷)。設定する組織部門を選択し、[Wi-Fiネットワークを作成]をクリックします(❸)。

手順2. [プラットフォームへのアクセス] が表示されます。[Chromebooks(ユーザー別)]、[Chrome books(デバイス別)]のいずれかもしくは両方にチェックを入れます。

手順3. [詳細] の各項目に入力または選択します (❶)。その後、[保存] をクリックします (❷)。

名前:Wi-Fi ネットワークに付ける名前を入力します。この名前は参照用であるため、ネットワークのサービスセット識別子 (SSID) と同じでなくてもかまいません。

SSID:Wi-Fi ネットワークの SSID を入力します。SSID では大文字と小文字が区別されます。

[SSID はブロードキャストされない] チェックボックスはオフにします。

[自動的に接続する] チェックボックスはオンにします。

セキュリティの種類:ネットワークで使用する情報セキュリティの種類を選択し、必要な情報を入力します。

IP設定 (省略可):ChromeOS デバイスでIPアドレスを設定できるようにする場合は [デバイスでIPアドレスを設定できるようにする] チェックボックスをオンにします。

プロキシ設定:プロキシの種類を選択して、必要な情報を入力します。

ネームサーバー (省略可):ネームサーバーの種類を選択し、必要ならば [ユーザーにこれらの値の変更を許可する] チェックボックスをオンにします。

同じ組織部門に[ユーザー別]、[デバイス別]を含む複数のネットワークをすべて自動接続で作成した場合、ログイン前は[デバイス別]で設定したネットワークが適用され、ログイン後は[ユーザー別]で設定したネットワークが適用されます。また、[ユーザー別]を自動接続にしていない場合は、ログイン後は[デバイス別]で設定したネットワークに引き続き接続しますが、ユーザーが手動操作で[ユーザー別]で設定したネットワークに切り替えることもできます。

Chromebook の登録

Chromebook を管理コンソールに登録すると、決められたユーザーのみがChromebook を利用できるようにしたり、盗難や紛失時にデバイスを遠隔操作したり、OSの更新を自動か手動か制御したりなど、さまざまなことが一元管理できるようになります。

本章の最初（49ページ）で述べたようにChromebook を管理コンソールで一元管理するためには、Chromebook と Upgrade ライセンスを紐づけて管理コンソールに登録する必要があります。

方法は以下の3つがあります。

- 管理者またはユーザーが手動で登録する
- ゼロタッチ登録
- 事前プロビジョニングの認定パートナーに委任する

手動での登録

手順1. Chromebook の電源を入れます。初期設定の画面が表示されるので[始める]をクリックします。

手順2. Wi-Fiに接続します。利用できるアクセスポイントを選択し、[次へ]をクリックします。Wi-Fi のパスワードを入力し、[接続]をクリックします。

手順3. 利用規約を確認し、[同意して続行]をクリックします。

手順4. アップデートの確認を待ち、「この Chromebook はどなたが使用しますか？」の画面が表示されたら [あなた] を選択し [次へ] をクリックします。
手順5. [企業の登録] を選択し、[次へ] をクリックします。
手順6. 組織のユーザーアカウントでログインします。
手順7. 登録が完了したことを示す確認メッセージが表示されたら、[完了] をクリックします。

memo
管理コンソールのホーム画面の[デバイス]カードー[Chrome デバイス]カードをクリックしてもアクセスできる。

登録された Chromebook は「管理対象」となり、管理コンソールのホーム画面サイドメニューの [デバイス] - [Crome] - [デバイス] クリックして確認できます。

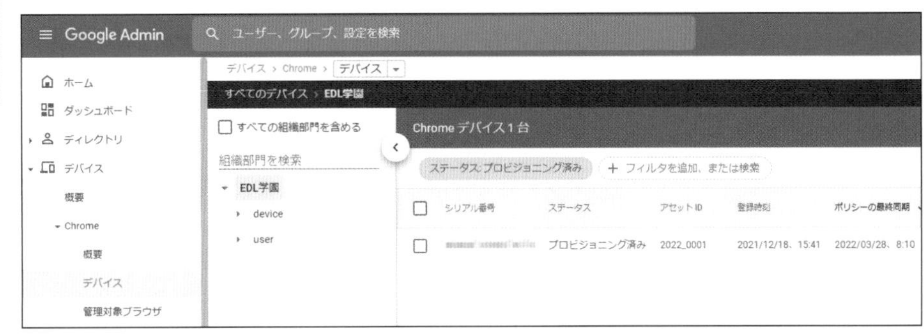

また、管理対象の Chromebook では、画面右下の時刻を選択すると管理対象デバイスのアイコンが表示されます。

参照
"Chrome OS デモ: 企業に Chromebook を登録する方法"
https://youtu.be/PJisz4Pr8w4

手動での登録の手順については、Google Chrome 公式の YouTube 動画で確認できます。英語の動画ですが、イメージが掴めるでしょう。「Chrome OS Demo: How to enterprise enroll your Chromebook」というタイトルです。

ゼロタッチ登録

「**ゼロタッチ登録**」とは**ユーザーが Chromebook の電源をオンにしてインターネットに接続すると自動で管理コンソールに登録されるしくみ**です。組織によってはこの方法で大きな恩恵を受けられるはずです。

まず、ゼロタッチ登録には次のものが必要です

- ゼロタッチ登録に対応する Chromebook
- 管理コンソールで生成された事前プロビジョニング トークン
- 登録をサポートする事前プロビジョニングの認定パートナー
- Chrome Enterprise Upgrade、Education Upgrade の利用可能なライセンス

【ゼロタッチ登録の流れ】

1. **ゼロタッチ登録に対応する Chromebook を購入する（組織）**
2. **事前プロビジョニング トークンを生成する（管理者）**

「**プロビジョニング**」とは、ネットワークやコンピュータ設備などのリソースを必要に応じて供給できるように予測し、準備することを意味する用語です。また、「**トークン**」とは、一度限り利用可能なワンタイム パスワードを生成するツールの総称です。ユーザーがオンライン上で取引する際、本人認証として使用されるものです。

手順1. 管理コンソールのホーム画面サイドメニュー（54ページ参照）の［デバイス］-［Chrome］-［デバイス］をクリックします。

手順2. 組織部門を選択し（❶）、画面右下の＋［デバイスを登録］をクリックします（❷）。

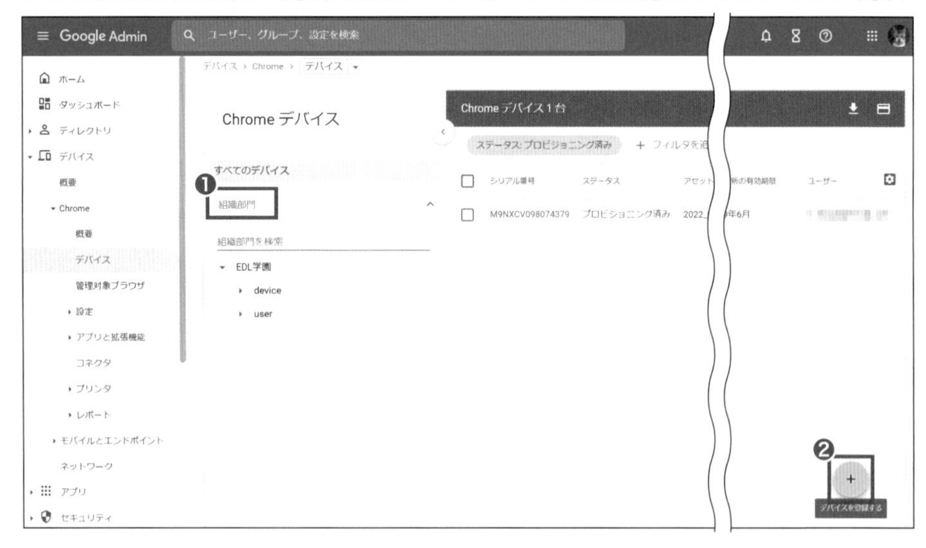

手順3. [トークンを生成] をクリックします。

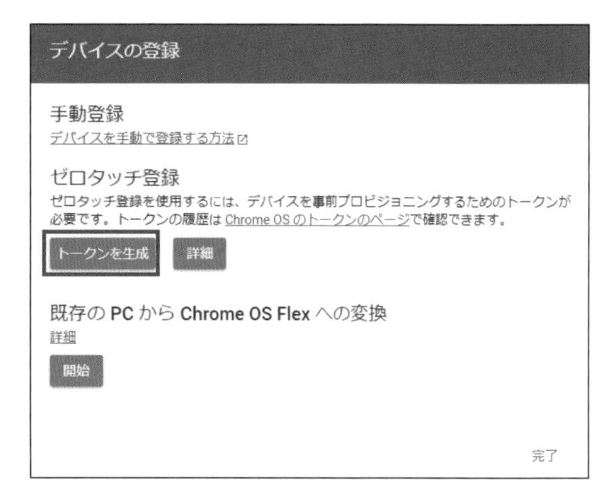

手順4. 生成されたトークンをクリップボードにコピーして (❶)、ドキュメントなどに貼り付けておきます。[完了] をクリックします (❷)。

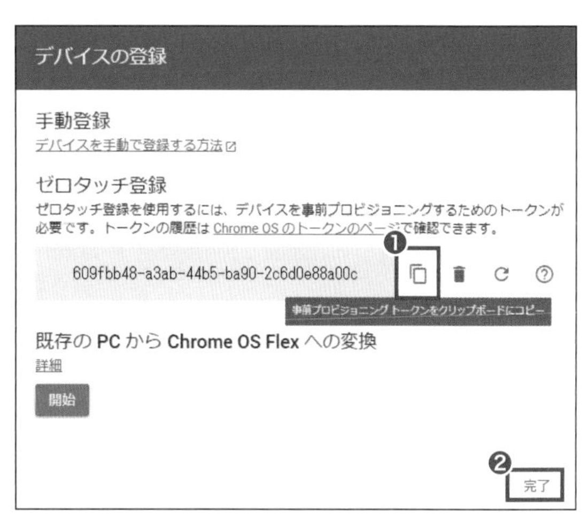

3. 生成されたトークンを事前プロビジョニングの認定パートナーと共有する（管理者）
4. Chromebook を Google に登録する（認定パートナー）

この段階で Chromebook は事前プロビジョニングされた状態になり、管理者は管理コンソールでそれを確認できます。

5. Chromebook を出荷する（認定パートナー）
6. Chromebook の電源をオンにしてインターネットに接続する（ユーザー）
7. Chromebook の識別情報を確認（Google）

以上の流れで登録が完了しユーザーがログインできるようになります。

こちらも公式の動画があります。「Chrome Enterprise: Getting started with zero-touch enrollment for ChromeOS」というタイトルです。

参照
"Chrome Enterprise: Chrome OS でのゼロタッチ登録の手引き"
https://youtu.be/MShalp6tw5I

サービスの設定

Google Workspace で利用できる Google サービスは、コアサービス（Gmail、Google カレンダー、Google Meet など）と追加サービス（YouTube、Google Earth、Blogger など）に分類されます。

memo
コアサービス、追加サービスそれぞれに含まれるサービスは、利用するエディションにより若干異なる。

Google Workspace 管理者は各サービスの有効化／無効化（ユーザーが利用できるかできないか）の設定、詳細の設定を行うことができます。

サービスを有効または無効にする

管理者にとって、組織の部門ごとに活用してもらいたいアプリと、逆に使用を禁止したいアプリがあります。例えば、マーケティング チームや教師にのみ YouTube の使用を許可し、それ以外のユーザーには活用させたくない、という場合などに各サービスの有効化／無効化は組織部門ごとに一括で反映させることができます。

参照
利用できるサービスの管理については、下記の Web サイトも参照。
“Google Workspace ユーザー向けにサービスを有効または無効にする”
https://support.google.com/a/answer/182442?hl=ja

Google Workspace のコアサービスは初期設定ではすべて有効化（オンの状態）されています。

〘設定例 1〙
当面 Google サイト は利用する予定がないので全ユーザーに対して無効化しておきます。

memo
管理コンソールのホーム画面の[アプリ]カードをクリックしてもアクセスできる。

手順1. 管理コンソールのホーム画面サイドメニュー（54ページ参照）の［アプリ］-［概要］をクリックします。
手順2. Google サイトはコアサービスです。[Google Workspace]カードをクリックします。

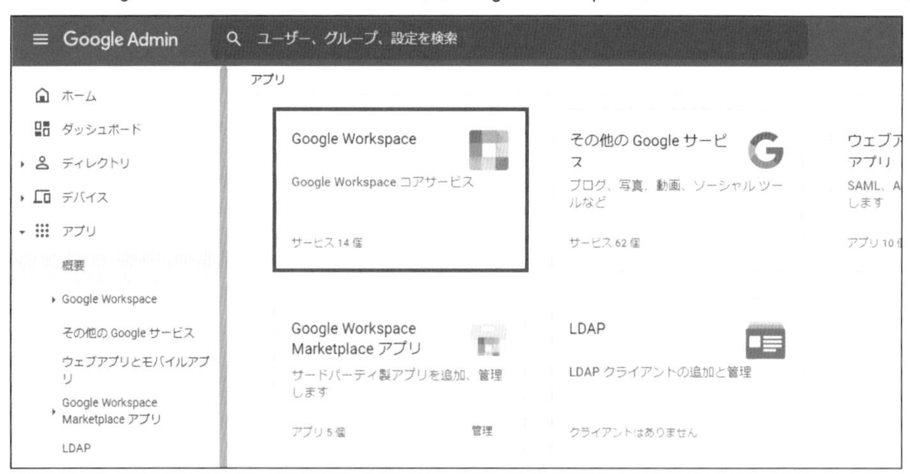

memo
Google サイトはウェブサイトを簡単に作成できるアプリ。

手順3. 最上位の組織部門を選択したままにして、［Google サイト］のチェックボックスにチェックを入れ（❶）、右上の［オフ］をクリックします（❷）。

手順4. [無効にする] をクリックします。

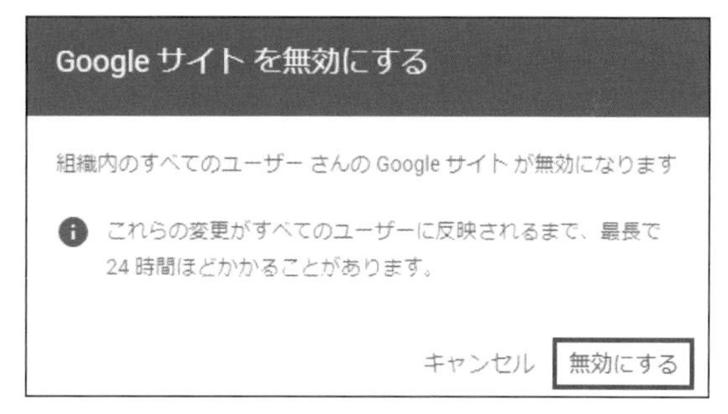

【設定例 2】

情報漏洩のリスクを低減させるために通常時は 全ユーザーに対して Google データ エクスポート を無効化しておきます。

memo
管理コンソールのホーム画面の[アプリ]カードをクリックし、[その他の Google サービス]カードをクリックしてもアクセスできる。

手順1. Google データ エクスポート はその他の Google サービスです。管理コンソールのホーム画面サイドメニュー（54ページ参照）の [アプリ] - [その他の Google サービス] をクリックします。

手順2. 最上位の組織部門を選択したままにして、[Google データ エクスポート] のチェックボックスにチェックを入れ（❶）、右上の [オフ] をクリックします（❷）。

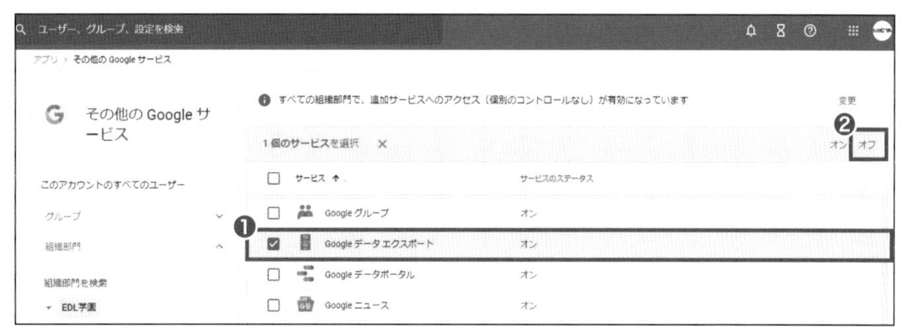

手順3. [無効にする] をクリックします。

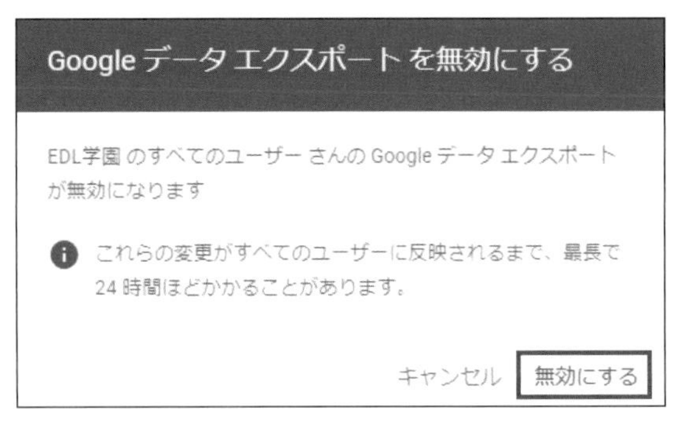

サービスの詳細設定

各アプリ名をクリックするとそのアプリの詳細設定を行うことができます。各アプリの詳細設定によってはユーザーごとやグループごとなど細かい単位で設定を反映させることもできます。

例えば、組織外のユーザーと Google ドライブに保存されているファイルの共有を禁止するには以下の手順で設定します。

手順1. 管理コンソールのホーム画面サイドメニューの[アプリ](❶)-[Google Workspace](❷)-[ドライブとドキュメント]をクリックし(❸)、[共有設定]をクリックします(❹)。

手順2. 組織部門を選択し、[共有オプション]にある鉛筆のアイコンをクリックします。

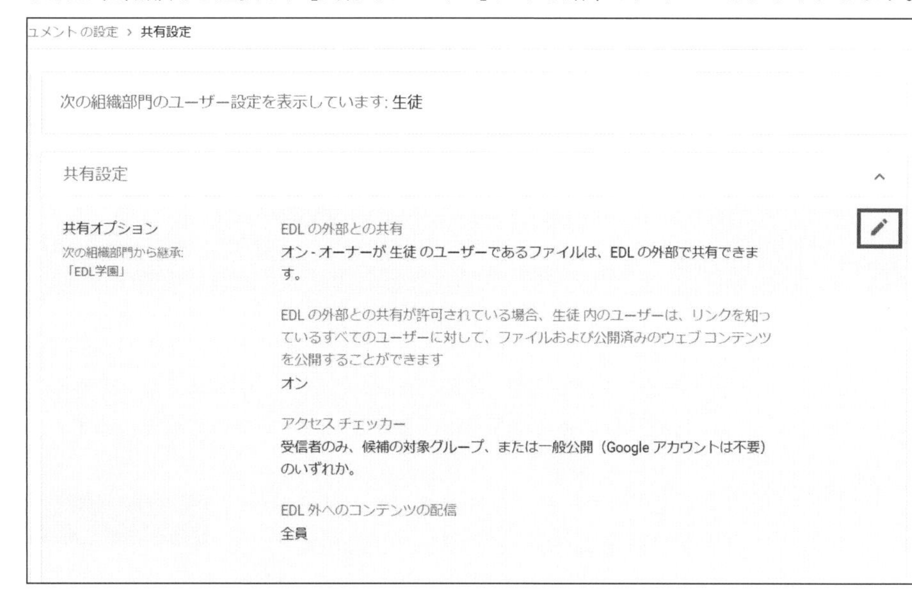

手順3. [(ドメイン名)の外部との共有]で[オフ]を選択し(❶)、[保存]または[オーバーライド]をクリックします(❷)。

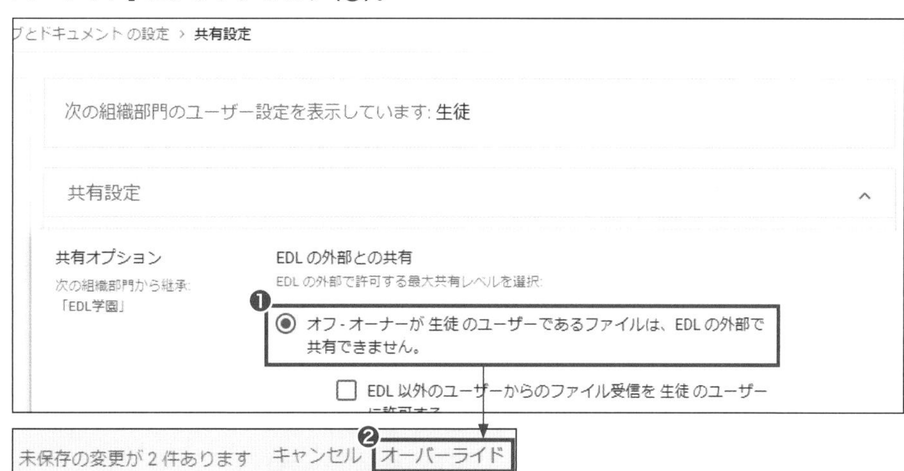

3 ユーザーとブラウザの設定

ポイント

- 最初に設定する基本的なカテゴリと設定内容を理解する
- ［起動］と［ユーザー エクスペリエンス］に関連する設定で利便性を高める

［ユーザーとブラウザの設定］ページで、ユーザーが使用するデバイスに関係なく、デバイスから管理対象の Google アカウントにログインするときに適用されるポリシーを設定します。本節では、その設定方法について解説します。

memo
「ポリシーを設定する」とは、機能制限の設定を行うこと。

［ユーザーとブラウザの設定］ページへは、管理コンソールのホーム画面のサイドメニューの［デバイス］(❶)-［Chrome］(❷)-［設定］(❸)-［ユーザーとブラウザ］をクリックしてアクセスします(❹)。

この画面から次の4ステップでポリシーを設定します。

STEP1：組織部門を選択する(❶)
STEP2：設定したい項目を検索する(❷)
STEP3：選択する、もしくは必要情報を入力する
STEP4：保存する、もしくはオーバーライトする

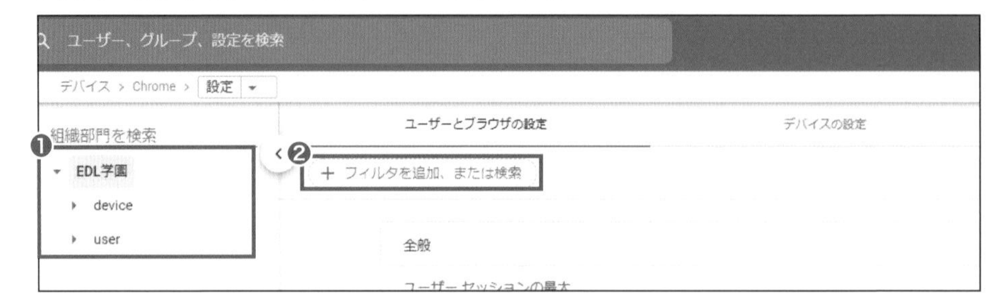

設定できる項目は300以上ありますが、カテゴリだけピックアップすると、次の34カテゴリに分けられています（一部 Google Workspace for Education ドメインでは利用できない設定項目があります）。

- 全般
- 登録の管理
- セキュリティ
- Kerberos
- 起動
- 印刷
- ユーザー補助
- アドレスバーの検索プロバイダー
- ユーザーの確認
- ユーザーレポート機能
- Chrome の更新
- 従来のブラウザのサポート
- Parallels(R) Desktop
- ログインユーザーに対する Chrome 管理
- ログイン設定
- アプリと拡張機能
- リモートアクセス
- ネットワーク
- 設定のインポート
- ユーザー エクスペリエンス
- 電源とシャットダウン
- ハードウェア
- Chrome 管理・パートナー アクセス
- Chrome のセーフ ブラウジング
- Chrome のバリエーション
- 仮想マシン（VM）とデベロッパー
- ソースの設定
- モバイル
- サイト分離
- セッションの設定
- Android アプリ
- コンテンツ
- 接続済みのデバイス
- その他の設定

参照
各項目の詳細は、下記の Web サイトを参照。
"ユーザーまたはブラウザに Chrome のポリシーを設定する"
https://support.google.com/chrome/a/answer/2657289

「設定項目がたくさんありすぎて大変そう」、「わからない用語がある」…など不安に感じられると思いますが、多くの項目はデフォルトのまま運用を開始しても大きな問題が生じる可能性が極めて低いので安心してください。

各項目についての詳細は Chrome Enterprise and Education ヘルプの「ユーザーまたはブラウザに Chrome のポリシーを設定する」でご覧になれます。

基本設定

管理する上で、最初に押さえておくべき項目について解説します。これは、企業、学校共通の基本設定になります。

カテゴリ［ログイン設定］に関連する設定

【設定項目名：ブラウザのログイン設定】

ユーザーが Chrome ブラウザにログインして、ブラウザの情報を Google アカウントに同期できるかどうかを指定します。

→設定：［ブラウザを使用するにはログインを必須とする］

ユーザーが管理対象のデバイスで Chrome ブラウザを使用する前に、管理対象の Google アカウントにログインするよう強制することで、Google 管理コンソールで設定済みのユーザーレベルの Chrome ポリシーと設定がユーザーのデバイスに適用されます。

手順1. 設定する組織部門を選択します。初期画面では最上位組織が選択されています。この設定は全ユーザーに対して適用するのでこのままにします。

手順2. [ユーザーとブラウザの設定] の下にある [+フィルタを追加、または検索] をクリックし、[設定] を選択します。「ログイン設定」と入力し、[適用] をクリックします。

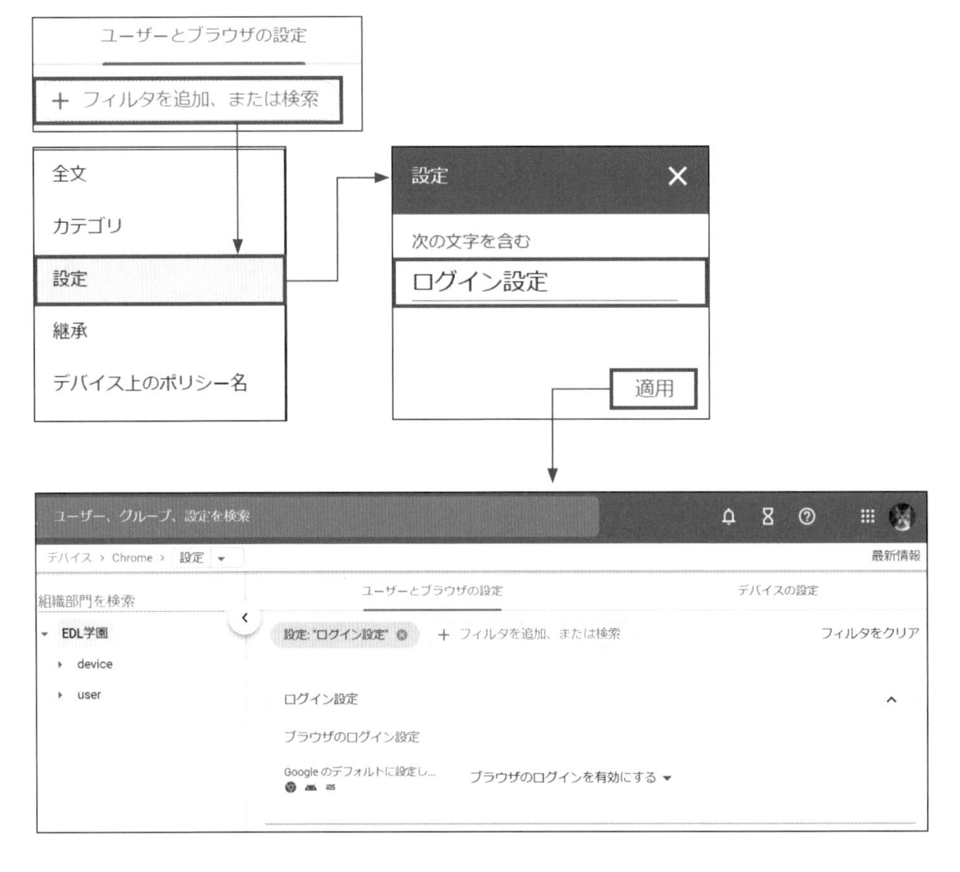

手順3. [ブラウザのログインを有効にする] の右にある▼をクリックして [ブラウザを使用するにはログインを必須とする] を選択し (❶)、画面上部にある [保存] をクリックします (❷)。

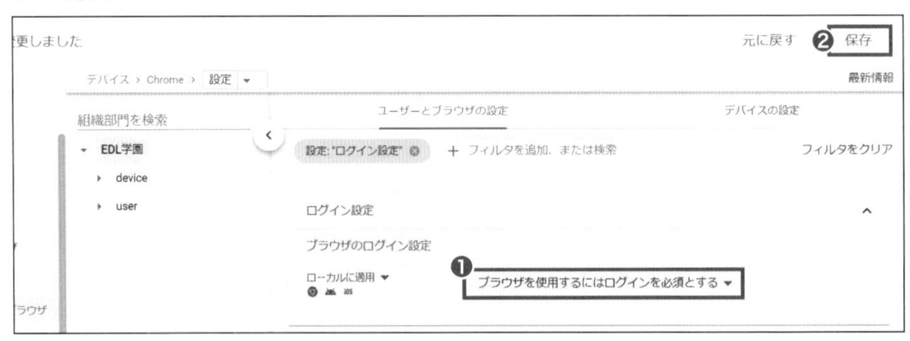

カテゴリ[セキュリティ]に関連する設定

【設定項目名：アイドル設定-スリープ時のロック画面】

Chromebook がスリープ状態になった場合に、画面をロックするように指定するか、ユーザーが操作を決定できるようにします。
　→**設定：[ロック画面]**

　ユーザーが Chromebook から離れている間に別のユーザーによってその Chromebook が使用される可能性が低くなります。

手順1. 設定する組織部門を選択し、84ページの手順1、2と同様の方法で「アイドル設定」で検索します。

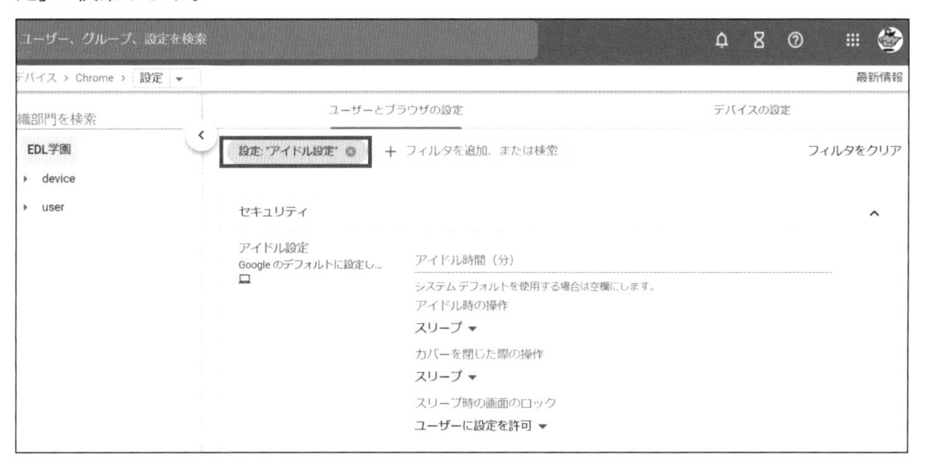

手順2. [スリープ時の画面のロック]の下の▼をクリックして[ロック画面]を選択し(❶)、画面上部にある[保存]をクリックします(❷)。

memo
シークレットモードは画面右上の[Google Chrome の設定]アイコン[⋮]から[新しいシークレット ウィンドウ]をクリックで利用可能。キーボード ショートカットを使ってシークレット ウィンドウを開くこともできる。

【設定項目名：シークレット モード】

ユーザーがシークレット モードでブラウジングできるかどうかを指定します。
　→設定：[シークレット モードを無効にする]

シークレット モードとは、Chrome ブラウザでローカルの履歴に閲覧アクティビティが保存されないようにする機能です。

[シークレット モードを許可する] を選択すると、ユーザーがシークレット モードでブラウジングした**閲覧アクティビティが保存されないので、情報漏えいがあった際の追跡調査等の必要性が生じた場合に不都合が生じる可能性があります。**

手順1. 設定する組織部門を選択し、84ページの手順1、2と同様の方法で「シークレット」で検索します。
手順2. 設定項目 [シークレット モード] の右の▼をクリックして [シークレット モードを無効にする] を選択し (❶)、画面上部にある [保存] をクリックします (❷)。

memo
デフォルトの設定は、幼稚園～小中高校の教育機関のドメインでは [シークレット モードを無効にする]、その他のドメインでは[シークレット モードを許可する]になっている。

【設定項目名：ブラウザの履歴】

Chrome ブラウザにユーザーの閲覧履歴を保存するかどうかを指定します。
　→設定：[常にブラウザの履歴を保存する]

シークレットモードの設定と同様に [ブラウザの履歴を保存しない] を選択すると、やはり追跡調査等の必要性が生じた場合に不都合が生じる可能性があります。

手順1. 設定する組織部門を選択し、84ページの手順1、2と同様の方法で「ブラウザの履歴」で検索します。

手順2. 設定項目 [ブラウザの履歴] の▼をクリックします。[常にブラウザの履歴を保存する] を選択し、画面上部にある [保存] をクリックします。

【設定項目名：ブラウザの履歴の削除】

ユーザーが閲覧履歴やダウンロード履歴などの閲覧データを削除できるかどうかを指定します。
　→**設定：[設定メニューでの履歴の削除を許可しない]**

こちらもシークレット モードの設定と同様に[ブラウザの履歴を保存しない]を選択すると、追跡調査等の必要性が生じた場合に不都合が生じる可能性があります。また、閲覧履歴の取得や削除を許可しないことを周知することで、不正行為等の抑止力としても期待できるでしょう。

手順. 設定項目[ブラウザの履歴の削除]の右の▼をクリックします。[設定メニューでの履歴の削除を許可しない]を選択し、画面上部にある[保存]をクリックします。

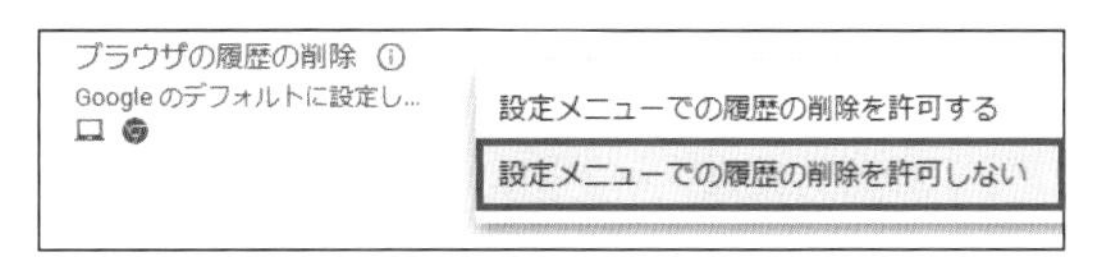

カテゴリ[コンテンツ]に関連する設定

【設定項目名：セーフサーチと制限付きモード】

「**セーフサーチ**」とは Google ウェブ検索の結果からポルノなどの露骨な表現を含むコンテンツを除外する機能です。検索したキーワード自体に不適切な意味はなくても検索結果に不適切なサイトが表示されることがありますが、セーフサーチを設定しているとそういったサイトも除外した検索結果が表示されるようになります。もちろん、検索キーワード自体が不適切なものであった場合も、検索結果には不適切な内容を含むものは表示されません。ちなみに、不適切な内容は以下のコンテンツとなります。

- アダルト関連、性描写
- 出会い系
- 暴力または残虐な表現
- 薬物情報

子どもが使用するデバイスに設定しておくと効果的で、不適切なサイトを目にしないようにするために一定の効果があります。

「**制限付きモード**」とは 成人向けの可能性があるコンテンツを含む YouTube の動画の表示を制限するモードです。制限付きモードは 2010 年に導入され、YouTube で視聴できる内容を制限したい図書館、学校、公共施設などの一部のユーザーに使用されてきました。初期設定では、制限付きモードは無効になっています。

①-1 設定項目名：セーフサーチと制限付きモード - Google 検索クエリのセーフサーチ

ユーザーの検索結果からポルノなどの露骨な表現を含むコンテンツを除外するセーフサーチを有効または無効にできます。
→設定：[Google 検索クエリに常にセーフサーチを使用する]

手順1. この設定は全ユーザーに対して設定したいので、最上位の組織部門を選択し、84ページの手順1、2と同様の方法で「セーフサーチ」で検索します。

手順2. 設定項目[Google 検索クエリのセーフサーチ]の下の▼をクリックします。

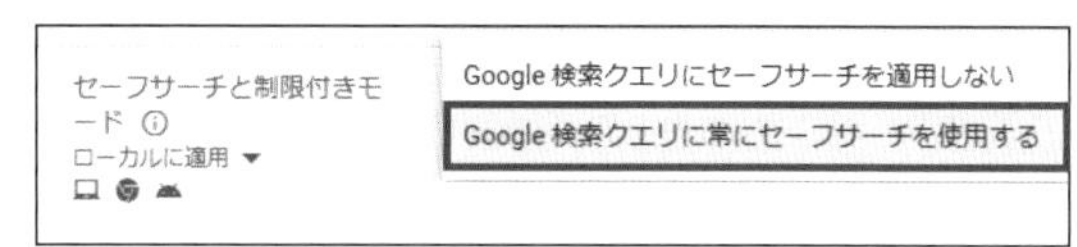

幼稚園～小中高校の教育機関のドメインの場合、デフォルトは[Google 検索クエリに常にセーフサーチを使用する]です。

その他のドメインの場合、デフォルトは[Google 検索クエリにセーフサーチを適用しない]なので[Google 検索クエリに常にセーフサーチを使用する]をクリックします。

memo
「クエリ(query)」とは、「問い合わせ(る)」、「訪ねる」などの意味を持つ英単語で、ITではソフトウェアに対するデータの問い合わせや要求などを一定の形式で文字に表現することを意味する。

①-2 設定項目名：セーフサーチと制限付きモード - YouTube の制限付きモード

YouTube 制限付きモードを有効にすると、視聴可能なほとんどの動画を残しつつ、成人向けの可能性がある動画を除外できます。
→設定：[YouTube で制限付きモード「中」以上を強制的に適用する] または
[YouTube で制限付きモードを強制的に適用する]

手順3. 設定項目[YouTube の制限付きモード]の下の▼をクリックし、次の3項目の中から1つを選択します。

- **YouTube で制限モードを強制適用しない**
- **YouTube で制限付きモード「中」以上を強制的に適用する** - ユーザーに対して制限付きモードが適用され、動画のコンテンツに基づいて、視聴可能な動画がアルゴリズムで制限されます。
- **YouTube で制限付きモードを強制的に適用する** - ユーザーに対して厳格な制限付きモードが適用され、視聴可能な動画が厳しく制限されます。

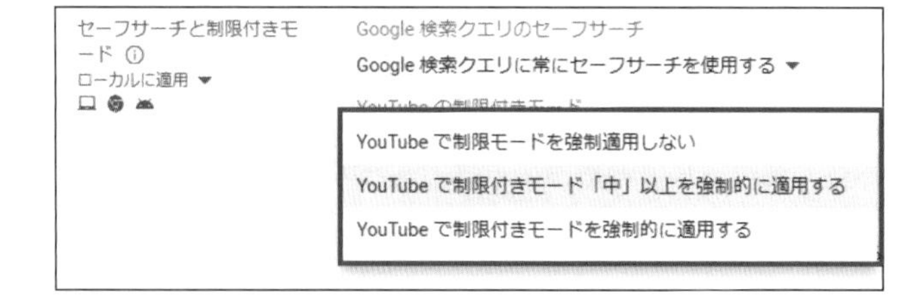

手順4. 選択後、画面上部にある [保存] をクリックします。

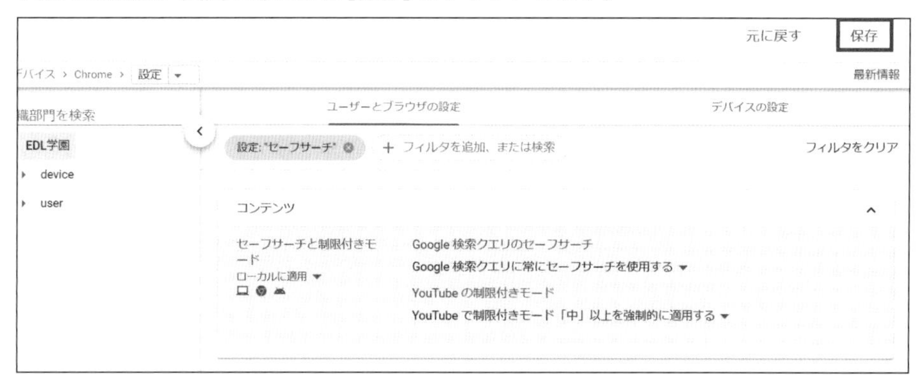

幼稚園～小中高校の教育機関では児童生徒が属する組織部門に対しては、[**YouTube で制限付きモード「中」以上を強制的に適用する**] または [**YouTube で制限付きモードを強制的に適用する**] のいずれかの設定が必須です。あらかじめ YouTube の閲覧についての組織としての方針を決めておき、その方針に則って設定しましょう。

【設定項目名：URL のブロック】

Chrome ブラウザのユーザーが特定の URL にアクセスできないようにします。
　→設定：必要に応じて設定

手順. 設定する組織部門を選択し、84ページの手順1、2と同様の方法で [URL のブロック] で検索します (「URL」と「の」の間には半角のスペースが入ります) (❶)。ブロックしたいURLを入力し (❷)、画面上部にある [保存] をクリックします (❸)。

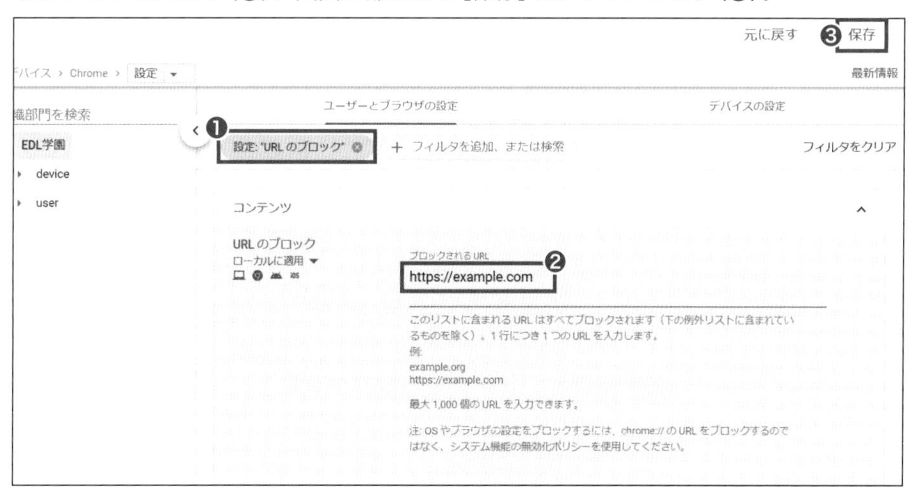

カテゴリ[ハードウェア]に関連する設定

【設定項目名：外部ストレージ デバイス】

組織内のユーザーが Chromebook を使用して、USB フラッシュ ドライブ、外部ハードドライブ、光学式ストレージ、SD カード、その他のメモリカードなどの外部ドライブをマウントできるかどうかを制御します。
　→設定：[外部ストレージ デバイスを許可しない]

memo
「ストレージ」とは、「データを保存しておく場所」、補助記憶装置のこと。

手順．設定する組織部門を選択し、[外部ストレージ]で検索します。

設定項目[外部ストレージ デバイス]の右の▼をクリックします。[外部ストレージ デバイスを許可しない]を選択し、画面上部にある[保存]をクリックします。

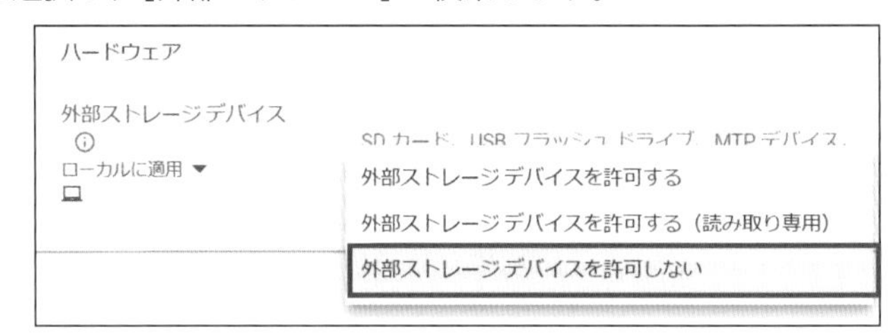

この設定を有効にした場合、ユーザーが外部ドライブをマウントしようとすると、ポリシーで規制されていることを示す右のようなメッセージが表示されます。

カテゴリ[Chrome のセーフ ブラウジング]に関する設定

「**セーフ ブラウジング**」とは不正なソフトウェアやフィッシング コンテンツを含む可能性のあるウェブサイトにアクセスしようとしたときに、ブラウザに警告を表示してくれる機能です。

ユーザーを保護するためにこのカテゴリでは以下の設定が欠かせません。

【設定項目名：セーフ ブラウジング】

ユーザーに対して Google セーフ ブラウジングを有効にするかどうかを指定します。
　→設定：[常にセーフ ブラウジングを有効にする]

手順1. この設定は全ユーザーに対して設定するので、最上位の組織部門を選択し、84ページの手順1、2と同様の方法で「セーフ ブラウジング」で検索します（「セーフ」と「ブラウジング」の間には半角スペースが入ります）。

手順2. 設定項目［セーフ ブラウジング］の右の▼をクリックし、［常にセーフ ブラウジングを有効にする］を選択、画面上部にある［保存］をクリックします。

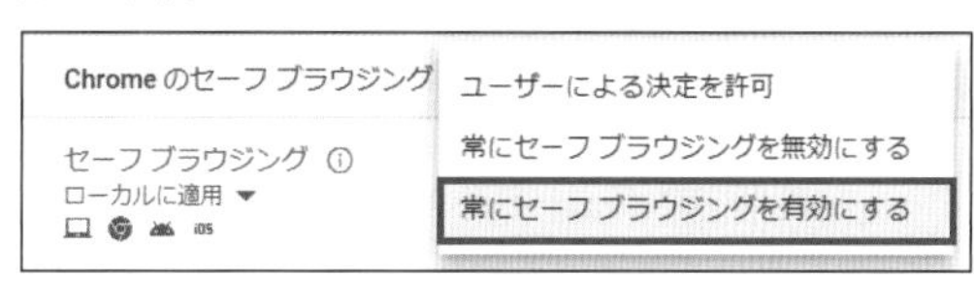

この設定が有効になっている状態で、ユーザーが安全ではないサイトを閲覧しようとすると、右図のような警告が画面に表示されます。

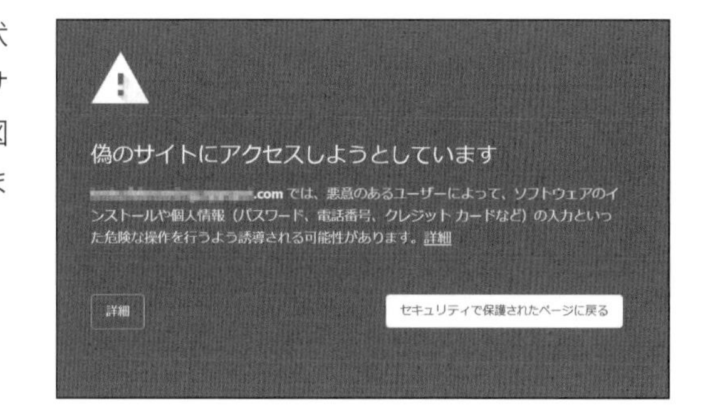

【設定項目名：ダウンロードの制限】

> ユーザーがマルウェアや感染ファイルなどの危険なファイルをダウンロードできないようにします。
> **→設定：［危険性のあるダウンロードをブロックする］**

手順. 最上位の組織部門を選択し、84ページの手順1、2と同様の方法で「ダウンロードの制限」で検索し、設定項目［ダウンロードの制限］の右の▼をクリックします。次のいずれかが選択できますが、［危険性のあるダウンロードをブロックする］をクリックし、画面上部にある［保存］をクリックします。

- **特別な制限なし** - すべてのダウンロードを許可します。セーフ ブラウジングにより危険と判断されたサイトの警告は表示されますが、警告を無視してファイルをダウンロードできます。
- **不正なダウンロードをすべてブロックする** - 不正なファイルである可能性が高いと判断されるものを除き、すべてのダウンロードが許可されます。ダウンロードの危険性を示す警告とは異なり、ファイルの形式は考慮されませんが、ホストは考慮されます。
- **危険なダウンロードをブロックする** - セーフ ブラウジングで危険なダウンロードであるとの警告が表示されるダウンロードはブロックされ、それ以外のすべてのダウンロードは許可されます。

- **危険性のあるダウンロードをブロックする** - セーフ ブラウジングで危険性があるとの警告が表示されるダウンロードはブロックされ、それ以外のすべてのダウンロードは許可されます。警告を無視してファイルをダウンロードすることはできません。
- **すべてのダウンロードをブロックする** - すべてのダウンロードがブロックされます。

ダウンロードの制限
Google のデフォルトに設定し...
特別な制限なし
不正なダウンロードをすべてブロックする
危険なダウンロードをブロックする
危険性のあるダウンロードをブロックする
すべてのダウンロードをブロックする

【設定項目名：セーフ ブラウジングの警告の無視を無効にする】

> ユーザーがセーフ ブラウジングの警告を無視し、偽のサイトや危険なサイトにアクセスしたり、有害なファイルをダウンロードしたりできるかどうかを指定します。
> **→設定：[セーフ ブラウジングの警告の無視をユーザーに許可しない]**

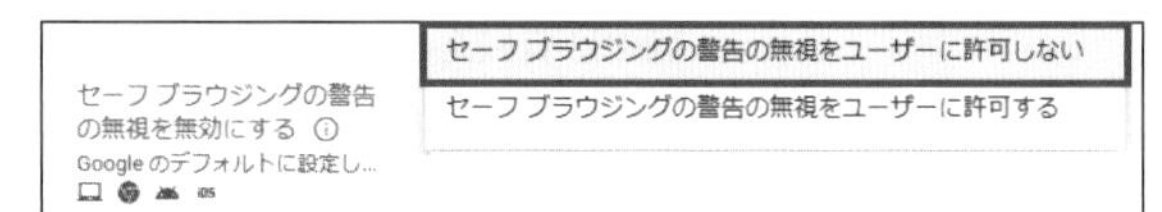

手順. 最上位の組織部門を選択し、84ページの手順1、2と同様の方法で「セーフ ブラウジング」で検索し、設定項目［セーフ ブラウジングの警告の無視を無効にする］の右の▼をクリックします。［セーフ ブラウジングの警告の無視をユーザーに許可しない］をクリックし、画面上部にある［保存］をクリックします。

【設定項目名：SafeSites URL フィルタ】

> SafeSites URL フィルタを有効または無効にできます。このフィルタは、Google Safe Search API を使用して URL をポルノとそれ以外に分類します。
> **→設定：アダルト コンテンツに基づいて最上位サイト（埋め込み iframe 以外）を除外する**

設定画面の選択肢から想像できるとおり、SafeSitesを使用すると多くの場合関係ないと思われる、あるカテゴリの Web サイト閲覧をブロックできます。画面を表示させようとすると、"ERR_BLOCKED_BY_ADMINISTRATOR" のメッセージとともに、閲覧がブロックされます。

手順. 最上位の組織部門を選択し、84ページの手順1、2と同様の方法で「SafeSites」で検索し、設定項目［SafeSites URL フィルタ］の右の▼をクリックします。［アダルト コンテンツに基づいて最上位サイト（埋め込み iframe 以外）を除外する］をクリックし、画面上部にある［保存］をクリックします。

> memo
> 幼稚園〜小中高校のドメインの場合、［アダルト コンテンツに基づいて最上位サイト（埋め込み iframe 以外）を除外する］がデフォルト。

SafeSites URL フィルタ
ローカルに適用
アダルト コンテンツに基づくサイトの除外を行わない
アダルト コンテンツに基づいて最上位サイト（埋め込み iframe 以外）を除外する

利便性を高める設定

組織内の全員がよく利用するものは、管理コンソールで一括で設定しておくと便利です。企業、学校などの組織の種類を問わず、利便性が高まる設定について解説します。

カテゴリ［起動］に関連する設定

【設定項目名：起動時に読み込むページ】

ユーザーが Chromebook を起動したときに読み込む追加ページの URL を指定します。学校や社内のポータルサイトの URL を追加しておくと便利です。

→おすすめの設定：URLのリストを開く

手順. 設定する組織部門を選択し、84ページの手順1、2と同様の方法で「起動時」で検索します。設定項目［起動時に読み込むページ］の［スタートアップ操作］の下の▼をクリックし（❶）、［URLのリストを開く］を選択し（❷）、［起動ページ］のところにURLを入力します（❸）。画面上部にある［保存］をクリックします。

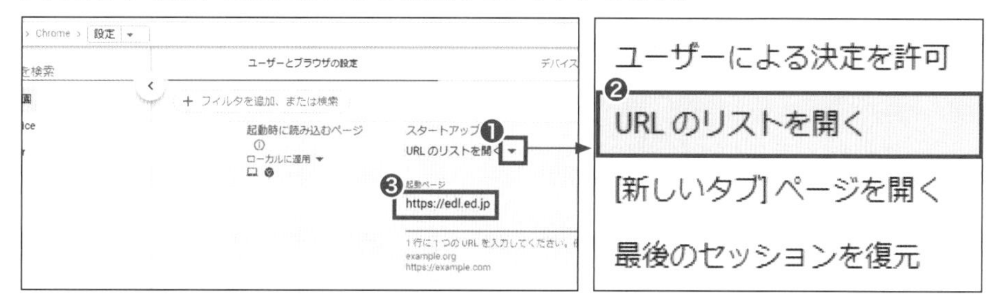

カテゴリ［ユーザー エクスペリエンス］に関連する設定

【設定項目名：管理対象のブックマーク】

> memo
> 「ユーザー エクスペリエンス」とは、製品やサービスを通じて得られる体験の総称。

ユーザーが Chrome にログインしているときにウェブ リソースにすばやくアクセスできるよう、管理者は管理対象のブックマークを作成したり整理したりできます。

管理者が追加したウェブページは、ブックマーク バーのフォルダに表示されます。
→おすすめの設定：学校内や社内で全員が利用する可能性があるURLを共有しておくと便利。

手順1. 設定する組織部門を選択し、84ページの手順1、2と同様の方法で「管理対象のブックマーク」で検索し、設定項目［管理対象のブックマーク］の［ブックマークを編集］をクリックします。

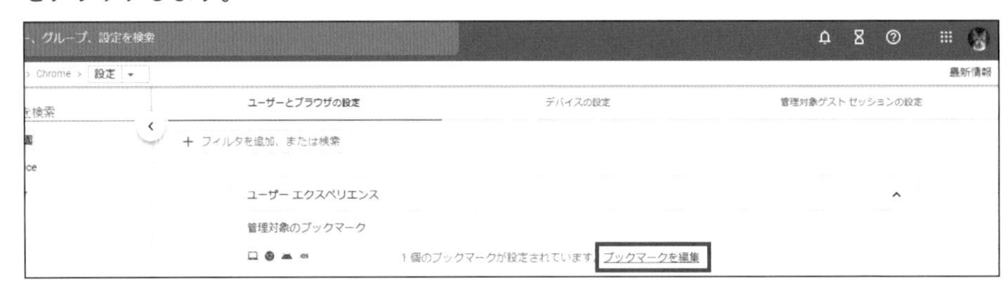

手順2. その他アイコン［⋮］（❶）-［編集］（❷）をクリックしてフォルダ名を入力し（❸）、［保存］をクリックします（❹）。

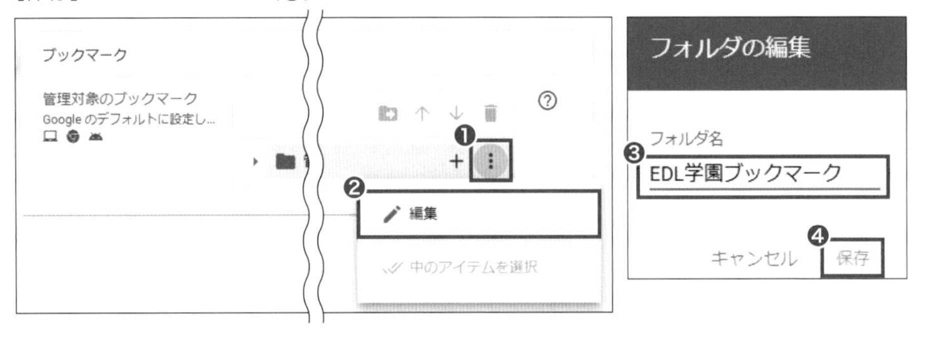

手順3. ［+］をクリックし（❶）、［★ ブックマーク］をクリックします（❷）。

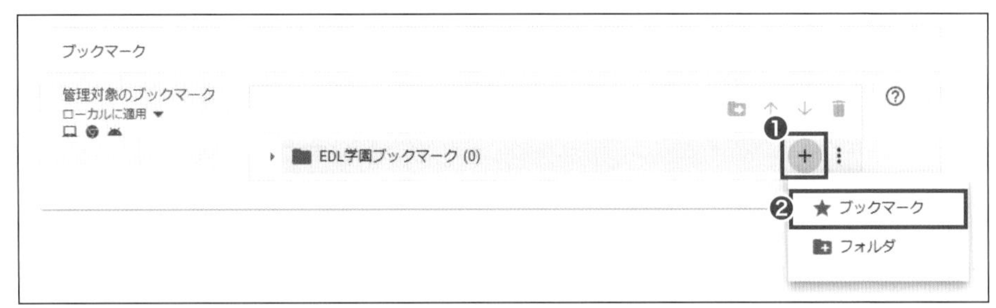

手順4. ブックマーク名とブックマークのURLを入力し（❶）、[追加]をクリックします（❷）。

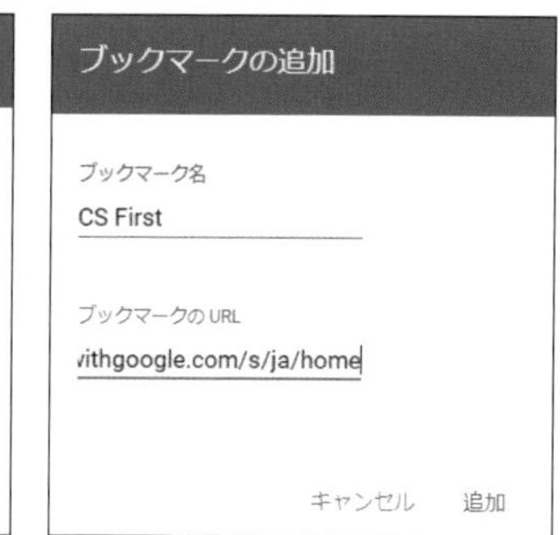

手順5. 画面右上の[保存]をクリックします。

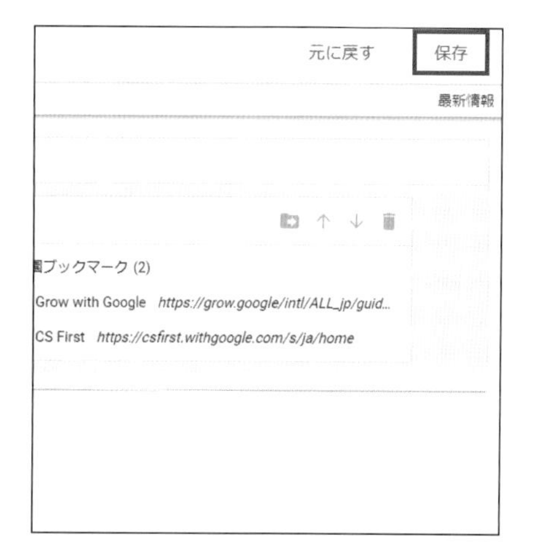

手順6. ブックマークバーに作成した管理対象のブックマークのフォルダ[EDL学園ブックマーク]が表示されました。

4 デバイスの設定

ポイント

- 紛失・盗難や悪意ある利用から守るための設定を行う
- [デバイスの更新設定] からアップデートに関連する設定を行う

[デバイスの設定] ページで、組織で管理している Chromebook に適用するポリシーを設定します。本節では、その設定方法について解説します。

[デバイスの設定]ページへは、管理コンソールのホーム画面 サイドメニューの[デバイス](❶)-[Chrome](❷)-[設定](❸)-[デバイス]をクリックして(❹)、アクセスしましょう。

参照
各項目の詳細は、下記のURLを参照。
"Chrome OS デバイスのポリシーを設定する"
https://support.google.com/chrome/a/answer/1375678

設定できる項目は100以上ありますが、カテゴリだけピックアップすると次の13カテゴリに分けられています。

- 登録とアクセス
- ログイン設定
- ログイン画面のユーザー補助機能
- デバイスの更新設定
- キオスクの設定
- キオスクのユーザー補助
- ユーザーとデバイスをレポート
- 設定を表示
- 電源とシャットダウン
- 仮想マシン
- その他の設定
- Chrome 管理 - パートナー アクセス
- Imprivata

各項目についての詳細は Chrome Enterprise and Education ヘルプの「Chrome OS デバイスのポリシーを設定する」でご覧になれます。

基本設定

> 参照
> Chromebookを無効化する手順及びChromebookを紛失した場合の対応については第5章198ページ参照。

カテゴリ[登録とアクセス]に関連する設定

管理下にあるChromebookは管理コンソールから遠隔で無効化することが可能です。紛失や盗難にそなえ、次の①、②の設定を行うことで、無効化されたChromebookにはログイン画面などが表示されず、設定したメッセージのみが表示されるようになります。

【① 設定項目名：自動的に再登録】

ワイプしたChromebookを、管理コンソールに自動的に再登録するかどうかを指定します。

→設定：ワイプ後にデバイスを自動再登録

［デバイスの設定］ページのトップのカテゴリの最初の設定項目です。

初期設定では、デバイスをワイプ（デバイスに保存されたユーザデータを消去）するとアカウントに自動的に再登録されます。この初期設定のままにしておくことにより、ワイプしてもデバイスは管理対象（管理コンソールに登録された状態）となり、最新状態のOSやデバイスポリシーは保持されたままになっているため、デバイスの不正利用を防いだり、セキュアなOSの状態を保つことが可能です。

登録とアクセス
自動的に再登録 ⓘ
ローカルに適用 ▼
ワイプ後にデバイスを自動再登録
ワイプ後にユーザー認証情報を使用してデバイスを再登録（この設定は今後移行され、自動再登録になります）
ワイプ後にユーザー認証情報を使用してデバイスを再登録
ワイプ後にデバイスを自動再登録しない

【② 設定項目名：無効になっているデバイスの返却手順】

紛失または盗難により無効になっているデバイスの画面に表示するカスタムテキストを指定します。

→設定例：このデバイスを拾得された方は下記までご連絡をお願いいたします。
〒○○○-○○○○
○○県○○市○○
○○株式会社
TEL ○○○-○○○-○○○○

手順. 最上位の組織部門を選択し、84ページの手順1、2と同様の方法で「無効になっているデバイス」で検索します。[無効になっているデバイスの返却手順] 画面に表示される情報を入力して(❶)、画面上部にある [保存] をクリックします(❷)。

元に戻す 保存
❷
最新情報
デバイスの設定　管理対象ゲスト セッションの設定
無効になっているデバイスの返却手順
❶
このデバイスを拾得された方は下記までご連絡をお願いいたします。
〒 ○○○-○○○○
○○県○○市○○
○○株式会社
TEL ○○○-○○○-○○○○
デバイスがロックされていることを示すメッセージの下に表示するカスタムテキストです。このメッセージには、デバイスの郵送先の住所と連絡先の電話番号を記載することをおすすめします。 78/512 文字

カテゴリ [ログイン設定] に関連する設定

【① 設定項目名：ゲストモード】

管理対象の Chromebook でゲスト ブラウジングを許可するかどうかを指定します。
→設定：[ゲストモードを無効にする]

Google Chrome では、Google アカウントでログインした「ユーザー」ごとに設定や履歴を保存／利用できますが、「ゲストモード」で起動すると履歴は記録されず、終了時にクッキーなども自動消去されます。**組織のデバイスを悪意のある使われ方から守るという観点でゲストモードは無効に設定**しておきましょう。

手順. 最上位の組織部門を選択し、84ページの手順1、2と同様の方法で「ゲストモード」で設定項目を検索します。[ゲストモード] の右にある▼をクリックして [ゲストモードを無効にする] を選択して画面上部にある [保存] をクリックします。

幼稚園～小中高校の教育機関のドメインの場合、デフォルトは [ゲストモードを無効にする] です。

その他のドメインの場合、デフォルトは [ゲストモードを許可する] です。

【② 設定項目名：ログインの制限】

Chromebook にログインできるユーザーを管理できます。
　→**設定：[ログインをリスト内のユーザーのみに制限する]**
　　　　＊@組織のドメイン名

Chromebook へのログインを、組織が管理しているユーザーのみに制限します。

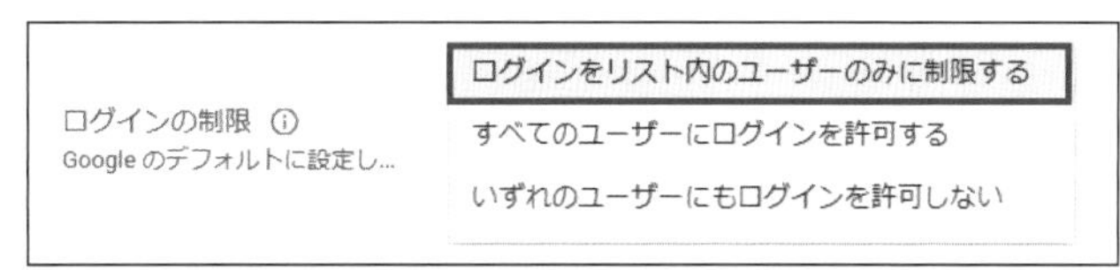

手順1. 設定する組織部門を選択、「ログインの制限」で検索し、[ログインの制限] の右にある▼をクリックして [ログインをリスト内のユーザーのみに制限する] を選択します。

手順2. [許可するユーザー] のところに「*@組織のドメイン名」と入力し (❶)、画面上部にある [保存] をクリックします (❷)。

元に戻す　保存 ❷
最新情報
設定　デバイスの設定　管理対象ゲスト セッションの設定
ログインをリスト内のユーザーのみに制限する ▼
❶ 許可するユーザー
*@example.com
デバイスにログインできるユーザー名のリストを入力します。ワイルドカード記号を使用すると、ドメイン内の全メールアドレスを許可することもできます（例: *@example.com）。1 行ごとに 1 つのパターンを入力してください。

【③設定項目名：ドメインのオートコンプリート】

ユーザーのログインページに表示するドメイン名を選択できます。ユーザーがログインするときにユーザー名の @組織のドメイン名 の部分を入力する必要がなくなります。
　→**設定：[ログイン時のオートコンプリート機能に、以下のドメイン名を使用する]**
　　　　組織のドメイン名

手順. 設定する組織部門を選択、「ドメインのオートコンプリート」で検索します。[ドメインのオートコンプリート] の右にある▼をクリックして、[ログイン時のオートコンプリート機能に、以下のドメイン名を使用する] を選択して (❶)、[ユーザー名@] の右に組織のドメイン名を入力します(❷)。画面上部にある[保存]をクリックします(❸)。

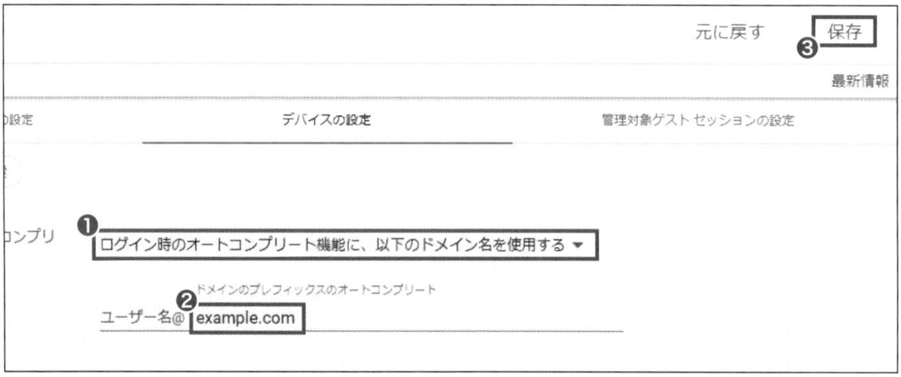

【④設定項目名：ユーザー データ】

登録されている Chromebook からユーザーがログアウトするたびに、ローカルに保存されている設定とユーザーデータをすべて削除するかどうかを指定します。
→**設定：[ローカル ユーザー データを消去しない]**

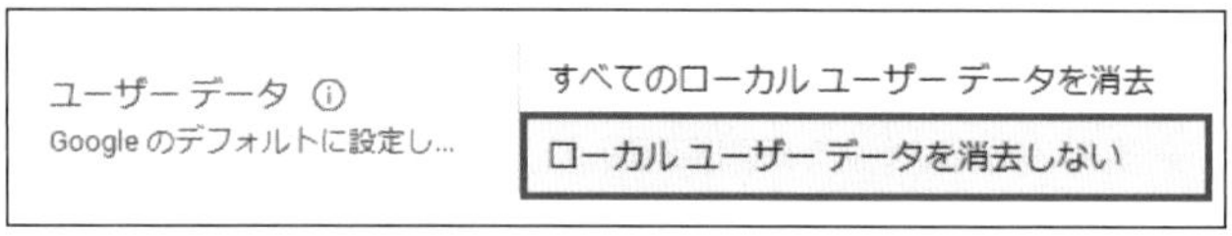

手順. 設定する組織部門を選択し、「ユーザー データ」で検索します。[ユーザー データ]の右にある▼をクリックして[ローカル ユーザー データを消去しない]を選択して画面上部にある[保存]をクリックします。

[すべてのローカル ユーザー データを消去]に設定するとユーザーが Chromebook にログインするたびにユーザーのポリシーがダウンロードされます。またオフラインでのログインができなくなります。通常はデフォルトの設定である[ローカル ユーザー データを消去しない]の設定のままで運用します。

memo
Chromebook は自動更新され、デバイス本体と搭載ソフトウェアの機能が強化される。更新によって最新の機能が提供され、セキュリティが確保されるが、古い Chrome デバイスでは、無期限に更新を受信して OS やブラウザの新しい機能を有効にし続けることはできない。

カテゴリ[デバイスの更新設定]に関連する設定

ChromeOS のフル アップデートは約 4 週間ごとにリリースされ、セキュリティ修正やソフトウェアのアップデートなどのマイナー アップデートは、2～3週間ごとにリリースされます。**Chromebook を安全かつ最新の状態に保つには、自動更新を使用することが強く推奨されます。**

【設定項目名：自動更新の設定】

・デバイスのアップデート

新しいバージョンのChromeOSがリリースされた際にChromebookを自動更新するかどうかを指定できます。
→**設定：[アップデートを許可する]**

手順. 最上位の組織部門を選択し、84ページの手順1、2と同様の方法で「自動更新」で検索します。[デバイスのアップデート]メニューで▼をクリックして[アップデートを許可する]を選択します。

自動更新の設定 Google のデフォルトに設定し…	アップデートをブロックする アップデートを許可する

・展開スケジュール

組織で数千台ものChromebookを使用している場合や帯域幅に制限がある場合は、必要に応じて更新の展開方法をカスタマイズします。
→**設定：[デフォルト]**または**[更新を分散させる]**

更新を展開する方法は次のいずれかを選択できます。

- **デフォルト** - 新しいバージョンのChromeOSがリリースされると、デバイスが自動更新されます。
- **指定したスケジュールでアップデートを展開** - 一定の割合のデバイスのみを最初に更新して、徐々に更新対象を増やしていきます。[ステージング スケジュール]を使用して、展開スケジュールを設定します。
- **更新を分散させる** - ネットワーク帯域幅の制限がある場合、最長で2週間にわたって更新を分散させることができます。[自動更新を複数の日に分散]を使用して、分散させる日数を指定できます。

通常は[デフォルト(新しいバージョンがリリースされるとデバイスが更新されます)]、ネットワーク上での帯域幅の使用を抑える必要がある場合は[更新を分散させる]が推奨されます。

[更新を分散させる]を選択した場合、トラフィックが急増しないよう、指定期間中に何度かに分けてダウンロードが行われるので、古いネットワークや帯域幅に余裕のないネットワークへの影響を抑えることができます。この期間中、デバイスがオフラインの状態だった場合は、オンラインになった時点でアップデートがダウンロードされます。

手順1. [自動更新の設定] の [展開スケジュール] の選択項目から [更新を分散させる] を選択します。

展開スケジュール
デフォルト（新しいバージョンがリリースされるとデバイスが更新されます）
指定したスケジュールでアップデートを展開
更新を分散させる

手順2. [自動更新を複数の日に分散] にある▼からプルダウンで表示される期間を選択し、画面上部にある [保存] をクリックします。

展開スケジュール
更新を分散させる ▼
自動更新を複数の日に分散
自動更新を分散しない ▼

カテゴリ [ユーザーとデバイスをレポート] に関連する設定

【設定項目名：利用していないデバイスに関する通知】

管理下にある、一定期間利用されていない Chromebook の情報が、問題発見の糸口になる可能性があります。

ドメインで利用されていないデバイスに関するレポートをメールで受け取ることができます。

→設定：[利用していないデバイスに関する通知を有効にする]

手順1. 最上位の組織部門を選択し、84ページの手順1、2と同様の方法で「利用していないデバイスに関する通知」で検索します。[利用していないデバイスに関する通知レポート] の下にある▼をクリックして、[利用していないデバイスに関する通知を有効にする] を選択します (❶)。

手順2. [利用されていない日数]、[通知の間隔]、[通知レポートの受信メールアドレス] を指定して (❷) 画面上部にある [保存] をクリックします。

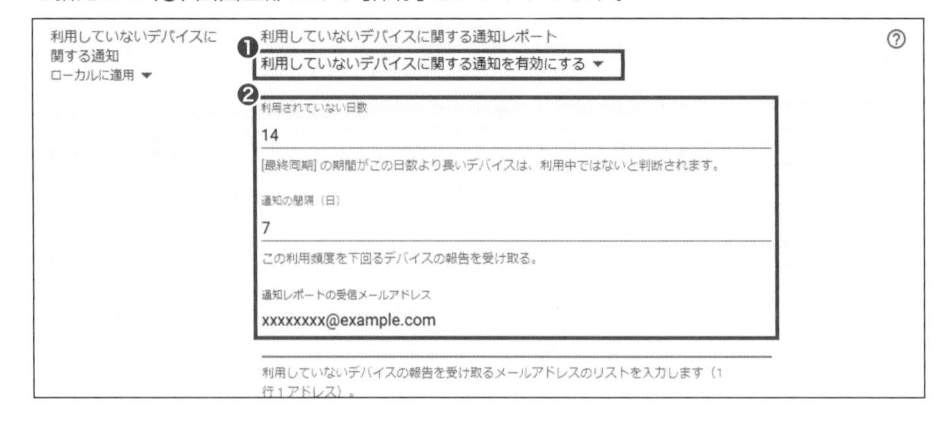

設定した受信メールアドレス宛に設定した通知の間隔ごとに Chrome Enterprise Team から通知レポートが送られてきます。

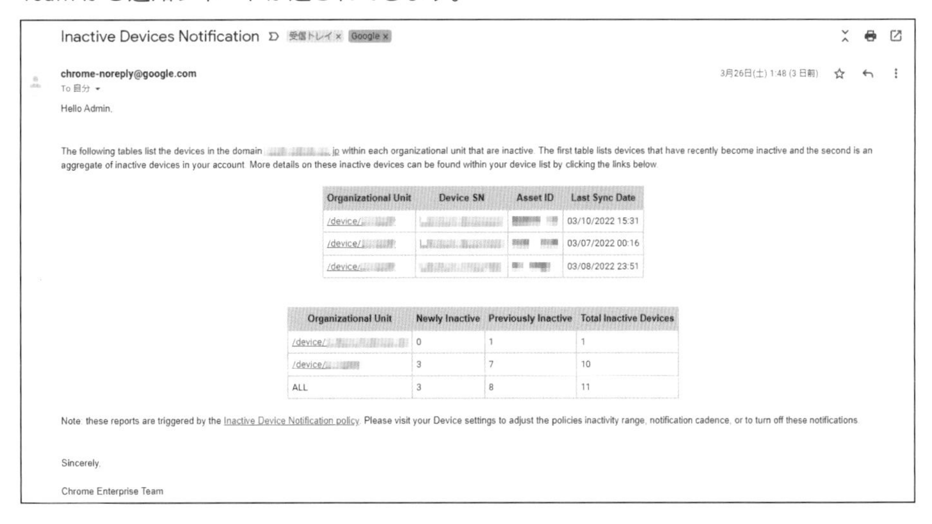
Inactive Devices Notification 受信トレイ× Google×

chrome-noreply@google.com
To 自分
3月26日(土) 1:48 (3 日前)

Hello Admin,

The following tables list the devices in the domain [illegible].jp within each organizational unit that are inactive. The first table lists devices that have recently become inactive and the second is an aggregate of inactive devices in your account. More details on these inactive devices can be found within your device list by clicking the links below.

Organizational Unit	Device SN	Asset ID	Last Sync Date
/device/[illegible]	[illegible]	[illegible]	03/10/2022 15:31
/device/[illegible]	[illegible]	[illegible]	03/07/2022 00:16
/device/[illegible]	[illegible]	[illegible]	03/08/2022 23:51

Organizational Unit	Newly Inactive	Previously Inactive	Total Inactive Devices
/device/[illegible]	0	1	1
/device/[illegible]	3	7	10
ALL	3	8	11

Note: these reports are triggered by the Inactive Device Notification policy. Please visit your Device settings to adjust the policies inactivity range, notification cadence, or to turn off these notifications.

Sincerely,

Chrome Enterprise Team

以上 Google 管理コンソールとはから始まり Google Workspace 、Google Workspace for Education を導入して最初にやるべき設定について解説してきました。

第3章では、一般企業などの組織において、次にやるべき設定について解説します。

企業などの組織で実施する情報セキュリティ

第3章では、企業向けのGoogle Workspaceについて解説します。
これまでの内容で、あなたのビジネスがクラウドで力を発揮するのに必要な情報セキュリティがGoogle Workspaceにしっかりと備わっていることをご理解いただけたかと思います。
「よし、うちの会社にも導入しよう」と思ったら、次は、どのエディションを選択するか決めなければなりません。
本章第1節、第2節では、それぞれのビジネスニーズや規模に合わせて選択できるよう、エディションによってどう違うのかと、それぞれのエディションで使える主な機能を紹介します。
さらに第3節では、「サービスの利用者」の代表である「組織の管理者」が実施すべきセキュリティについて、操作の方法とともに解説いたします。

1 Google アカウントの無料版と有料版

ポイント

- 稼働保証や管理コンソールの有無が個人向け無料版と有料版の違い
- 費用をかけずにスモールスタートしたい場合はチーム向け無料版もある

誰もが即時作成できる無料の個人アカウントでも、業務が劇的に効率化する機能を使える Google Workspace のアプリ群。見た目も操作も一見変わらないのに、お金をかけて有料版を導入することに疑問を感じている方もいらっしゃるかもしれません。

たしかに、スマホで作成した Google アカウントで、パソコンからログインして、Google Workspace のオフィスツールを使って仕事をすることもできます。

しかしながら、第1章2節で言及した通り、「組織として」の情報の管理・運用体制においては、十分とはいえない面があります。また、無料の個人アカウントではビジネス面で便利な Google Workspace の機能の多くを利用できないことも事実です。

具体的に、無料の個人アカウントと、組織で使う Google Workspace の違いをみていきましょう。

無料の個人アカウントと Google Workspace Business Starter の違い

無料の個人アカウントを利用されている方から多く寄せられる質問に、有料のサービスとの違いやメリットを知りたい、というものがあります。有料のライセンスとなる組織向け Google Workspace の全体像についてまずはご紹介していきましょう。 Google Workspace には、次ページの表に示すようなエディションがあります（2022年6月22日現在）。

この表でわかるとおり、料金によって利用できる機能やサービスが異なります。

ここでは、無料の個人アカウントと Google Workspace のなかで最もリーズナブルなエディション Business Starter を比較してみましょう。

memo
共有ドライブ内に保管したファイルは、そのオーナー(所有者)が個人ではなく組織となる。第3章第2節で解説。

参照
Essentials Starterの詳細は、111ページに掲載。

memo
Google Workspaceではストレージ プール システムを使用しているため、組織全体で使用できる容量はライセンス数によって異なる。管理者は、組織全体の保存容量を効果的に管理できるよう、個々のユーザーの保存容量の上限を設定可能。

Google Workspace						
Essentials	Business			Enterprise		
Starter	Starter	Standard	Plus	Essentials	Standard	Plus
月額料金(1ユーザーあたり)※税別						
無料	680円	1,360円	2,040円	お問い合わせください		
利用可能人数						
最大25名	最大300名			無制限		
技術サポート						
対象外	24時間365日 メール・チャット・電話(日本語対応)					
ストレージ容量						
15 GB	30GB	2TB	5TB	1TB	5TB	5TB
Google Meet:会議の最長時間						
60分	336時間					
Google Meet:会議あたりの参加者数の上限						
100	100	150	500	150	500	
共有ドライブ利用不可		共有ドライブ利用可				

稼働保証(SLA)

Google Workspaceでは「**SLA**」というものが定められています。このSLAこそ、無料と有料の大きな違いといえるでしょう。無料アカウントは、SLAの対象外なのです。

SLAとは、Service Level Agreementの略で、日本語では「サービスレベル契約」、「サービス品質保証」と呼ばれています。サービスを提供する事業者が契約者に対し、サービスを保証する契約のことですから、家電で言えばメーカー保証のようなものです。しかし、家電のメーカー保証には「購入から1年間」という制限がありますが、Google Workspaceは契約期間中ずっと保証されます。

Google WorkspaceのSLA(サービスレベル契約)には、99.9%と明示されています。これは言い換えれば「**月の99.9%以上の時間、正しく稼働することを保証する**」という約束になります。月の0.1%とは、720時間(24時間×30日)×0.001 = 0.72時間(43.2分)、月に43分以上、組織の5%以上の人がサービスを利用できなかったら補償を申請できます。

参照
Google Workspace サービスレベル契約については、下記のWebサイトも参照。
“Google Workspace Service Level Agreement.”
https://workspace.google.com/terms/sla.html

また、一般的なサービスでは、保守や点検などを計画的に行い、その間ユーザーは利用停止・中断(ダウンタイム)を余儀なくされるものですが、Google Workspaceではこの計画的ダウンタイムもメンテナンスの時間枠も設けていません。

Google WorkspaceではこれまでSLA補償が発生するほどの障害がおきたことはありませんが、日々バージョン アップするWebサービスなのでー定のSLAが定められているのは安心です。

Google 管理コンソール

次に、無料の個人アカウントと Google Workspace アカウントとの明確な違いは、**「管理コンソール」の有無**になります。

個人使用のアカウントの場合、「組織」内の情報を一元的に管理する「管理コンソール」の機能は当然のことながらついていません。つまり、**個人アカウントは組織の情報を管理するのに適していない**といえます。ユーザーは個々に設定やセキュリティ対策を行う必要がありますし、たとえ社長だったとしても、社員の「個人アカウント」を管理することはできません。

管理コンソールを使えば、第2章で述べたようなユーザーやデバイスの管理のほかにも、**管理が強化できる細やかな設定をすることが可能**です。社員の役割に応じて許可するアプリや拡張機能を制御したい場合も、管理コンソールで設定できます。

参照
アプリと拡張機能の管理設定 の方法は127～131ページに記載。

ヘルプとサポート

Google のツールを使っていて、使い方や運用中のトラブルを解決する方法について知りたいと思う場面がありますよね。Google には、各サービスごとのヘルプページがあり、細やかに説明が書かれています。そのポータルが「Google ヘルプ」です。

参照
[Google ヘルプ]は下記のURLから確認できる。
https://support.google.com/

参照
[Google 管理者ヘルプ]は下記のURLから確認できる。
https://support.google.com/a/?hl=ja#topic=4388346

例えば、管理コンソールについて調べたいことがあれば[Google Workspace 管理者]をクリックすると「 Google Workspace 管理者 ヘルプ」という公式サイトが表示され、そこで知りたい情報を検索すれば、詳細が書かれた各ページにたどり着くことができます。

また、Google サービスにアクセスできない場合は、サービスに一時的な問題が発生している可能性があります。サービスの障害や停止については、このサイトの一番下にある、Google Workspace ステータス ダッシュボードへのリンクから確認できます。

参照
[Google Workspace ステータス ダッシュボード] のURLは、https://www.google.com/appsstatus/dashboard/

アカウント
- アカウントにアクセスできない場合
- Google との最近の取引
- Google でできる便利なこと

ヘルプ コミュニティ
詳細
Google プロダクト エキスパート プログラムについて

ステータス ダッシュボード
Google サービスにアクセスできない場合は、サービスに一時的な問題が発生している可能性があります。サービスの障害や停止については、G Suite Status Dashboard でご確認いただけます。

Google Workspace

Google Workspace ステータス ダッシュボード
このページには、Google Workspace に含まれるサービスのステータス情報が掲載されます。このページにアクセスすることによって、以下のサービスの現在の状態を確認できます。発生している問題がここに掲載されていない場合は、サポートにお問い合わせください。ダッシュボードに投稿される内容の詳細については、こちらのよくある質問をご覧ください。これらのサービスの詳細については、https://workspace.google.com/ をご覧ください。Google アナリティクスに関するインシデントについては、Google 広告ステータス ダッシュボードをご覧ください。

	4月6日	7日	8日	9日	10日	11日	12日	13日	
管理コンソール									✓
従来のハングアウト									✓
Classroom									✓

しかし、文章を読むだけでは理解しかねることや組織の事情に合わせた解決策が知りたいという場合は、直接質問をしたいことも多いでしょう。

Google Workspace 管理者は、**直接 Google に問い合わせてサポートを受けることができます。**利用可能なオプションはエディションによって異なりますが、24時間365日対応のサポートです。このメリットは、個人事業主でも有効活用できますね。

memo
管理コンソール ホーム画面で、[サポート] カードをクリックしてもヘルプ アシスタント ウィンドウが開く。

◉サポート スペシャリストに問い合わせる方法

問題解決のために努力をしてもできなかった場合、サポート リクエストを送ります。

手順 1. 管理コンソール ホーム画面（54ページ参照）を開き、右上にあるはてなマークをクリックします。

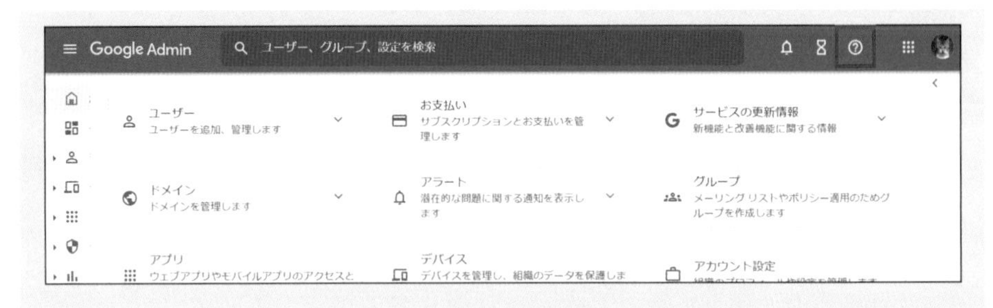

手順2. ヘルプ アシスタント ウィンドウが開くので画面右下の[サポートに問い合わせる]をクリックし、画面の表示に従ってチャットで質疑応答します。

独自ドメイン を使用して Gmail を使う

Google Workspace に申し込むと、**Gmail を使用する際、ドメイン名を会社独自のものに設定できる**ようになります。つまり、独自ドメインをGmailで運用できます。

インターネット上の「住所」を表す情報が「IPアドレス」です。IPアドレスは数字だけの情報なので人間にとってわかりにくく覚えにくいので、人間にわかりやすいアルファベットを使った名称である「ドメイン名」をコンピューターが使うIPアドレスと対応づけて使います。メールアドレスは user@sample.co.jp のような形で表されますが、この@より右の部分がドメイン名です。

無料の個人アカウントの場合、ドメイン名の部分は「gmail.com」なのでメールアドレスは「○○○@gmail.com」となり、お客様や取引先に無料の個人アカウントを使用していることがすぐにわかってしまいます。

一方、有料の Google Workspace の場合は会社のドメイン名のメールアドレスを使って、**ビジネスにふさわしいプロフェッショナルなイメージをアピールできます。**

もし、まだドメインを持っていないという場合、Google Workspace を導入する際に、Google Domains で合わせて購入できます。

参照
「Google Domains」はGoogleアカウントから簡単にドメインを管理できるサービス。
https://domains.google/

Google カレンダー

無料のアカウントで使用する Google カレンダーも多機能ですが、Google Workspace のカレンダーなら、さらに便利な機能が使えます。組織単位で利用し、**予定を社内で「共有」しておくことで、わざわざ予定を聞かなくても必要な相手との調整が即時可能**となります。今まで当たり前にやってきた会議の出欠連絡や議案書の配付なども、カレンダーから自分の机の上で完了するため、大きな時短につながります。

有償の Google Workspace では、建物(ビルディング)や会議室、プロジェクターなどの社内の設備・備品(リソース)をカレンダーに登録することができ、これらの**リソースの予約や予約状況の確認をユーザーのカレンダーで行うこともできる**ようになります。カレンダー への登録は、管理コンソールで、Google Workspace 管理者が実施します。

参照
Google カレンダー で組織内の施設や設備を予約できるようにするための設定(ビルディングとリソースの設定)の方法は、第5章200～205ページに記載。

また、**予約システムとして使える機能もあります。**カレンダー上に指定した時間枠内に他のユーザーが予約できる仕組みのことで、面談スケジュールや来客予定などの管理を効率化できます。

予約枠はGoogle Workspaceの管理者でなくても、ユーザーであれば誰でも設定可能です。予約が行われると、自動で、日時等が記載された「招待」のメールが届き、同時にカレンダーには予定として表示されるようになります。

以上、無料の個人アカウントとGoogle Workspace Business Starterとの違いを解説しました。Google Workspaceを導入することで、運用の負担が少なく、ワンランク上の安全性と生産性が向上する環境を手に入れることができます。

とはいえ、初めてチームで使ってみようという場合、まずは**無料で試したい**という方も多いでしょう。また、できることなら、**現在の環境をあまり変えずにGoogleのツールを活用してみたい**という方もいらっしゃると思います。そんなときにぴったりなエディションが**Google Workspace Essentials Starter**です。

会社のメールはそのまま、無料でGoogle Workspaceを使う

Googleドキュメントや Googleスプレッドシート などのアプリを、料金がかかることなくチーム全員で安全かつ快適に活用する方法があります。それが2022年2月に提供が開始された新しいエディション**「Google Workspace Essentials Starter」の導入**です。

▲(Google Workspace Essentials Starter のご紹介 https://workspace.google.com/intl/ja/essentials/)

Essentials Starterには、次の5つの特徴があります。

1. いま使っているビジネス用メールアドレスで利用を開始できる
2. いま使っているメールツールを継続して利用する前提のためGmailは利用不可
3. 1つのチーム アカウントに最大25のユーザーを登録できる
4. 1人あたり15GBのストレージが使える
5. 試用期間や制限時間はなく、**無料**で使える

なお、Essentials Starter も、チームの管理者が管理コンソールを利用できますが、有料の Google Workspace に比べると管理できる項目には限りがあります。

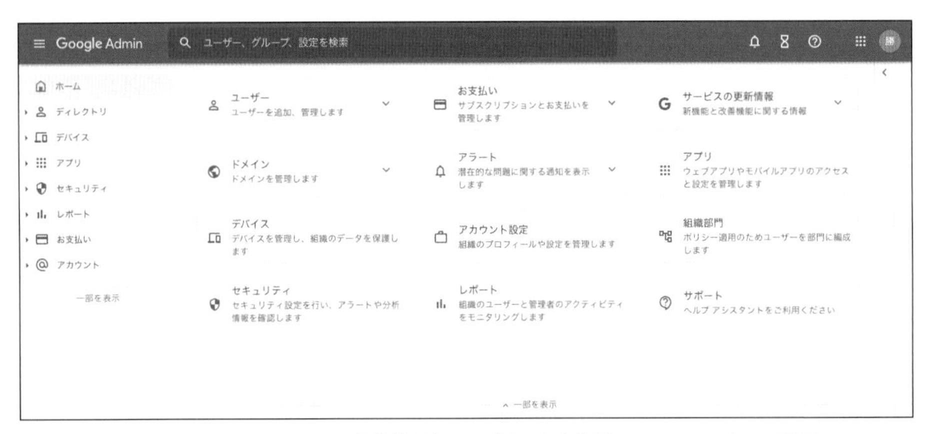

▲Google Workspace Essentials Starter の特権管理者でログインした管理コンソールのホーム画面

Essentials Starter の利用を開始すると、**これまでに作成した Microsoft Office の文書や PDF などのファイルについても、ファイル形式を変換することなく Google ドライブに保存できます。もちろん、共有、共同編集もできる**ようになります。さらに、アプリ同士がデータ連携するようになるため、切り替えの必要なく、スムーズに作業を続けることができます。

では、この Google Workspace Essentials Starter はどのような方に適しているのでしょうか?

このプランは、1つのチームアカウントに登録できるユーザー数が最大25人であることから、中小企業や、企業の同じ部署内などで、**費用をかけずに Google を活用した円滑なコラボレーションをスモールスタートする場合に最適**です。ムダなやり取りが減ったり、チーム内のコミュニケーションが活性化し業務がスピードアップするなどの目覚ましい結果が出た場合や、全社で導入したいという機運が高まった場合など、有料の上位プランへの移行もできるようになっているからです。

ただし、Google Workspace Essentials の上位プランにも Gmail は含まれていないため、Gmail を使用したい場合には、いったん解約して Business エディションを再度申込む必要があるため、注意が必要です。

また、**Google Analytics や Google 広告などの Web マーケティングツールの運用などにも向いています。**自社の Web サイトや広告を運用するのに、仕方なく「自分の名前@gmail.com」や「会社名@gmail.com」のアドレスを使っている方が多いですが、アカウントを仕事用と個人用に分けておくことが責任の所在やコンプライアンス上も本来は望ましいと考えられるからです。

以下に、無料の個人アカウント、Essentials Starter、有料の Google Workspace Business Starter の主な違いを以下の表にまとめました。

	個人アカウント (Gmail アカウント)	Google Workspace Essentials Starter	Google Workspace Business Starter
対象	個人向け／ プライベート利用	チーム(最大25人。ただし組織で登録できるチームの数に制限はない)	法人・団体向け／ ビジネス利用
料金	無料	無料	￥680／月(税抜)
メールアドレス	@gmail.com の Gmail	Gmail 以外	独自ドメインの Gmail
1ユーザーあたりのストレージ容量	15GB	15GB	30GB
サポート	—	—	日本語による24時間365日サポート。電話もOK。
サービス稼働保証(SLA)	—	99.90%	
管理コンソール	—	○	○
Google Meet(ビデオ会議)	会議の最長時間：60分間 参加者数の上限：100人参加可能		会議の最長時間：336時間 参加者の上限：100人

さらに上位のエディションになると、管理やセキュリティの機能が付加されるため、より安全に、より便利に組織での活用を加速させることができます。

第2節では、最大300ユーザーが利用できる Google Workspace Business エディションについて、それぞれの違いと、使える機能について解説します。

2 3つのBusiness エディションの違い

ポイント

- 便利な機能を使いたいなら Business Standard 以上
- ストレージ容量を気にせず使いたいなら Business Plus

有償の Google Workspace は、ユーザーや組織のニーズに合わせてエディションを選択できます。

ユーザー数でみると、大きく2つに分けられます。最大300ユーザーまで利用できる Business プランと、ユーザー数の制限なく利用できる Enterprise プランです。それぞれに3つずつのエディションが用意されています。

300ユーザーまで利用できる Business の場合、Business Starter、Business Standard、Business Plus の3つです。

最大300ユーザーまで	
Business Starter	ユーザーあたり30GBのストレージを備えたビジネス向け生産性向上ツールセット
Business Standard	ユーザーあたり2TBの共有ストレージを備えた拡張版の生産性向上ツールセット
Business Plus	ユーザーあたり5TBの共有ストレージを備えた高度な生産性向上ツールセット

参照
対象となるエディションの確認は147～148ページの比較表を参照。

上位のエディションでしか使えない機能もあります。それぞれのエディションについて詳しく違いを見ていきましょう。

共有ドライブ

「Google ドライブ」は、クラウド上にデータを安全に保存するファイル ストレージサービスです。ストレージとは、「データを長期間保管しておくための記憶装置」を意味します。Google ドライブには、自分専用のストレージである「**マイドライブ**」があり、通常はそこにファイルを保存します。Business Standard 以上のエディションでは「マイドライブ」に加えて、「**共有ドライブ**」が利用できます。共有ドライブは、チームの情報共有に大変便利な機能ですので、少し詳しく解説します。

参照
共有ドライブの作成方法、管理設定例は、131～136ページに記載。

共有ドライブは、**組織単位でファイルを管理することができるストレージ領域**のことです。ここでいう「組織」とは、部門やプロジェクト チーム等ユーザーが定義した「ユーザーのグループ」を指します。

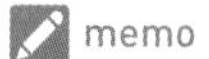

アカウントを削除する前であれば、ファイルとデータを別のオーナーに移管することは可能。

マイドライブ内のファイルは、アカウントを持つ個人がオーナー（所有者）となりますが、共有ドライブに追加されたファイルは、個人ではなく組織に所属します。退職などでファイルのオーナーだった個人が組織を去り、アカウントが消失すると、マイドライブに保存したファイルは自動で削除されてしまいます。しかし、共有ドライブ内に保存されたファイルはその影響を受けず、そのまま残すことができます。他のチームメンバーはファイルを引き続き使用することができ、ファイルの権限委譲の手間が一切かかりません。

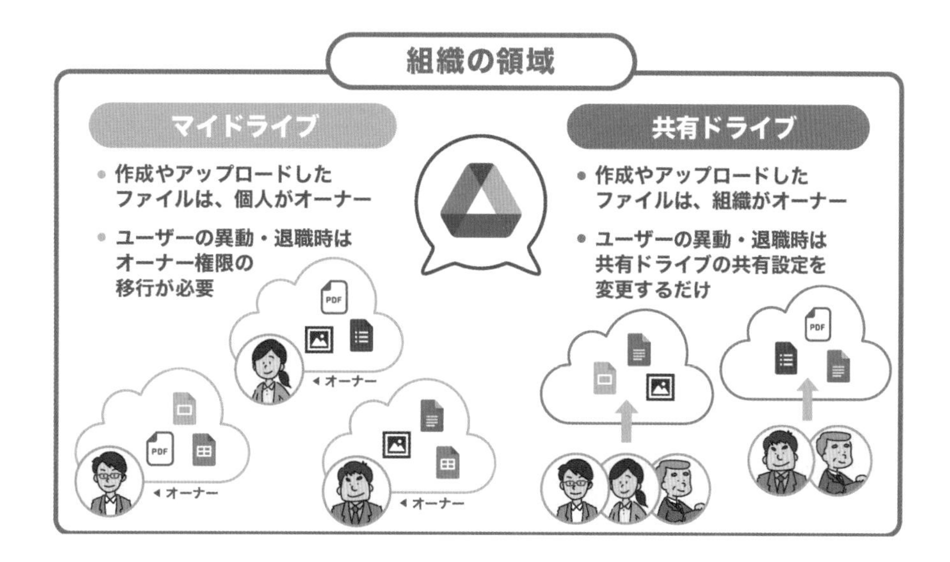

共有ドライブのユーザー権限は、管理者、コンテンツ管理者、投稿者、閲覧者（コメント可）、閲覧者の5つに分類されます。

権限	権限の説明
管理者	共有ドライブで最上位の権限。共有ドライブ上のファイル、メンバー、設定に対して操作できる。
コンテンツ管理者	ファイルを追加・編集・移動・削除できる。
投稿者	ファイルを追加・編集できる。
閲覧者（コメント可）	ファイルの閲覧、およびコメントができる。
閲覧者	ファイルの閲覧のみできる。

メンバーそれぞれの所属や業務範囲によって、権限を分けて設定することが推奨されます。

権限の設定はデータの機密性・完全性を保持する上で重要な要素となります。それぞれの権限でできることを理解したうえで、注意深く権限の付与を行いましょう。

次ページに、権限ごとにできることを表にまとめました。

タスク	管理者	コンテンツ管理者	投稿者	閲覧者(コメント可)	閲覧者
共有ドライブ、ファイル、フォルダを表示する	○	○	○	○	○
共有ドライブのファイルにコメントする	○	○	○	○	×
ファイルを編集する、編集を承認および拒否する	○	○	○	×	×
共有ドライブにファイルを作成してアップロードする、フォルダを作成する	○	○	○	×	×
共有ドライブ内の特定のファイルにユーザーまたはグループを追加する	○	○	○	×	×
共有ドライブ内の特定のフォルダにユーザーまたはグループを追加する	○	×	×	×	×
共有ドライブからマイドライブにファイルやフォルダを移動する	○	×	×	×	×
共有ドライブ内のファイルやフォルダを移動する	○	×	×	×	×
共有ドライブ間でファイルまたはフォルダを移動する	○	×	×	×	×
共有ドライブ内のファイルまたはフォルダをゴミ箱に移動する	○	○	×	×	×
ゴミ箱内のファイルとフォルダを完全に削除する	○	×	×	×	×
ゴミ箱からファイルまたはフォルダを復元する(30日以内)	○	○	○	×	×

なお、共有ドライブのメンバーになるにはGoogleアカウントが必要ですが、Googleアカウントを持っていないユーザーとファイルまたはフォルダを共有することはできます。

共有ドライブは、フォルダを作成する要領でいくつでも作成できます。共有ドライブに保存できるアイテム数は最大40万個です。メンバーとして特定の共有ドライブに追加されると、自動的にその共有ドライブ内に保存されたファイル類が共有され、全員に同じコンテンツが表示されます。個別のフォルダやファイルごとに毎回共有権限を設定する必要はなく、関係するメンバー全員へまとめて共有することができます。特定のプロジェクト チームの大多数もしくはすべてのメンバーがファイルを必要としている場合には、共有ドライブを使うことで、スムーズに情報を共有し、連携して作業ができます。また、ファイルサーバーの代わりとして部門やチームで使うファイルを安全に管理できます。

memo
「アイテム」とは、ファイル、フォルダ、ショートカットのこと。

共有ドライブには、組織外のユーザーを追加することもできます。社外のメンバーを追加する際には、共有ドライブ内のすべてのファイルを共有して問題ないか、しっかり確認してからにしましょう。

また、作成したりアップロードしたりして共有ドライブに追加されたファイルは、その共有ドライブのドメインに所有権が移管されることになります。他のドメインの共有ドライブに参加している場合、ご注意ください。

Google Cloud Search（クラウド サーチ）

memo
Google Cloud Search に対応するエディション：Business Standard、Business Plus、Enterprise、Education Plus

Google Cloud Search は、Google Workspace サービス内にあるファイルを横断的に検索する機能です。

「確認したいメールが見つからない」「クライアントとやりとりしたデータの保存場所がわからない」といった経験はありませんか？ そんなときに、Cloud Search を活用すれば、膨大な組織内のデータの中から、目的のファイルを簡単に見つけられるので、探しものをする時間とストレスを軽減することができます。

探し方は簡単です。[Google アプリ] アイコンをクリックし、[アプリランチャー] から Cloud Search を開きます。そして検索したいファイルに関するキーワードを入力し、エンターキーを押すだけです。

例えば、Cloud Search で「企画書」というキーワードを検索すると、「企画書」という単語を含む「Gmail のメール」や「Google カレンダー上の予定」「スプレッドシートのシート」などが一瞬で検索結果に表示されます。

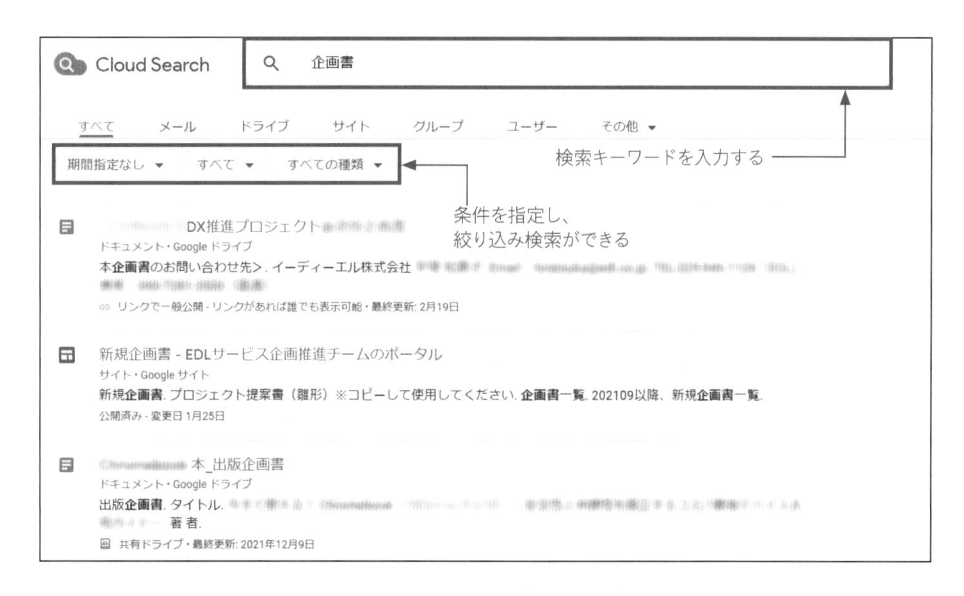

Google Cloud Search は、Gmail やドライブ、ドキュメント、スプレッドシート、スライド、カレンダー などに含まれるデータをひとまとめにして検索でき、さらには、「期間指定」や「ファイル種類」等で検索結果を絞り込むことが可能です。

なお、Cloud Search はグループのアクセス設定が更新されるとほぼ即時に対応するため、ユーザーの検索結果にはその時点でアクセス権のあるコンテンツのみが表示されます。検索結果は、変化する組織のセキュリティモデルを反映していることになります。安心ですね。

Google Meet の高度なビデオ会議機能

取引先や会議室に出向かなくても端末とインターネット環境があればできるビデオ会議は、コロナ禍のリモートワークでまたたく間に浸透しました。しかし、対面が制限された環境下だからビデオ会議をしているという企業が多いのも事実です。移動時間とコストを削減でき、場所にとらわれずに開催できるといった便利さを感じつつも、「従来の対面での会議のほうが、参加者の雰囲気がつかみやすく、意思決定しやすかった」と思っていませんか？ 対面かビデオ会議かの二者択一ではなく、目的や場面に応じた使い分けができるようになっておくといいでしょう。

Google Meet には、Google Workspace の上位エディションで利用できるようになる便利な機能がたくさんあります。ここでは、録画、ブレイクアウト ルーム、アンケート、Q&A、出席状況レポート、挙手、ノイズキャンセルの7つの機能についてご紹介します。

	Essentials Starter/ Business Starter	Business Standard	Business Plus
会議の録画とドライブへの保存	―	○	○
ブレイクアウト ルーム	―	○	○
アンケート	―	○	○
Q&A	―	○	○
出席状況の確認	―	―	○
挙手	―	○	○
ノイズ キャンセル	―	○	○

録画

会議の終了後に、内容を振り返りたい、というときや、出席できなかった会議の内容を議事録だけではなく、細かな経緯等についても確認したい。そんなときに便利なのが**「録画」**機能です。

Google Workspace の上位エディションのユーザーが Google Meet で開催した会議は、数クリックするだけで録画できます。録画データは Google ドライブに自動保存され、カレンダーの予定にデータへのリンクが自動追記されます。録画データは会議に招待したゲストに自動的に共有もされ、欠席者への連絡も不要です。会議の主催者は後日ドライブで他に必要な相手に共有を追加したり、反対に共有を解除することも可能です。

▲カレンダーの予定

会議の主催者または主催者と同じ組織に属するユーザーであれば、会議の録画を開始できます。誰が録画を開始してもデータの保存先は、主催者の［マイドライブ］になります。

memo
録画が自動で共有されるのは、同じドメイン内の参加者のみ。

memo
Google Meet を録画した場合、チャットは会議の主催者の Google ドライブに .SBV ファイルとして保存される。

Google Meet は、ビデオ会議のツールですが、録画機能は会議以外でも便利に活用できます。例えば、新入社員研修や、プレゼンテーション、講演会などの内容を事前に Google Meet で録画し、必要なメンバーに共有することで、オンデマンド で利用することが可能です。画面共有している資料や、操作の様子も録画として残せますので、動画マニュアルとしても使えます。専用のアプリを別途購入しなくても、Google Meet で手軽に動画コンテンツを作成できます。 なお、録画機能をオンにしている間に Google Meet のチャットでやり取りされた記録は、会議終了後、Google ドキュメントの形で保存され、メールで通知されます。自動でカレンダーの予定にファイルへのリンクが追加され、予定を招待された全員に共有されます。

ブレイクアウト ルーム

会議や研修の場で、少人数のグループに分かれて話し合ったほうが効果的だと感じる場面があります。そんなときは**「ブレイクアウト ルーム」**機能を活用しましょう。

［ブレイクアウト ルームを設定］は会議の主催者のみが行えます。またパソコンでのみ設定可能です。

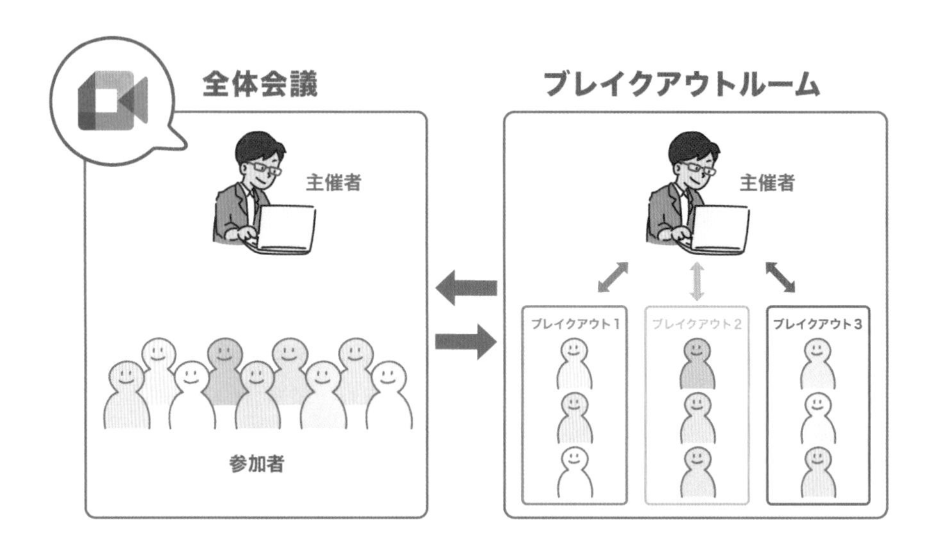

memo

[タイマー]をクリックし、[指定した時間が経過するとブレイクアウトセッションを終了する]にチェックを入れ、時間を指定すれば、ブレイクアウト セッションの終了時間を設定できる。

[会議室]で作成できるブレイクアウト セッションは、1つのビデオ会議で最大100個。

会議の参加者は、ブレイクアウト ルームに自動的に振り分けられますが、テーマごとに割り振る場合などは、会議の主催者が手動で参加者を別のルームに移動させることも可能です。

参加者をランダムに入れ替える[シャッフル]や、すべての参加者をメインの会議に戻す[クリア]といった機能もあります。少人数のグループに分かれて活発な意見交換を行った後、メインの会議で意見をまとめるなど、会議に合わせて活用すれば、より有意義な会議になるでしょう。

会議が始まってからブレイクアウト ルームを作成することも可能ですし、事前に設定しておくこともできます。会議中に作成する場合は、Google Meetの画面右下にある[アクティビティ]から[ブレイクアウト ルーム]を選択します。事前に作成しておく場合は、Google カレンダーの予定から設定します。

参照

ブレイクアウト セッションの利用については下記のWebサイトも参照。
“Google Meet でブレイクアウト セッションを使用する”
https://support.google.com/meet/answer/10099500?hl=ja

なおモバイル端末からの参加者は、主催者がその参加者を有効にすれば、ブレイクアウト セッションに参加することができます。なお、ブレイクアウト セッションの録画やライブ配信はできません。

アンケート

多数の参加者がいる会議やオンライン セミナー で、全体の意見を聞いてみたいと思うことはありませんか？ 対面の場合、手を挙げてもらって数を数えるところですが、Google Meet の「**アンケート**」機能を使用すれば、会議の主催者がアンケートを作成して、ビデオ会議中に参加者に投票してもらうことができます。すばやく自動集計されますので、おおまかな意見を収集したいときにはとても便利な機能です。

Google Meet 画面の右下部にある[アクティビティ]から、選択式のアンケートを作成できます。 アンケートは、ビデオ会議の間、[アンケート]の欄に表示されます。会議が終了すると、すべてのアンケートが削除されますが、会議の主催者は参加者の名前と回答が記載されたアンケート結果を会議終了後にメールで受け取ることができるので、会議終了後もその内容を確認できます。

Q&A

memo
Q&Aの機能を使って会議の参加者が質問できるようにするには、会議の管理者がQ&A機能を有効にしておく必要がある。

「**Q&A**」の機能を使用すれば、会議や重要なプレゼンテーションの流れを中断することなく、質問を会議中のメンバーに送信することができます。

Google Meet の画面下部にある[アクティビティ]アイコン-[Q&A]-をクリックし、[質問を許可]をオンにすれば準備はOKです。投稿された質問は、削除するまで会議の参加者全員に表示されます。いいね！のアイコンをクリックし、質問に賛成票を投じることもできるので、同じ意見、同じ質問の参加者が多い場合も一目瞭然です。

問題のある質問が投稿された場合、会議の主催者は質問を削除したり、非表示にすることも可能です。ただし、この操作はパソコンの画面でのみ可能で、モバイル端末を利用しているときには実施できません。

質問に対する返答は、会議中に口頭で質問に答えるか、Google Meet のチャットで回答し、非対面であってもよりインタラクティブなコミュニケーションを目指しましょう。

会議が終了すると送信された質問のリストが自動でエクスポートされ、会議の主催者はメールで受け取れるようになっており、未回答の質問をあとでフォローアップするのも容易です。

出席状況を確認

参加者が5人以上の会議については、会議終了後に出席状況の確認レポートが、会議の主催者に自動で届きます。

レポートは Google スプレッドシートに以下の内容が記載されてメールで届きます。

- 参加者の名前
- 参加者のメールアドレス
- 参加者が会議に参加していた時間の長さ（最初に参加した日時と退出した日時のタイプスタンプを含む）

同じ会議で一人のユーザーが参加と退出を繰り返した場合、複数のタイムスタンプが記録されるのではなく、会議に参加していた時間の合計が記録されます。便利ですね。

定期的に繰り返すように設定されている会議、または同じ会議コードを使用する会議でこれらの設定をオフにすることができます。その場合、設定は次回の会議にも適用されます。

挙手

Google Meetでは、「**挙手**」をして、発言したいという意思を主催者に知らせることができます。

「挙手」は、Google Meetの画面下部にある［挙手する］をクリックして表示させます。**会議中に発言をしたい場合は、「挙手」で意思表示する、というルールを周知**しておけば、発言するタイミングを逃して、意見を言えなかった…ということはなくなります。

ノイズ キャンセル

会議中に周囲の雑音が入ると、会議に集中できず、伝えたいことが伝わりませんね。そのビデオ通話の邪魔にならないように、周囲の雑音（タイピング音、ドアを閉める音、近くの建設現場の音など）を除去することができるのが、「**ノイズ キャンセル**」機能です。Googleのクラウドベースの人工知能（AI）を活用した音声認識技術により、高い認識率でバックグラウンドノイズを除去します。

承認機能の管理

memo
承認機能に対応するエディション：Business Standard、Business Plus、Enterprise、Education Plus

リモートワークの機会が増え、脱ハンコが推進されています。上長に稟議や契約の書類を直接渡し、印鑑をもらうという従来の承認フローを負担なく新しい方法に変えたいという方に朗報です。

Googleドキュメント、スプレッドシート、スライドには、「承認機能」が追加できます。この機能を使用してリクエストを受けた承認者は、ドキュメントの承認、却下、コメント追加、編集を行えます。

ユーザーが承認を得るためにドキュメントを送信すると、リクエストに関するメールやドライブの通知が承認者に届きます。あらかじめ期限を設定しておけば、承認が必要であることや承認期限が過ぎていることを知らせるリマインダー メールが自動で送られます。

承認者全員が承認すると、ドキュメントがロックされて、変更することができなくなるので、完全性を担保することができます。

具体的な承認機能を活用する手順を紹介します。

手順1.（申請者） 管該当ドキュメントを開き［ファイル］（❶）-［承認］をクリックします（❷）。

手順2.（申請者） 画面右側に「承認のリクエスト」と表示されるので［リクエストを送信］をクリックします。

手順3.（申請者） 承認を行うユーザー全員のメールアドレスを入力し（❶）、必要に応じて、

- 承認期限
- 承認者にこのファイルの編集を許可する/しない
- 承認リクエストを送信する前にファイルをロックする/しない

の設定を行って（❷）、［リクエストを送信］をクリックします（❸）。

手順4.（承認者） 申請者がリクエストを送信すると承認側のユーザーにメールが届くので、「開く」をクリックします。

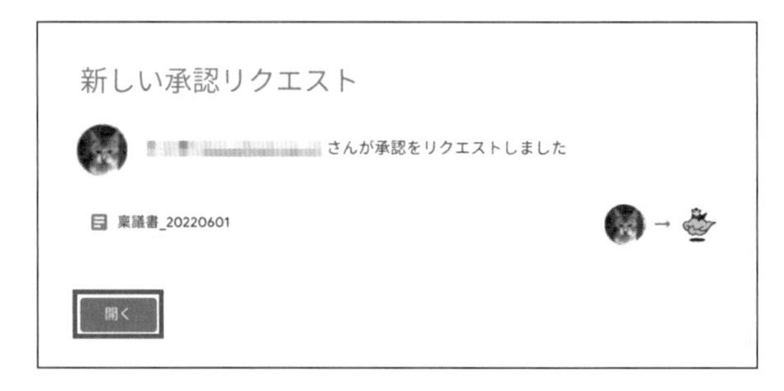

手順5.（承認者）内容を確認して画面右上の［承認］または［拒否］ボタンをクリックします。この際にメッセージを送ることもできます。

承認者が変更を加えると、すべての承認担当者に対してファイルを再承認するように通知されます。

承認者全員がファイルを承認すると、ファイルがロックされていることを示すメッセージが表示され、ファイルは承認済みとなるためそれ以上編集することはできなくなります。

ストレージ容量

Google Workspace のオンライン ストレージである「Google ドライブ」に保存できるデータ量は、Google Workspace のエディションごとに上限があります。多くのデータを保存しておきたい場合には、ドライブ容量が大きいエディションを契約すると、ストレスなく Google Workspace を活用できます。

	Business Starter	Business Standard	Business Plus
ストレージ容量 （ユーザーあたり）	30 GB	2TB（プール） ※4人以下の場合は1TB	5TB（プール） ※4人以下の場合は1TB

Business Standard と Business Plus は、ドライブを所有する組織全体でアップロードできる容量の上限が決まる「プール」という方式をとっています。

例えば、Business Standard の場合、新しいユーザーごとに2TB のストレージがプールに追加されます。100ユーザーであれば、200TB（＝2TB × 100ユーザー）のストレージ プールが割り当てられ、組織全体で使えます。ユーザーによって、ドライブの利用量に差がある会社にとっては、社内で無駄なくドライブ容量を利用できるはずです。

仕事をしていると、書類データ、自社の商品やサ－ビスのデータ、顧客・取引先などのデータなど、さまざまなデータを扱い、使うほどに「情報資産」が蓄積されていきますね。容量が足りなくなって保存できない、保存・共有するのを控えるといったことになれば、仕事が円滑に進まない原因にもなりかねません。保存容量は、Google ドライブ、Gmail、Google フォトで共有されるので、保存容量の上限に達した場合はメールの送受信もできなくなります。

お使いのエディションで容量不足を感じた場合には、エディションのアップグレードを検討しましょう。

〖組織で使用している保存容量を確認する方法〗

ユーザー個人が Google ドライブで使用している保存容量は、Google ドライブを開いたときに左側のメニューバーの下にある表示される「ドライブの容量」で確認ができますが、ストレージ プールを使用していると、組織全体としてどれくらい保存容量があるのか分からなくなってきます。管理者は管理コンソールから、組織全体もしくはユーザーごとの容量を確認することができます。

組織全体の保存容量の使用量については、管理コンソールのサイドメニューの［レポート］－［レポート］－［アプリレポート］－［アカウント］をクリックし、「合計使用容量」で確認できます。

memo

https://one.google.com/storage にアクセスすることで、ドライブ・メール・フォトそれぞれの使用状況・残りのストレージ容量が確認できる。

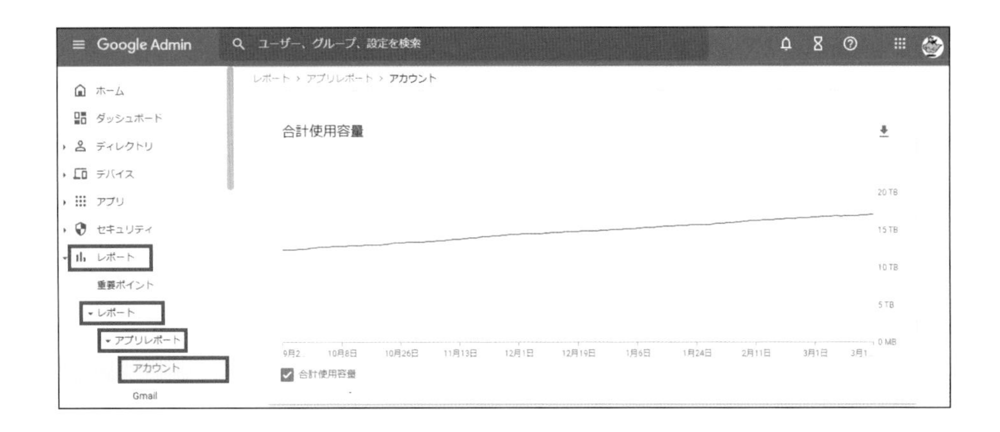

Business Plus は、この節で紹介した各種機能に加えて、エンドポイント管理やデバイス管理の記録など、セキュリティを強化するための機能が多く含まれています。さらに、情報ガバナンス（ユーザー操作に依存しない組織内データの保持・削除）と電子情報開示（必要とするデータの検索、記録保持、書き出し）のためのツールである「Google Vault」も利用できます。

参照
Google Vault の詳細については、第5章217ページに掲載。

以上、みてきたように特定のエディションのみで提供されている機能も多くあります。利用人数、ストレージ容量、Google Meet の機能、セキュリティなど、自社に必要な機能をあらかじめ明らかにし、組織のニーズにマッチした最適なエディションを選択しましょう。

3 Google Workspace管理者が実施すべきセキュリティ設定

ポイント
- 拡張機能やアプリ、共有ドライブの制御で利便性と安全性を両立
- 2段階認証プロセスなどでセキュリティを強化

ここまで、有償エディションを選択すると追加される高度な機能など、Businessエディションについて概観してきました。本節では、エディションに関わりなくGoogle Workspace管理者が実施することの多い以下の4つのセキュリティ対策の設定方法について紹介します。

- 組織内のユーザーが勝手にChromeブラウザやChromebookに拡張機能やアプリをインストールできないよう制御したい
- ファイルサーバーのように、ネットワーク上でファイルを共有するために共有ドライブを安全に使える設定を知りたい
- サイバー犯罪から身を守るため、組織内のユーザー各自が実施できるセキュリティ強化策を実施したい
- ランサムウェアはたった一通のメールから感染することが多いが、メールのセキュリティをもっと強化したい

それでは、1つずつ解説していきましょう。

拡張機能の追加・アプリのインストールを制御する

管理コンソールで、管理対象のChromeブラウザやChromebookにユーザーがインストールする拡張機能やアプリを制御できます。運用しながら許容範囲を見直しつつ、利便性を高めていきましょう。「組織内のユーザーがインストールできる拡張機能やアプリを制限する」方法は以下のとおりです。

手順1. 管理コンソールのホーム画面サイドメニューの［デバイス］（❶）-［Chrome］（❷）-［アプリと拡張機能］（❸）-［ユーザーとブラウザ］をクリックします（❹）。最上位の組織部門を選択し（❺）、［追加の設定］をクリックします（❻）。

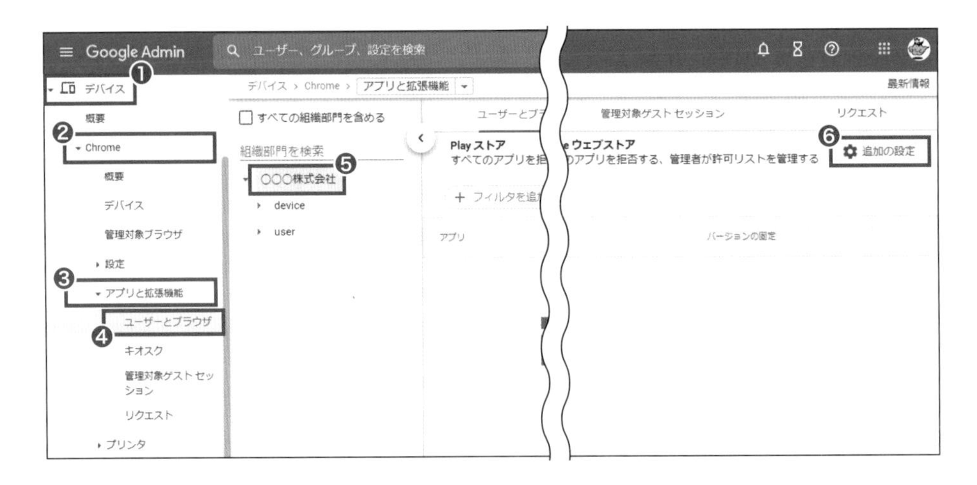

手順2.［許可／ブロックモード］の［編集］をクリックします。

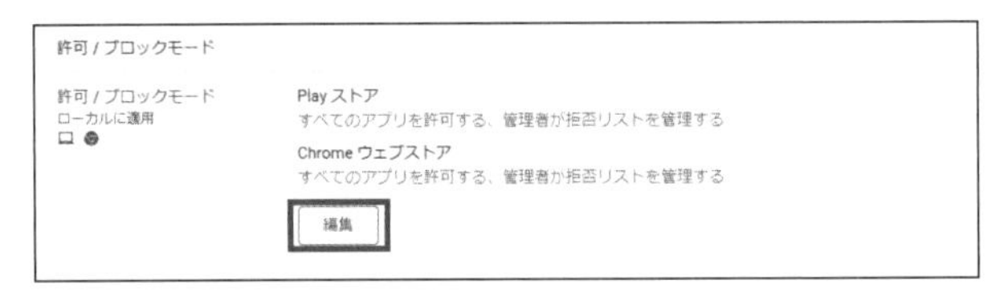

手順3.［Play ストア］の▼をクリックし、次のいずれかを選択します。

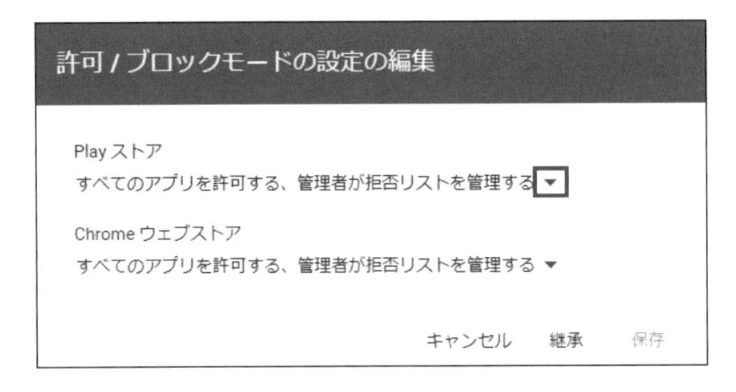

- ［**すべてのアプリを許可する、管理者が拒否リストを管理する**］- ユーザーは、すべてのアプリ（管理者がブロックしたアプリは除く）を managed Google Play からインストールできます。
- ［**すべてのアプリを拒否する、管理者が許可リストを管理する**］- ユーザーは管理者が許可したアプリのみを managed Google Play からインストールできます。

ここでの選択は、［**すべてのアプリを拒否する、管理者が許可リストを管理する**］をおすすめします。

Play ストア
すべてのアプリを許可する、管理者が拒否リストを管理する
すべてのアプリを拒否する、管理者が許可リストを管理する

memo

Chrome ウェブストアでは、Google Chrome ブラウザ向けのアプリ、拡張機能、ブラウザのテーマが提供されている。

手順4. [Chrome ウェブストア] の▼をクリックし、次のいずれかを選択します。

- [**すべてのアプリを許可する、管理者が拒否リストを管理する**] - ユーザーは、管理者がブロックしたアプリと拡張機能を除くすべてのアプリと拡張機能を Chrome ウェブストアからインストールできます。
- [**すべてのアプリを拒否する、管理者が許可リストを管理する**] - ユーザーは、管理者が許可したアプリと拡張機能のみ Chrome ウェブストアからインストールできます。
- [**すべてのアプリを拒否する、管理者が許可リストを管理する、ユーザーは拡張機能をリクエストできる**] - ユーザーが Chrome ウェブストアからインストールできるのは、管理者が許可したアプリと拡張機能のみですが、必要な拡張機能をリクエストすることも可能です。管理者はユーザーがリクエストした拡張機能を許可、ブロック、自動インストールできます。

ここでの選択は、[**すべてのアプリを拒否する、管理者が許可リストを管理する**] をおすすめします。

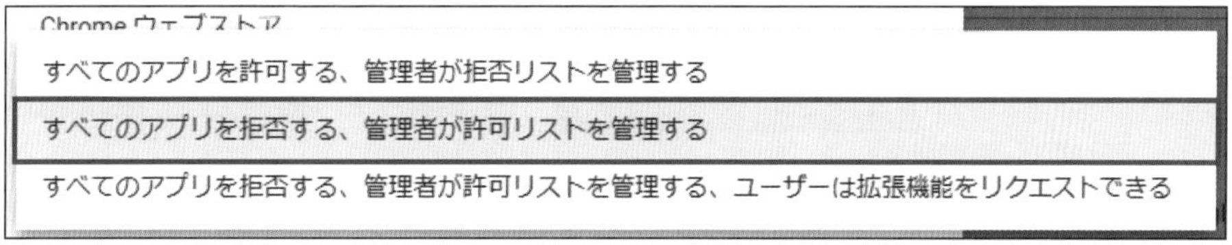

Chrome ウェブストア
すべてのアプリを許可する、管理者が拒否リストを管理する
すべてのアプリを拒否する、管理者が許可リストを管理する
すべてのアプリを拒否する、管理者が許可リストを管理する、ユーザーは拡張機能をリクエストできる

手順5. [保存] をクリックします。

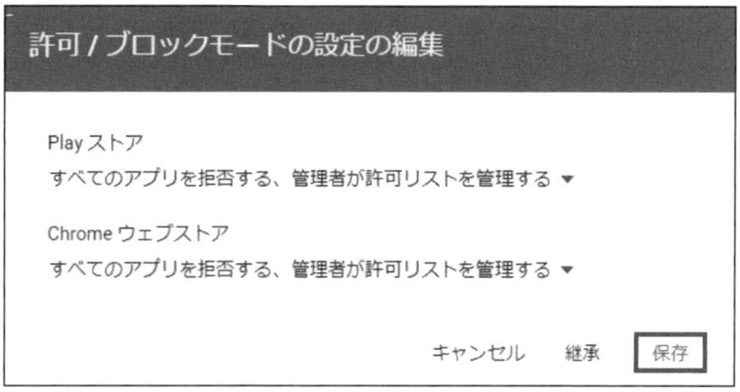

許可 / ブロックモードの設定の編集
Play ストア
すべてのアプリを拒否する、管理者が許可リストを管理する ▼
Chrome ウェブストア
すべてのアプリを拒否する、管理者が許可リストを管理する ▼
キャンセル 継承 保存

参照

Chrome ブラウザにパスワード アラートを追加することにより、Google 以外のサイトへのログインに Google パスワードを使用すると自動的に警告が表示されるようになる。より詳しい解説が必要な方は、[Google アカウントヘルプ] の「パスワード アラートでフィッシングを防止する」を参照のこと。https://support.google.com/accounts/answer/6206323?hl=ja

〖許可リストに追加〗

フィッシング攻撃を防ぐのに役立つ拡張機能「パスワード アラート」を追加してみましょう。

手順1. Google 管理コンソールのホーム画面サイドメニューの [デバイス] (❶) - [Chrome] (❷) - [アプリと拡張機能] (❸) - [ユーザーとブラウザ] をクリックします (❹)。画面右下の 追加アイコン の上にマウスを移動し (❺)、[Chrome ウェブストアから追加] をクリックします (❻)。

第3章 企業などの組織で実施する情報セキュリティ

手順2.「パスワードアラート」で検索し(❶)、検索結果の中から、[パスワード アラート]をクリックし表示された画面で[選択]をクリックします(❷)。

[パスワードアラート]がリストに追加されます。

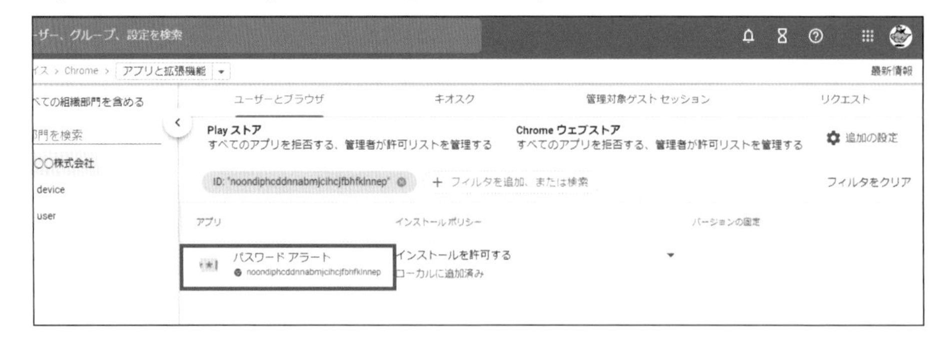

デフォルトではインストールポリシーは[インストールを許可する]になっています。組織の全ユーザーに対してインストールするには、最上位組織を選択し(❶)、インストールポリシーの▼をクリックし(❷)、[自動インストール]を選択して(❸)、画面右上の[保存]をクリックします(❹)。

 参照
Andoroid アプリの許可リストへの追加については第4章167ページを参照。

ファイルサーバー代わりにより安全性と利便性の高い「共有ドライブ」を活用する

参照
第3章114ページ参照。

共有ドライブを使用すれば個別のフォルダやファイルごとに共有権限を設定する必要はなく、関係するメンバー全員へまとめて共有することができ、ファイルサーバーの代わりとして部門やチームで使うファイルを安全に管理できます。

共有ドライブの作成

共有ドライブの作成を許可されているユーザーは次の手順で共有ドライブを作成し、メンバーを追加できます。

手順1. アプリランチャーから[ドライブ]を開き、サイドメニューの[共有ドライブ]を右クリックし(❶)、[新しい共有ドライブ]をクリックします(❷)。

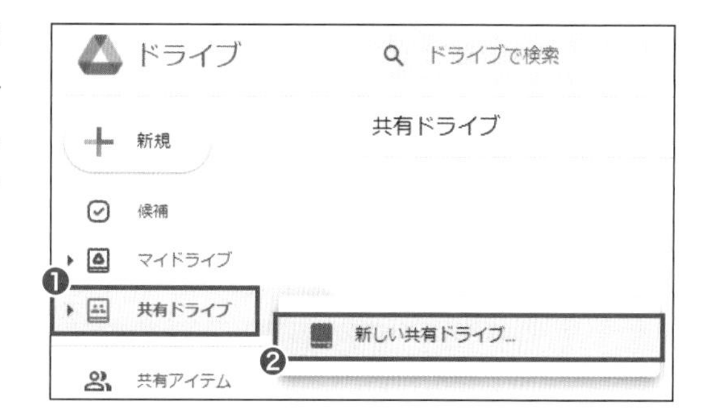

手順2. 共有ドライブ名を入力し(❶)、[作成]をクリックします(❷)。

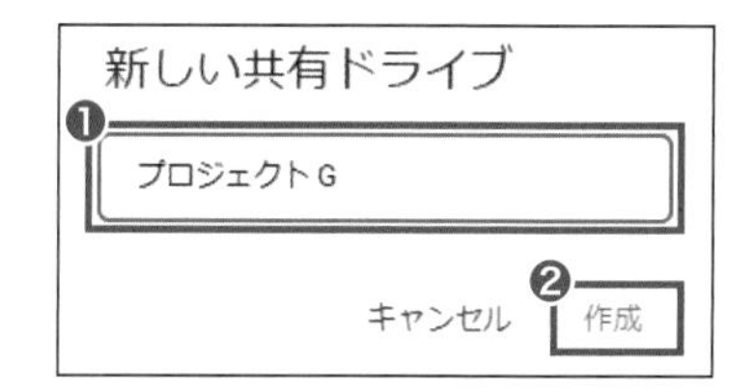

手順3. [メンバーを管理]をクリックし(❶)、追加するメンバーのメールアドレスやグループのメールアドレスを入力します(❷)。権限を選択し(❸)、[完了]をクリックします(❹)。

権限は管理者、コンテンツ管理者、投稿者、閲覧者(コメント可)、閲覧者の5つです。

なお、共有ドライブを作成したユーザーには「管理者」の権限が付与されます。

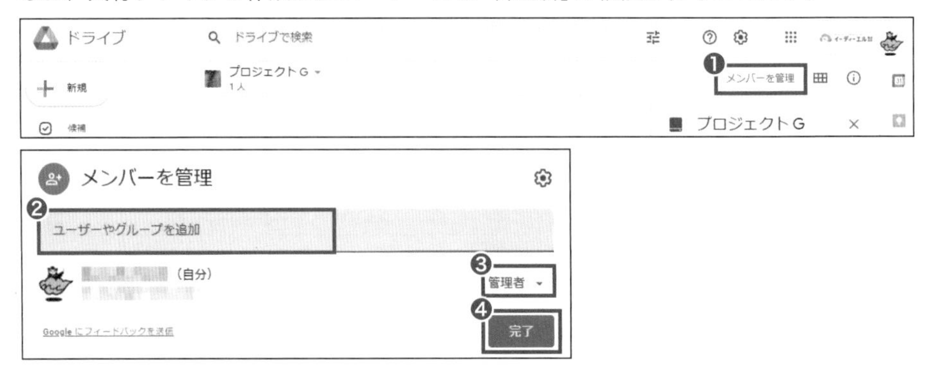

Google Workspace の管理者が共有ドライブの利用設定を制御するには

共有ドライブはデフォルトではすべてのユーザーが作成できる設定になっています。このままだと、仮にシステム担当者が共有ドライブの設定をまとめて行なったとしても、それぞれの共有ドライブを作成したユーザーによって設定を自由に書き換えられる可能性があります。こうした個別の設定変更を防ぎ、組織全体の運用ルールを適用するために管理コンソールを活用します。Google Workspace 管理者は、特定の組織部門に対してのみ共有ドライブの新規作成を無効にしたり、共有ドライブの管理者の機能を制限したりできます。

〖ユーザーに共有ドライブの作成を 許可する/許可しない の設定〗

ユーザーが新しい共有ドライブを作成できないようにするためには以下の設定を行います。

手順1. Google 管理コンソールのホーム画面サイドメニューの［アプリ］（❶）-［Google Workspace］（❷）-［ドライブとドキュメント］をクリックし（❸）、［共有設定］をクリックします（❹）。

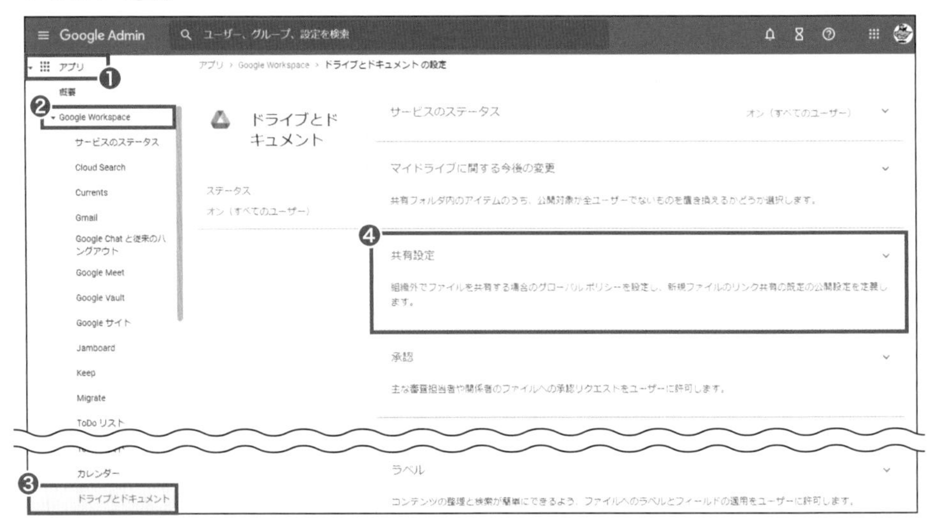

手順2. 組織部門を選択し（❶）、［共有ドライブの作成］をクリックし（❷）、オプション［［組織名］のユーザーが新しい共有ドライブを作成できないようにする］のチェックボックスをオンにし（❸）、［保存］または［オーバーライド］をクリックします（❹）。

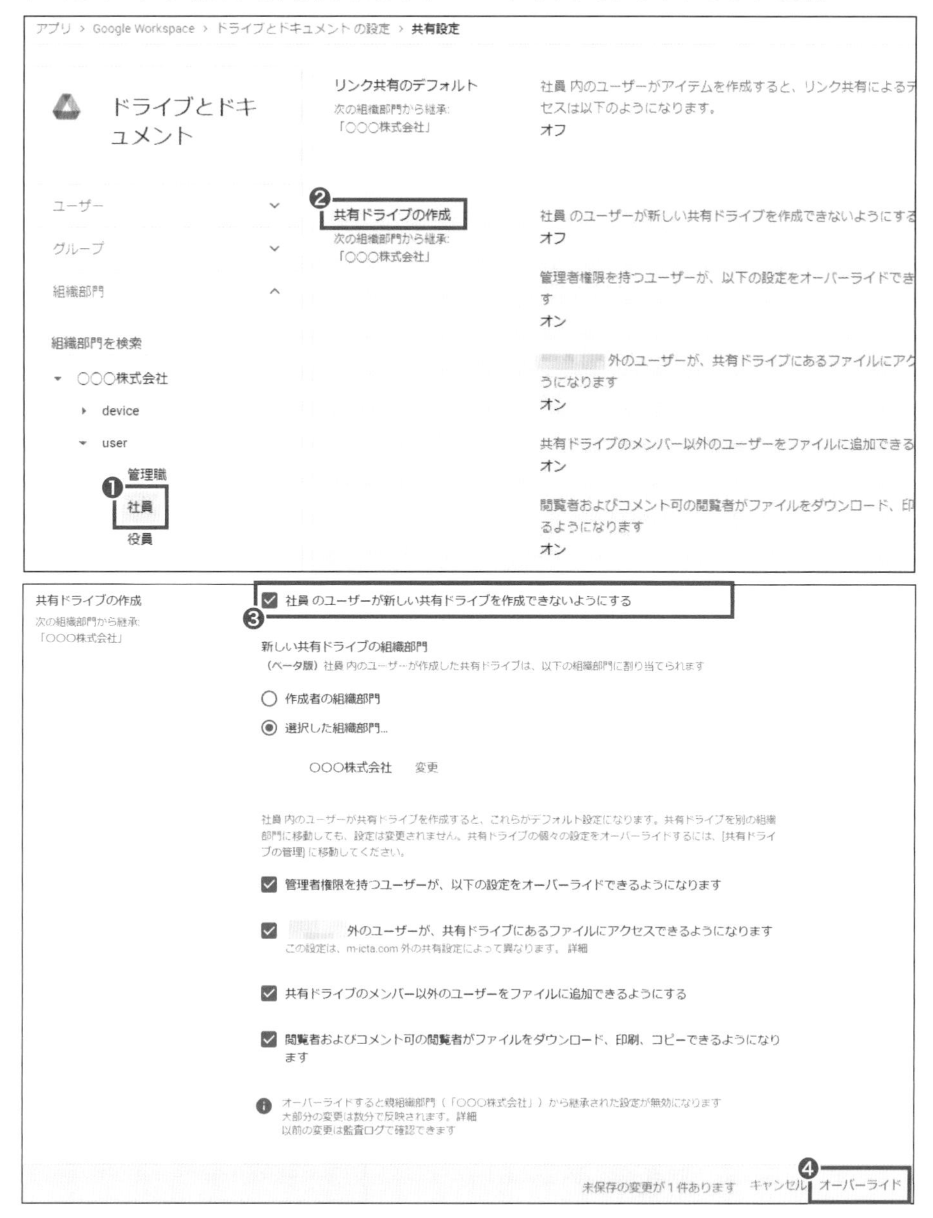

〖共有ドライブの管理者の共有ドライブそのものへの設定変更を制限する〗

上記の【手順2】で、［共有ドライブの作成］のオプション［管理者権限を持つユーザーが、以下の設定をオーバーライドできるようになります］のチェックボックスをオフにして［オーバーライド］をクリックして設定を適用すると、Google Workspace の管理者のみがこの組織部門の共有ドライブの設定変更を行えるようになります。

□ 管理者権限を持つユーザーが、以下の設定をオーバーライドできるようになります

また、以下の手順で既に作成された個々の共有ドライブに対して設定を変更することで、Google Workspace の管理者のみがその共有ドライブの設定を変更することができるようになります。

手順1. Google 管理コンソールのホーム画面サイドメニューの[アプリ]-[Google Workspace]-[ドライブとドキュメント]をクリックし、[共有ドライブの管理]をクリックします。

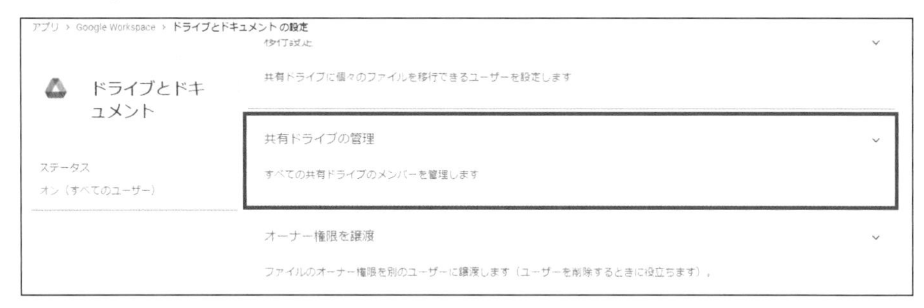

手順2. 変更したい共有ドライブにマウスオーバーし、[設定]をクリックします。

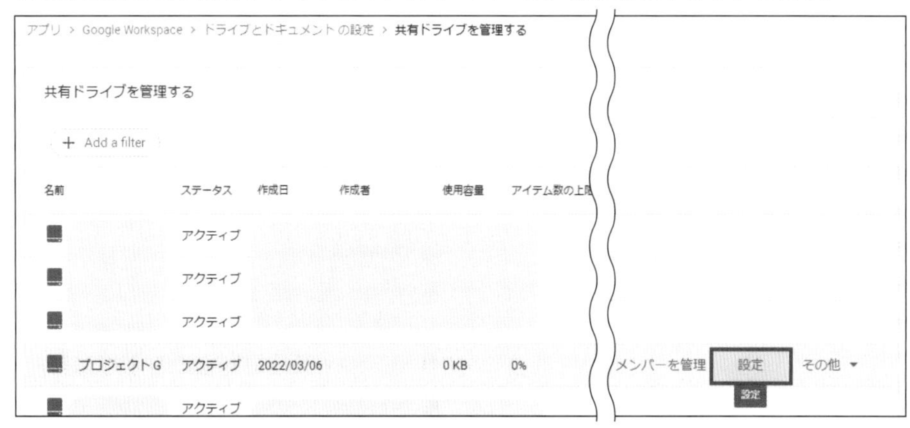

手順3. [管理者が共有ドライブの設定を変更できるようにする]のチェックを外し(❶)、[完了]をクリックします(❷)。

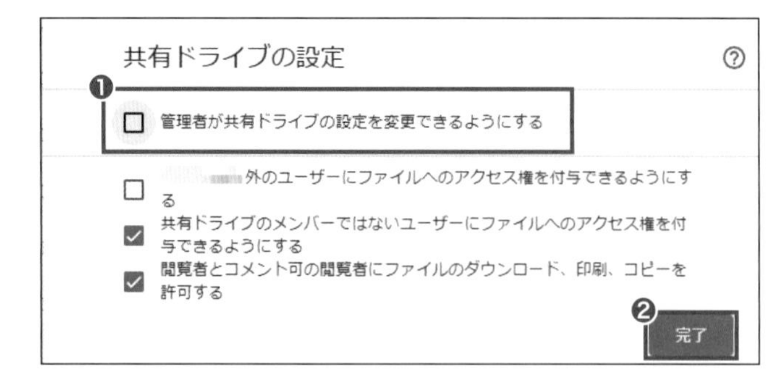

〖運用例〗

「情報漏洩のリスクを低減するために社外とのファイルの共有は必要最低限にしたい」
というリクエストがありました。Google Workspace 管理者であるあなたならどう対処しますか？　Google ドライブの社外共有は原則禁止にし、認められた一部の共有ドライブのみで社外共有を許可するということが可能です。

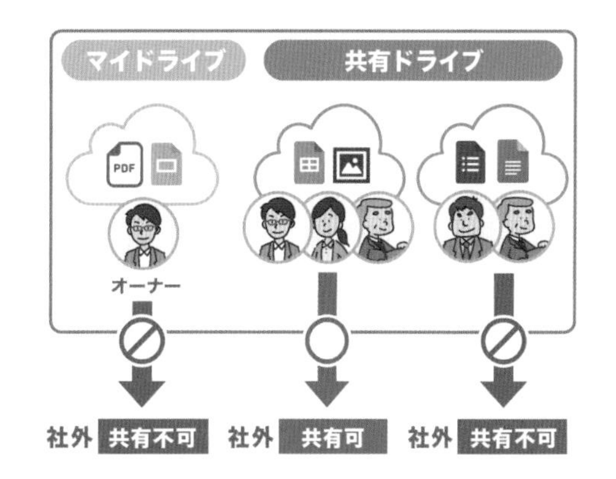

共有ドライブの制御と Google ドライブの制御を組み合わせて次の手順で対処できます。前提条件として最上位の組織部門に属するユーザーはいない状態、すなわち全てのユーザーが下位組織に所属している状態にします。

手順1. 最上位の組織部門に対して外部との共有をオンにする

管理コンソールのホーム画面サイドメニューの［アプリ］-［Google Workspace］-［ドライブとドキュメント］にアクセスします。［共有設定］（❶）-［共有オプション］で［オン］を選択し（❷）、［保存］をクリックします（❸）。

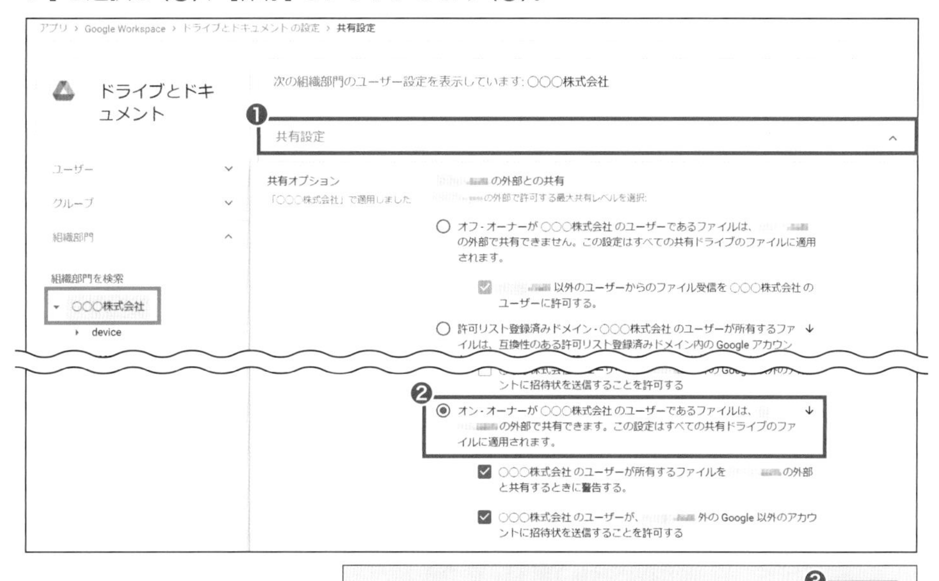

共有ドライブの外部共有の設定は最上位組織に適用されるので、この設定で**共有ドライブは外部との共有が可能**となります。

手順2. ユーザーが属するすべての組織に対して外部との共有をオフにする

手順1と同様に共有設定を開き、ユーザーが属する組織部門[user]を選択し(❶)、[共有オプション]で[オフ]を選択し(❷)、[オーバーライド]をクリックします(❸)。

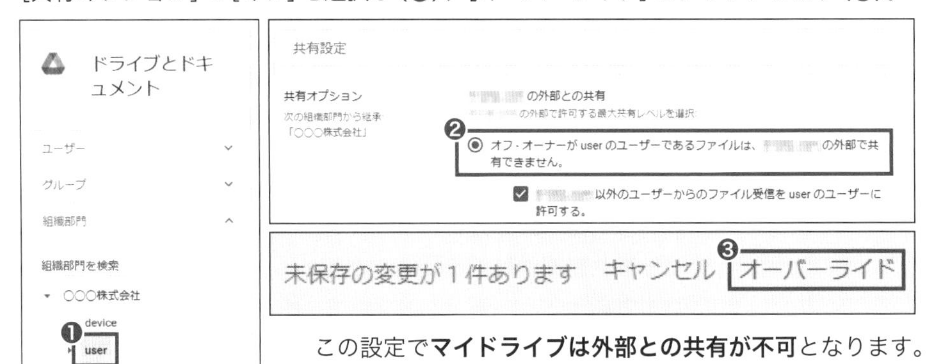

この設定で**マイドライブは外部との共有が不可**となります。

手順3. 外部との共有を許可したくない共有ドライブに対して共有ドライブ個別の設定から外部共有を不可とする

管理コンソールのホーム画面サイドメニューの[アプリ]-[Google Workspace]-[ドライブとドキュメント]から[共有ドライブの管理]をクリックします。変更したい共有ドライブの[設定]から(❶)、[[ドメイン]外のユーザーにファイルへのアクセス権を付加できるようにする]のチェックを外し(❷)、[完了]をクリックします(❸)。

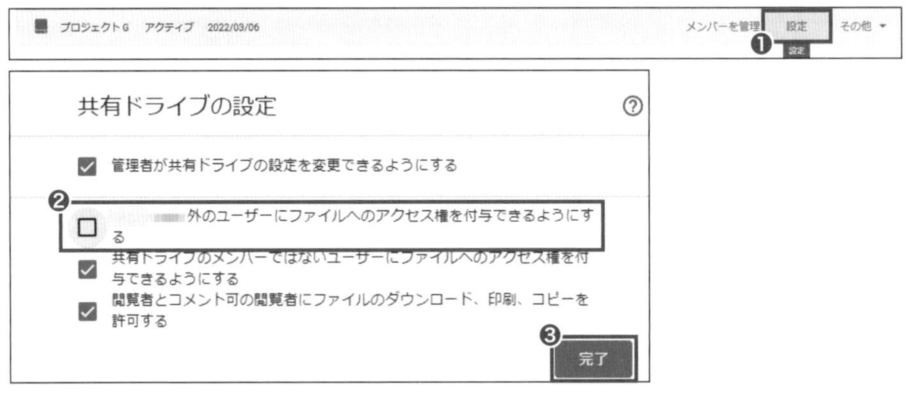

この設定で**特定の共有ドライブのみ外部との共有が可能**となります。

「2段階認証プロセス」を導入してセキュリティを確実に強化する

ご自身や身近な人がSNSなどのアカウント乗っ取りの被害に遭ったという方もいらっしゃるのではないでしょうか。乗っ取られるアカウントが組織から業務のために付与されたGoogle アカウントになると、受けるダメージは桁違いです。そこで、組織のメンバーにセキュリティ対策を徹底する方法はないものでしょうか？

> memo
> Google アカウントは2021年10月から2段階認証を標準化している。1億5000万件以上で2段階認証プロセスを有効化された結果、対象ユーザーにおいてアカウントの乗っ取り被害が約5割減少した。
> https://blog.google/technology/safety-security/reducing-account-hijacking/

2段階認証プロセスを利用すれば、ユーザー名とパスワードを盗んでビジネスデータにアクセスしようとするサイバー攻撃からの防御を強化できます。

2段階認証プロセスの概要

2段階認証プロセスは、悪意のある第三者にユーザー名とパスワードを盗まれた場合に備えてセキュリティを一段階強化するものです。

2段階認証プロセスを適用するとユーザーのアカウントへのログインは

1つ目の確認手順：ユーザーが知っていること（パスワード）

と

2つ目の確認手順：ユーザーが持っているもの（物理的なキー、スマートフォンに届いたアクセスコードなど）

を使って2段階で行うことになります。

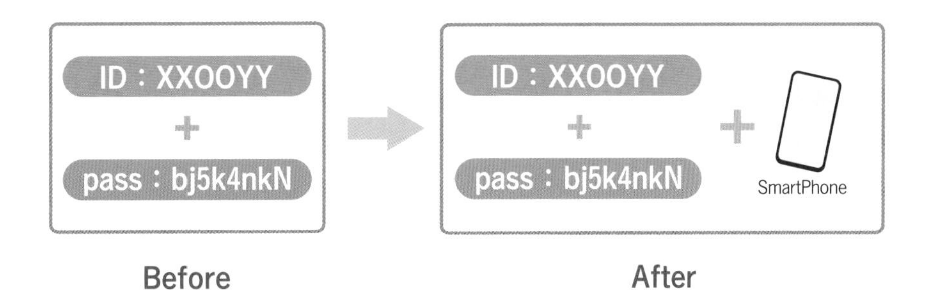

> memo
> セキュリティ キーは別途購入する以外に、スマートフォンの組み込みのものを使用する方法もある。詳細は下記のWebサイトを参照。
> “2段階認証プロセスにセキュリティ キーを使用する”
> https://support.google.com/accounts/answer/6103523?hl=ja

2つ目の確認手順には次の5つがあり、設定の際に選択します。

- セキュリティ キー
- Google からのメッセージ
- Google 認証システムなどの確認コード生成ツール
- バックアップ コード
- テキスト メッセージまたは電話

「セキュリティ キー」が最も安全な認証要素でフィッシング対策に効果がありますが、別途購入する必要があります。セキュリティ キーに代わる方法としては「Google からのメッセージ」が推奨されます。

2段階認証プロセスを導入する手順

第2章でピックアップして解説した管理者が最初に行うべき設定は、管理者が設定するものでした。それらとは違い、2段階認証プロセスを導入するうえでは、管理者だけでなくユーザー自身が行う設定も必要になってきます。

管理者は組織部門に対して、

[Ⅰ]ユーザーが2段階認証プロセスを有効にすることを強制しない(任意にする)
[Ⅱ]ユーザー全員に2段階認証プロセスを有効にすることを強制する(必須にする)

のいずれかを選択し、2段階認証プロセスを導入することができます。デフォルトは、[Ⅰ]ですが、管理者ユーザーや機密データを扱うユーザーに対しては[Ⅱ]を選択する必要があります。

2段階認証プロセスを有効にすることを強制する場合の導入手順

手順1. (管理者)

2段階認証プロセスを導入について以下のことをユーザーに伝えます。

- 2段階認証プロセスの概要と導入理由
- 導入する2段階認証プロセスは必須である
- ユーザーが行う2段階認証プロセスを有効にする方法
- ユーザーが行う2段階認証プロセスの有効化を完了する期限

参照
ユーザーが行う2段階認証プロセスを有効にする方法は第5章239ページを参照。

手順2. (管理者)

2段階認証プロセスを有効にするようユーザーに伝えます。

手順3. (ユーザー)

ユーザー自身が、2段階認証プロセスを有効にします。

手順4. (管理者)

ユーザーの登録状況を確認します。

(1) 管理コンソールのホーム画面サイドメニューの[レポート](❶)-[レポート](❷)-[ユーザー レポート](❸)-[セキュリティ]をクリックします(❹)。

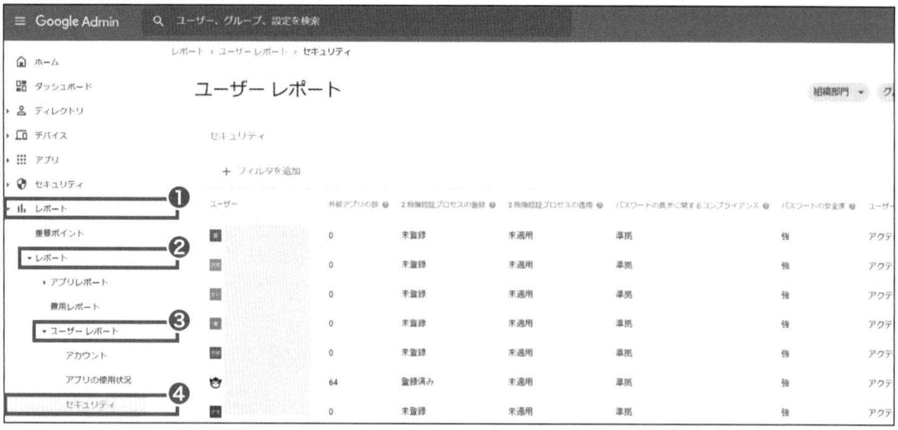

memo
ユーザーが2段階認証プロセスに登録済みかどうかは、138ページ図中の[2段階認証プロセスの登録]の列で確認できる。

(2) 2段階認証プロセスを有効にすることを強制したいユーザーが2段階認証プロセスに登録済みかどうかを個々に確認します。

(3) 期限までに2段階認証プロセスに登録を完了していない該当ユーザーに督促し、全員の登録完了を確認します（登録を完了していない該当ユーザーがいるまま**【手順5】**を実行するとそのユーザーはログインできなくなります）。

手順5.（管理者）

2段階認証プロセスを適用します。

(1) 管理コンソールのホーム画面サイドメニューの［セキュリティ］（❶）-［認証］（❷）-［2段階認証プロセス］をクリックします（❸）。

(2) 組織部門を選択し、［適用］の［今すぐ強制］を選択し（❶）、画面下の［オーバーライド］をクリックします（❷）。

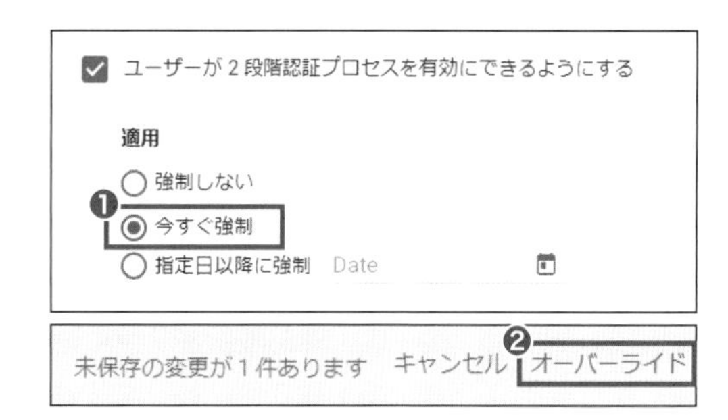

〚2段階認証プロセスを有効にすることを強制しない場合の導入手順〛

手順1.（管理者）

2段階認証プロセスを導入について以下のことをユーザーに伝えます。

- 2段階認証プロセスの概要と導入理由
- 導入する2段階認証プロセスは任意である
- ユーザーが行う2段階認証プロセスを有効にする方法

参照
ユーザーが2段階認証プロセスを有効にする方法は、239ページに掲載。

手順2.（ユーザー）

ユーザー自身が、2段階認証プロセスを有効にします。

管理者は、ユーザーの 2 段階認証プロセスへの登録状況概要を確認することができます。状況のレポートを確認する場合は、管理コンソールのホーム画面 サイドメニューの [レポート] - [レポート] - [アプリレポート] - [アカウント] をクリックします。

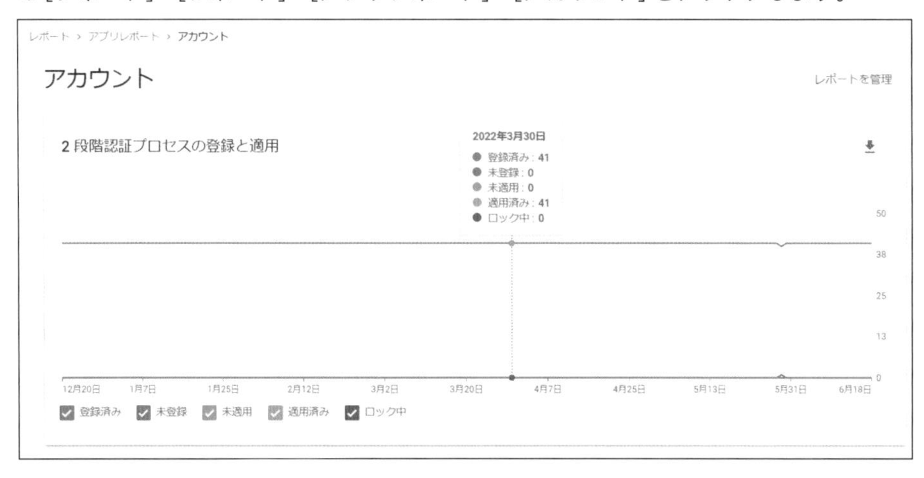

Gmail のセキュリティをさらに強化する

高度なセキュリティ設定を適用する

Gmail ではデフォルトで、信頼性に欠けるメールについて警告の表示と迷惑メールへの移動が行われます。また、「特定の脅威が見つかったときの対処法」を Google Workspace 管理者が指定することもできます。「特定の脅威が見つかったときの対処法」とは以下の4つを指し、高度なセキュリティ設定と呼ばれています。

- 添付ファイルに対する保護機能を有効にする
- IMAP ユーザー向けに不審なメールリンクに対する保護機能を有効にする
- 外部画像とリンクに対する保護機能を有効にする
- なりすましと認証に対する保護機能を有効にする

設定方法

管理コンソールのホーム画面サイドメニューの[アプリ] (❶) -[Google Workspace] (❷) - [Gmail] をクリックし (❸)、[安全性] をクリックします (❹)。

［安全性］をクリックすると以下の4つのセクションに分割された［安全性］ページが表示されます。

memo
②［IMAP での閲覧時の保護］、③［リンクと外部画像］、④［なりすましと認証］についても、①［添付ファイル］と同じ手順で設定できる。

① **［添付ファイル］**：信頼できない送信者から届いた不審な添付ファイルやスクリプトから保護します。
② **［IMAP での閲覧時の保護］**：メールの利用時に IMAP ユーザーを保護します
③ **［リンクと外部画像］**：短縮 URL により隠されたリンクを特定し、リンクの参照先の画像に悪質なコンテンツが含まれていないかスキャンします。
④ **［なりすましと認証］**：なりすましや未認証メールから保護します。

ここでは① **［添付ファイル］**のセクションの設定についてみてみましょう（ここでも設定前に対象の組織部門を選択すること忘れずに！）。

［添付ファイル］の右にある鉛筆のアイコンをクリックします。

添付ファイル
「○○○株式会社」で適用しました
メールに含まれる不正なソフトウェアによる被害を防ぐ追加のポリシーです。詳細
影響を受けるメールを表示します（グラフへのアクセスには Google Workspace Enterprise Plus エディションが必要です）。
信頼できない送信者から送られる暗号化された添付ファイルに対する保護機能: オン
信頼できない送信者から送られるスクリプトを含む添付ファイルに対する保護機能: オン
異常な種類のメール添付ファイルに対する保護: オン
今後のおすすめの設定を自動的に適用: オン

信頼できない送信者から送られる暗号化された添付ファイルに対する保護機能
暗号化された添付ファイル内の不正なソフトウェアはスキャンできません。信頼できない送信者から送られる暗号化されたすべての添付ファイルに対して、この操作を適用します。
操作を選択
メールを受信トレイに残し、警告を表示（デフォルト）
メールを受信トレイに残し、警告を表示（デフォルト）
メールを迷惑メールに移動
検疫

利用できる1つ目の保護機能、[信頼できない送信者から送られる暗号化された添付ファイルに対する保護機能]に対しては、前ページ下の図のようにデフォルトではチェックボックスにチェックが入っており有効になっています。[操作を選択]では「信頼できない送信者から暗号化された添付ファイル付きのメッセージ」に対して行う操作を次の3つのオプションから選択できます。

- [メールを受信トレイに残し、警告を表示(デフォルト)]
- [メールを迷惑メールに移動]
- [検疫]

参照
メールを検疫する設定については、下記のWebサイトも参照。
"メール検疫を設定、管理する"
https://support.google.com/a/answer/6104172?hl=ja

それぞれのオプションの詳細です。

操作	ユーザーへの影響
メールを受信トレイに残し、警告を表示(デフォルト)	メールはユーザーの受信トレイに送信され、そのメールに関する警告バナーが表示されます。このオプションでは、ユーザーはメールを開いて読むことができます。
メールを迷惑メールに移動	メールはユーザーの迷惑メールフォルダに振り分けられます。ユーザーは迷惑メールフォルダからそのメールを開いて内容を確認し、必要に応じて「迷惑メールではない」とマークを付けることができます。このオプションでは、ユーザーに警告バナーは表示されません。
検疫	このオプションでは、ユーザーには何も表示されません。メールは管理者検疫に送られ、管理者がそのメールを確認して安全かどうかを判断し、ユーザーの受信トレイへの送信を「許可」します。このオプションでは、ユーザーに警告バナーは表示されません。

[信頼できない送信者から送られるスクリプトを含む添付ファイルに対する保護機能]、[異常な種類のメール添付ファイルに対する保護]についても同様に3つのオプションから選択して設定します。

[今後のおすすめの設定を自動的に適用]については、添付ファイルに対するおすすめのセキュリティ設定が新たに追加されると、それらの設定がデフォルトで有効になりますので有効にしておきます。

デフォルトの設定を変更した場合は画面右下の[保存]または[オーバーライド]をクリックします。

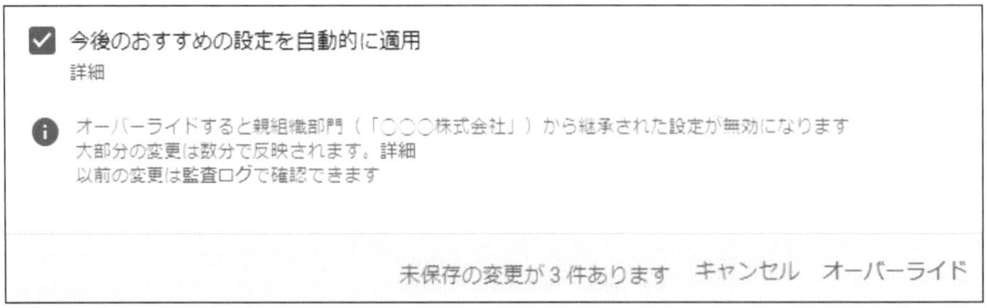

今後のおすすめの設定を自動的に適用
詳細
オーバーライドすると親組織部門(「○○○株式会社」)から継承された設定が無効になります
大部分の変更は数分で反映されます。詳細
以前の変更は監査ログで確認できます
未保存の変更が3件あります　キャンセル　オーバーライド

コンテンツに関するコンプライアンスルールを作成する

Google Workspace 管理者は、1つ以上の表現に一致するコンテンツを含むメールに対して処理を行うルールを設定できます。コンプライアンス ルールとは、「やってはいけないことをルール化する」という意味です。例えば企業の機密情報を含んでいる可能性があるメールを組織外に送信しないようにルールを作成することができます。

「社内の新規開発プロジェクトである"プロジェクト G"に関する情報の漏洩を防止するために"プロジェクト G"に言及するメールが社外に送信されないようにしたい。なおかつ送信されようとしたらそのメールを、情報管理責任者（xxx@xxxxx.co.jp）に転送したい。」

こんなリクエストに応えることが可能です。このルール化には以下の手順で設定します。

手順1. 管理コンソールのホーム画面 サイドメニューの［アプリ］-［Google Workspace］-［Gmail］をクリックし（140ページ参照）、［コンプライアンス］をクリックします。

手順2. ［コンテンツコンプライアンス］の［設定］をクリックして（❶）、［コンテンツダイアログボックス］を開きます。設定の概要に表示される短い説明を入力します（「開発プロジェクト G の保護」など）（❷）。［1.影響を受けるメール］セクションで［送信］チェックボックスをオンにします（❸）。

手順3. [2.各メッセージで検索するコンテンツを表す表現を追加する]セクションの[表現]ボックスで[追加]をクリックし、[シンプルなコンテンツ マッチ]から[高度なコンテンツ マッチ]に変更します。

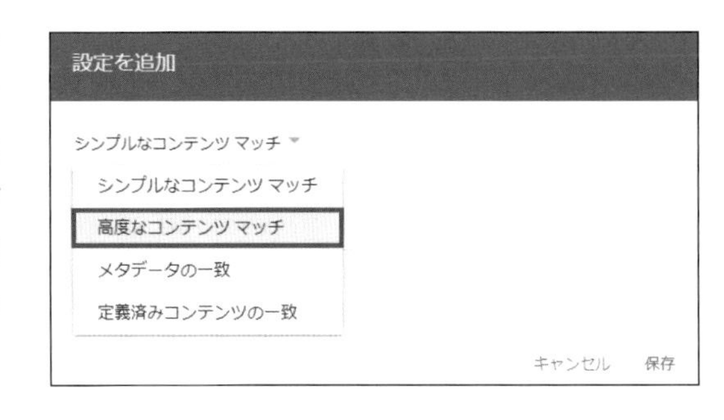

手順4. [場所]を[本文](❶)、[一致タイプ]を[テキストを含む](❷)、[コンテンツ]に「プロジェクト G」と入力し(❸)、[保存]をクリックします(❹)。

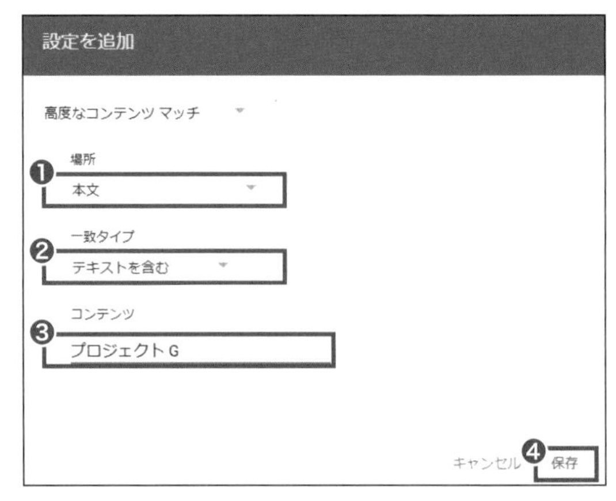

手順5. [3. 上記の表現が一致する場合は、次の処理を行います]セクションで、[メッセージを変更]を選択します(❶)。[エンベロープ受信者を変更]チェックボックスをオンにし(❷)、最初のオプション[受信者を変更する]を選択し、管理者のメールアドレスを入力し(❸)、[保存]をクリックします(❹)。

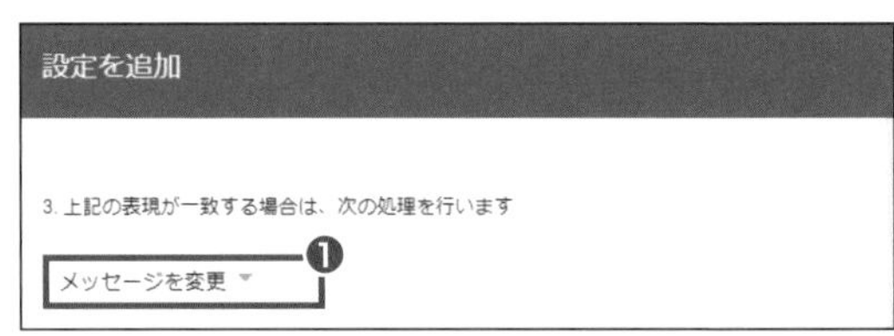

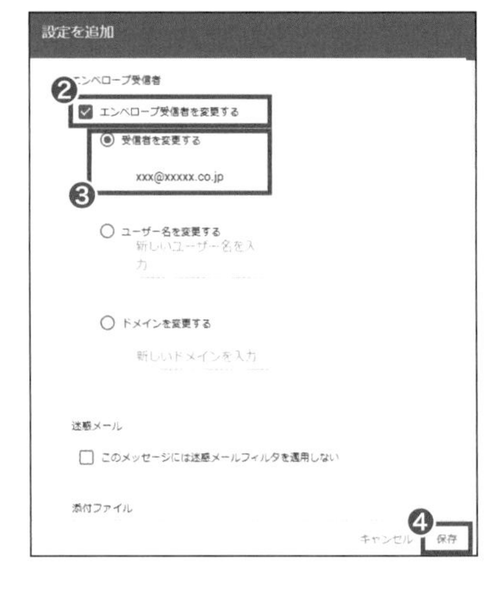

これで、コンプライアンス ルールが正常に追加されました。組織内のいずれかのユーザーがメッセージの本文に「プロジェクト G」という単語を含むメールを外部に送信すると、このルールがトリガーとなります。メールは配送されず、代わりに指定したアド

レス（xxx@xxxxx.co.jp）の受信トレイに転送されます。

コンテンツ コンプライアンス

説明	ステータス	ソース	操作	ID	メッセージ	一致数
開発プロジェクト G の保護	有効	ローカルに適用しました	編集・無効にする・削除	fe3db	送信	1

別のルールを追加

エンドユーザーのアクセスを制御する

組織の情報セキュリティーポリシーに沿ってエンドユーザーによる Gmail へのアクセスを制御する必要性があります。ここでは管理コンソールの Gmail の設定［エンドユーザーのアクセス］で設定できる具体例をみてみましょう。

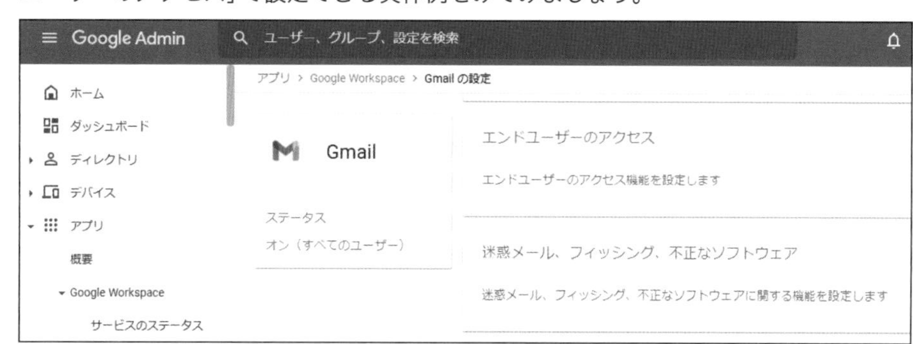

〔ユーザーが組織アカウントで受信したメールの個人アカウントへの転送を許可しない〕

◉設定方法

設定を適用する組織を選択し、［エンドユーザーのアクセス］-［自動転送］をクリックし、［受信メールを別のメールアドレスに自動転送することをユーザーに許可する］のチェックを外し（❶）、［保存］をクリックします（❷）。

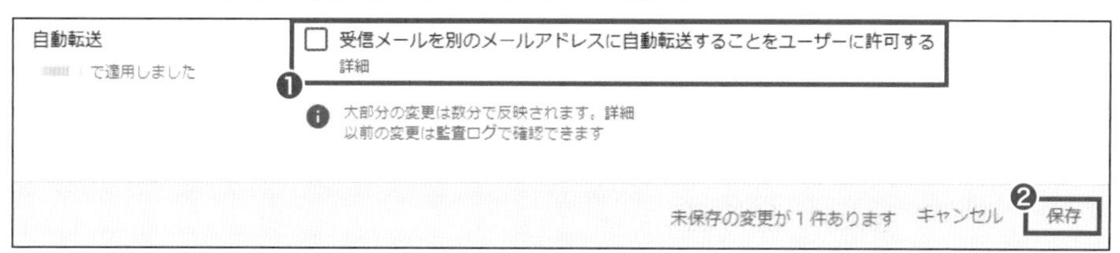

〔ユーザーがウェブ インターフェースだけを使用して Gmail にアクセスするよう制限する〕

この設定を行うことにより、Gmail を Microsoft Outlook や Apple Mail などのメールクライアントと同期することができなくなります。

◉設定方法

設定を適用する組織を選択し、［エンドユーザーのアクセス］-［POP と IMAP アクセス］をクリックし、［どのユーザーも IMAP アクセスを使用できるようにする］及び［どのユーザーも POP アクセスを使用できるようにする］のチェックを外し（❶）（❷）、［保存］をクリックします（❸）。

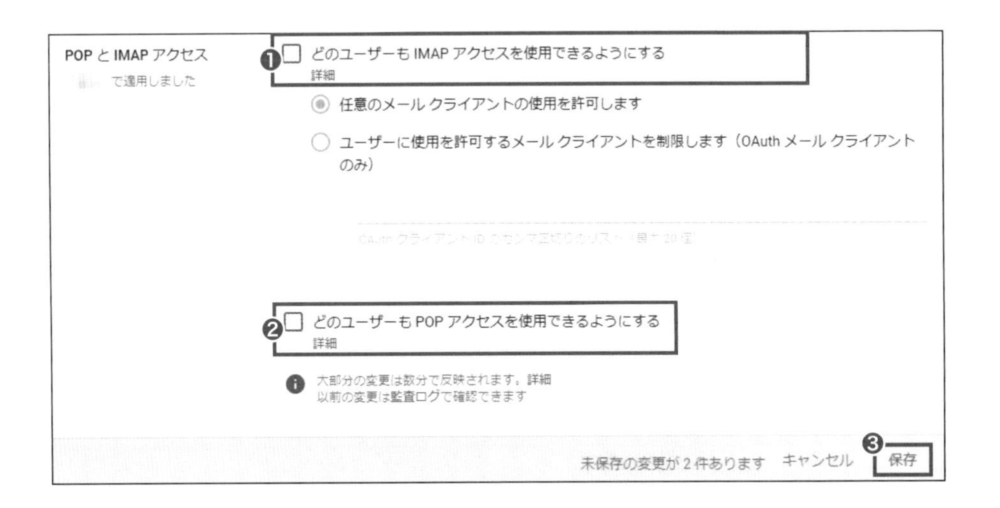

次の第4章では、教育機関向けである Google Workspace for Education の管理者が実施するセキュリティについての話になりますが、企業向け Google Workspace でも設定できるものがあります。必要な設定の参考になさってください。

Google Workspace for Business 各エディション比較表

各エディションの主要な機能をまとめました（2022年6月22日現在）。どのエディションがご自身の組織のニーズにマッチしているか、検討の参考にしてください。

コラボレーション		Business Starter	Business Standard	Business Plus	Enterprise Plus
コラボレーションによるコンテンツ作成	・Officeファイルとの相互運用	○	○	○	○
	・ドキュメントとフォームのテンプレート用のカスタムブランディング	—	○	○	○
	・コネクテッドシート	—	—	—	○

交流		Business Starter	Business Standard	Business Plus	Enterprise Plus
Google Meet 音声会議とビデオ会議	・参加人数	100人の参加者	150人の参加者	500人の参加者	500人の参加者
	・会議を録画してGoogleドライブに保存	—	○	○	○
	・ノイズ キャンセル	—	○	○	○
	・アンケートとQ&A	—	○	○	○
	・主催者向けの管理機能	—	○	○	○
	・挙手	—	○	○	○
	・ブレイクアウトセッション	—	○	○	○
	・出席状況の確認	—	—	○	○
	・ドメイン内のライブストリーミング	—	—	—	○
Google Chat	・Chat チーム メッセージ	○	○	○	○
	・高機能チャットスペース（スレッド形式のチャットルーム、ゲストアクセスが可能なチャット スペースなど）	—	○	○	○

アクセス		Business Starter	Business Standard	Business Plus	Enterprise Plus
Google ドライブ	セキュリティ保護されたクラウド ストレージ	ユーザーあたり 30GB	ユーザーあたり 2TB	ユーザーあたり 5TB	必要に応じて拡張可能
	・チームで利用できる共有ドライブ	—	○	○	○
	・対象グループの共有	—	○	○	○
Cloud Search ドメイン内検索			自社データ	自社データ	自社のデータとサードパーティのデータ

セキュリティと管理		Business Starter	Business Standard	Business Plus	Enterprise Plus
Google Vault 組織のデータ保持と電子情報開示	・データの保持とアーカイブ、検索	—	—	○	○
	・監査レポートでユーザーのアクティビティを確認	○	○	○	○
管理コンソール セキュリティと管理機能	・２段階認証プロセス	○	○	○	○
	・グループベースのポリシー管理	○	○	○	○
	・セキュアLDAP	—	—	○	○
	・データ損失防止（DLP）	—	—	—	○
	・コンテキストアウェア アクセス	—	—	—	○
	・セキュリティセンター	—	—	—	○
	・S/MIME 暗号化	—	—	—	○
	・アクセスの透明性	—	—	—	○

今すぐ使える!
Google Workspace
& Chromebook

第4章

教育機関で実施する情報セキュリティ

本章では、「サービスの利用者」の組織代表である「Google Workspace管理者」が実施すべきセキュリティについて、特に教育機関を対象としたGoogle Workspace for Educationのユーザーを想定し、具体例をあげつつ説明していきます。

Google Workspace
& Chromebook

1 教育情報セキュリティポリシーとGoogle for Education

ポイント

- 教育情報セキュリティポリシーガイドラインを踏まえてGoogle for Educationを活用する
- ハンドブック重要ポイントとGoogle for Educationの対応関係を理解する

文部科学省は平成29年10月に『教育情報セキュリティポリシーに関するガイドライン』を策定しました。学校が教育情報セキュリティポリシーの作成や見直しを行う際の参考とするためのものです。セキュリティ対策は、環境の変化に合わせて随時、見直しを行うべきものであり、このガイドラインも順次改訂が実施されています。

GIGAスクール構想における「1人1台端末」及び「高速大容量の通信環境」を一体とした学校のICT環境整備の推進を受け、令和元年に第1回目の改訂が実施され、令和3年5月に第2回目の大幅な改訂が実施されました。さらに1年経たずに3回目の改訂が令和4年3月に行われました。私たちは時代の変化するスピードの速さを意識する必要があります。

改訂の際にガイドラインの中核となる考え方を解説したハンドブックが公開されましたが、そこに書かれているポイントに対してGoogleのサービスでどのように対処できているのかをピックアップしてご紹介いたします。

参照
文部科学省「教育情報セキュリティポリシーに関するガイドライン」ハンドブック(令和4年3月)
https://www.mext.go.jp/content/20220303-mxt_shuukyo01-100003157_003.pdf

	改訂の目的
令和元年12月改訂	GIGAスクール構想の始動時に対応するため
令和3年5月改訂	新たに必要なセキュリティ対策やクラウドサービスの活用を前提としたネットワーク構成等の課題に対応するため
令和4年3月改訂	①アクセス制御による対策の詳細な技術的対策の追記 や、②「ネットワーク分離による対策」、「アクセス制御による対策」を明確に記述 するため

ハンドブックの第3章のポイント

GIGAスクール構想の標準仕様では、MDM(モバイル端末管理)の採用が前提

出典:「教育情報セキュリティポリシーに関するガイドライン」ハンドブック(令和4年3月)7ページ

第2章で述べたように管理コンソールは端末管理だけでなく、Google Workspaceの管理も一元的に統合されているので、単なる端末管理(MDM)にとどまりません。このポイントに対しては管理コンソールで対処できることはいうまでもありません。ハンドブック25ページでも「MDMによる一元管理を行うことが不可欠」との記載があります。

ハンドブックの第4章のポイント

第三者機関による認証を受けているクラウドサービスは「組織の内部」と整理できる

出典：「教育情報セキュリティポリシーに関するガイドライン」ハンドブック（令和4年3月）11ページ

Google では、定期的に独立監査法人にデータ保護体制の審査を依頼しています。第1章35ページでも触れたとおり、独立した第三者機関による監査で、Google Workspace for Education におけるデータの取り扱い方と契約上の責任が ISO/IEC 27018、ISO/IEC 27001、および ISO/IEC 27017 に準拠しているとの検証結果が示されています。さらに、Google Workspace は「政府情報システムのためのセキュリティ評価制度（ISMAP）」の認定を受け、登録されていますので、内部組織として扱えます。つまり、クラウドは利用者による直接監査ができませんが、これは第三者機関による認証等に基づき、適切にセキュリティ基準を満たしていれば、機密性の観点においても使用しない理由にはならない、ということです。

ハンドブックの第5章のポイント

●端末のセキュリティ（管理設定）のポイント

①MDM（Mobile Device Management）の利用
②不適切なアプリの使用やウェブページの閲覧の防止

出典：「教育情報セキュリティポリシーに関するガイドライン」ハンドブック（令和4年3月）24ページ

①は前述の通り、管理コンソールで端末を一元的に管理することができます。

②は第2章第3節、第4章第2節で解説したセーフサーチやアプリのインストール制限の設定で対処できます。

●学校外での利用（持ち帰り）を前提とした際の技術的ポイント

「そもそも盗難されづらい（盗難されても意味をなさない）」対策

出典：「教育情報セキュリティポリシーに関するガイドライン」ハンドブック（令和4年3月）25ページ

第2章第4節の基本設定で解説した「自動的に再登録」の設定で対処できます。

以上、Google for Education が、ガイドラインで推奨されているポイントに、しっかり対応していることがおわかりいただけたと思います。

それぞれの学校や自治体の活用に合わせたセキュリティ設定は、管理コンソールで行うことができます。次節で具体的な設定方法を解説します。

2 すべてのエディション共通の基本セキュリティ設定

ポイント

- ●まずは年齢に基づくアクセス設定を確認する
- ●拡張機能・アプリの追加は管理者が管理できる

第2節では、Google Workspace for Fundamentals を含むすべてのエディションでできる基本のセキュリティ設定を詳しくみていきます。第2章で解説した最初のステップ終了後に実施するものになります。

年齢に基づくアクセス設定

memo
「初等中等教育機関」とは、幼稚園から高校までを指す。

基本的な設定終了後、あなたが初等中等教育機関の管理者であった場合、まず最初に確認すべきは「**年齢に基づくアクセス設定**」です。

Google Workspace for Education では、Google サービスへのアクセスを年齢で制御することができます。この機能は、Google Workspace for Education エディションでのみ利用できます。

memo
高等教育機関のデフォルトの設定は、すべてのユーザーが「18歳以上」となっている。必要に応じて、18歳未満のユーザーとして特定し、制限をかけることも可能。「18歳」は実年齢である必要はない。

初等中等教育機関に対するデフォルトのアクセス設定は、18歳以上と指定されていないユーザーは18歳未満として識別され、一部の Google サービスの利用が制限されます。**教職員の組織部門**に対しては、この制約を受けないよう必ず[年齢に基づくアクセス設定]で**[すべてのユーザーが 18 歳以上]の設定をしておきましょう。**

手順1. 管理コンソールのホーム画面サイドメニューの[アカウント](❶)-[アカウント設定]をクリックし(❷)、[年齢に基づくアクセス設定]をクリックします(❸)。

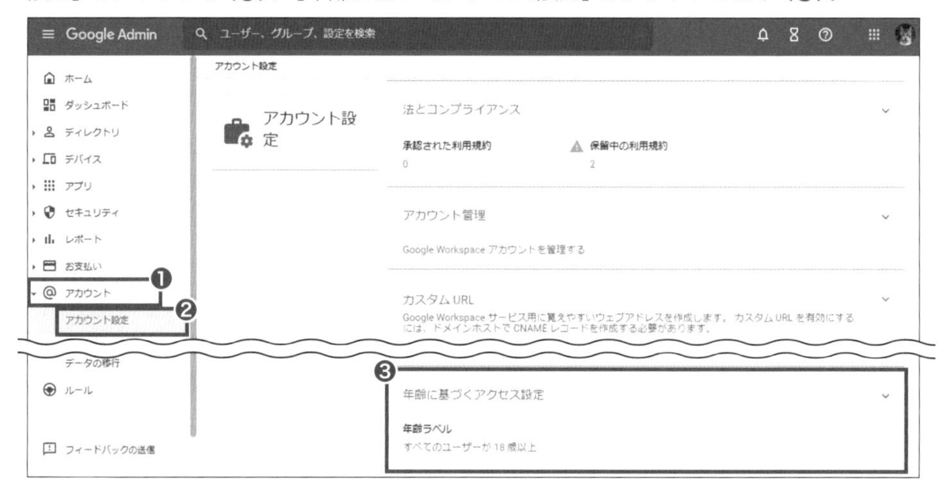

手順2. 教員の組織部門を選択し（❶）、［すべてのユーザーが18歳以上］を選択して（❷）［オーバーライド］をクリックします（❸）。同様の設定を［事務職員］にも行います。

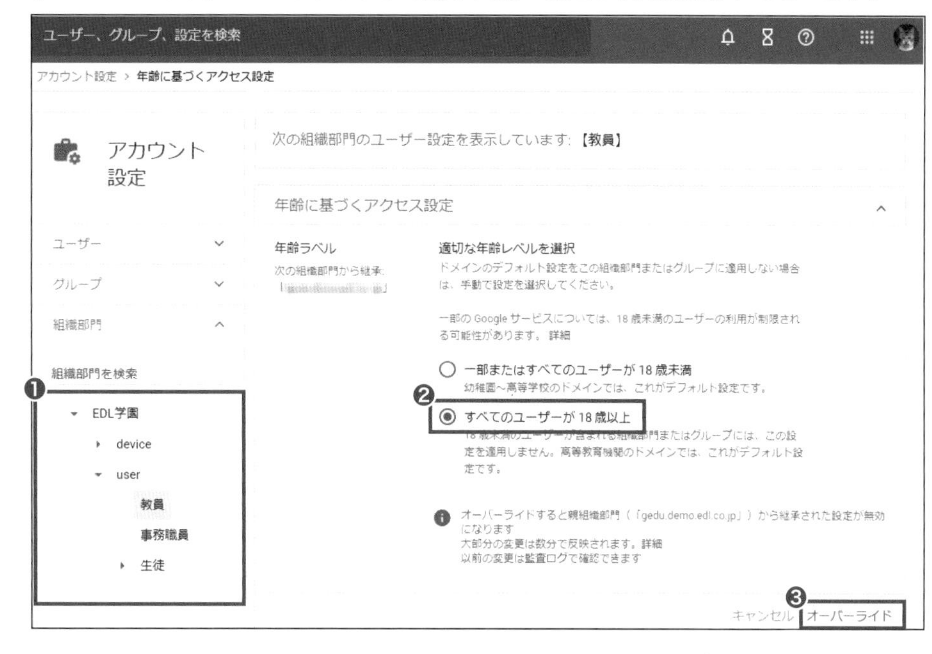

18歳未満のユーザーの利用が制限されるサービス

この設定によって「18歳未満の初中等教育機関のユーザー」の利用を制限できる代表的な機能について具体的に紹介します。

① YouTube

- チャンネル、再生リスト、ストーリー、YouTube ショートの作成、動画のアップロード
- ライブ ストリーム イベントの視聴、作成
- コメントの表示と投稿
- チャットへの参加
- シークレット モードの使用等

参照
YouTubeの制限付きモードの設定方法は、第2章3節で解説。

YouTube をオンに設定すると、YouTube の制限付きモード設定を使用して、組織内およびネットワーク上のログイン ユーザーが視聴できる YouTube 動画を制限できます。

② Google 検索

第2章第3節で解説した「セーフサーチ」がすべてのブラウザにおいてデフォルトでオンになります。セーフサーチは、Google 検索で露骨な表現を含む検索結果のほとんどを除外するのに役立つユーザー ポリシーです。

③ **Google Play**

使用できなくなります。Google Play をオンに設定しても、アプリとゲーム、映画&テレビ、書籍&マンガのカテゴリから Google Play コンテンツを購入することはできない等制限されます。

④ **Google マップと Google Earth**

Google マップと Google Earth をオンに設定しても、次のことができなくなります。

- 支払いが必要な機能の利用
- コメントやクチコミなど一般公開される投稿の作成
- ローカルガイドへの参加
- Google Workspace for Education アカウントのロケーション履歴の有効化
- Google マップのタイムラインへのアクセス
- 自分の現在地の共有

「共有パートナー」に設定すると、指定した相手に写真や動画を自動で共有できる。

⑤ **Google フォト**

Google フォト をオンに設定しても、有料の機能や「共有パートナー」との共有設定は制限されます。

サービスごとにできる詳細設定

「特定のアプリについて制御して、教育機関に特化したセキュリティ対策を施したい」
「学校外でツールを使用しているときも児童生徒のオンライン上での安全を確保したい」

こうした管理者の思いに応えるべく、例えば以下のようなことが管理コンソールからコントロール可能です。

- Google Meet で特定の組織部門に[ビデオ通話]を制限する
- Google Chat の利用を同じドメイン内に制限する
- Gmail の送受信をドメイン内のユーザーに制限する
- 信頼する組織のドメインを許可リストに登録する
- Google ドライブ でファイル共有を特定のドメインに限定する
- Google Classroom で保護者が生徒やクラスの課題について概要説明メールを受け取れるようにする(Classroom の教師に概要説明メールの管理権限を付与する)
- Google Classroom で外部ドメインのユーザーが自分のドメインのクラスに参加できるようにする/自分のドメインのユーザーが外部ドメインのクラスに参加できるようにする

それぞれについて設定方法を順に解説します。

Google Meet で特定の組織部門に［ビデオ通話］を制限する

手順1. 管理コンソールのホーム画面サイドメニューの［アプリ］（❶）-［Google Workspace］（❷）-［Google Meet］（❸）をクリックし、［Meet の動画設定］（❹）をクリックします。

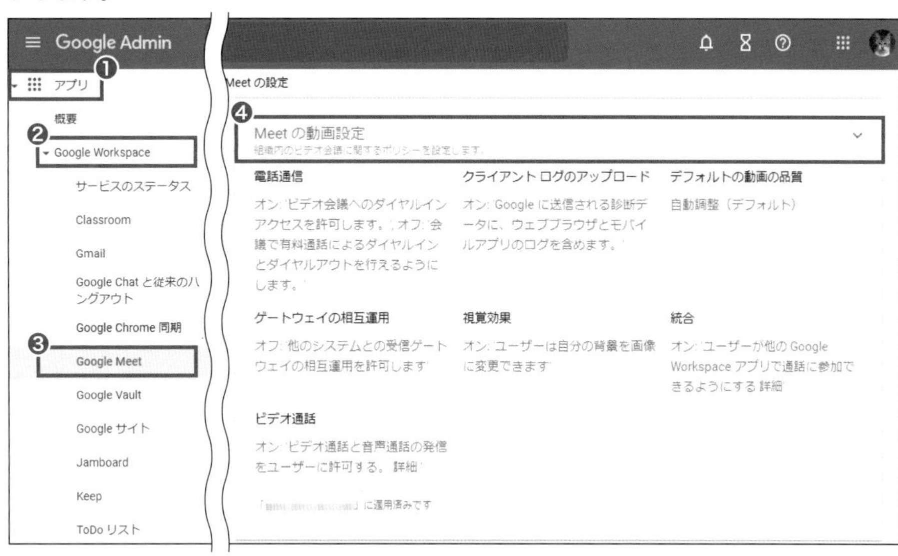

手順2. 組織部門を選択し、［ビデオ通話］の鉛筆のアイコンをクリックします。

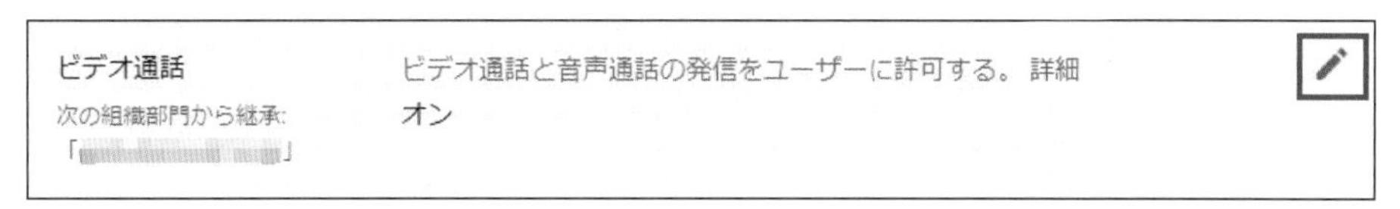

手順3. ［ビデオ通話と音声通話の発信をユーザーに許可する］のチェックを外し（❶）、［保存］または［オーバーライド］をクリックします（❷）。

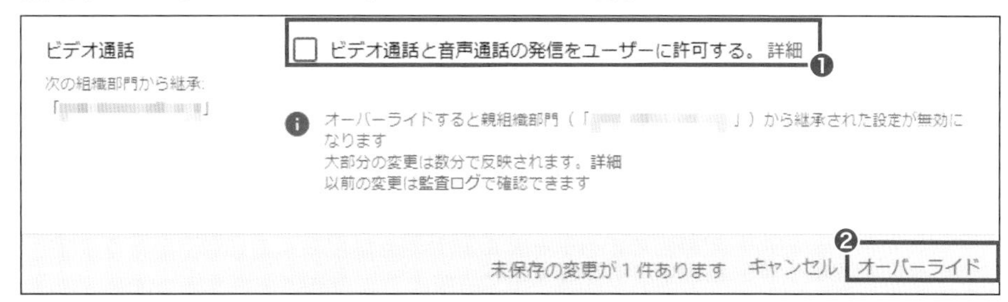

Google Chat の利用を同じドメイン内に制限する

手順1. 管理コンソールのホーム画面サイドメニューの［アプリ］（❶）-［Google Workspace］（❷）-［Google Chat と従来のハングアウト］をクリックし（❸）、［外部チャットの設定］をクリックします（❹）。

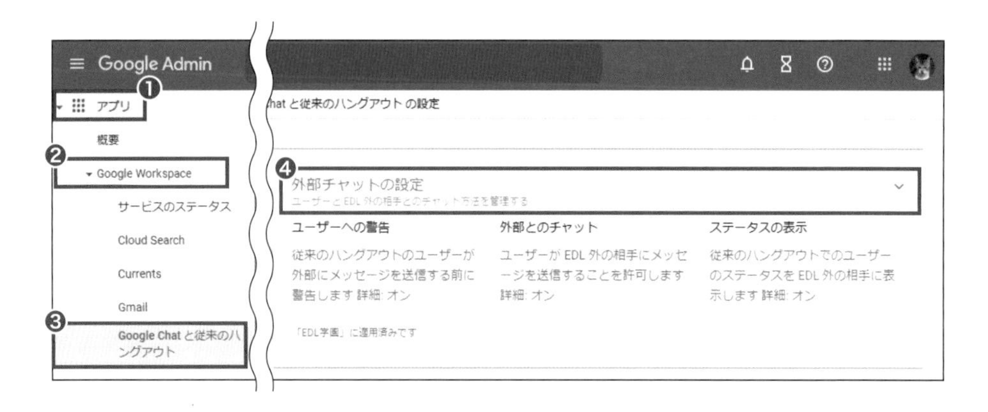

手順2. 組織部門を選択し、[外部とのチャット]の横にある鉛筆のアイコンをクリックし(❶)、[オフ]を選択します(❷)。次に[オーバーライド]をクリックします(❸)。

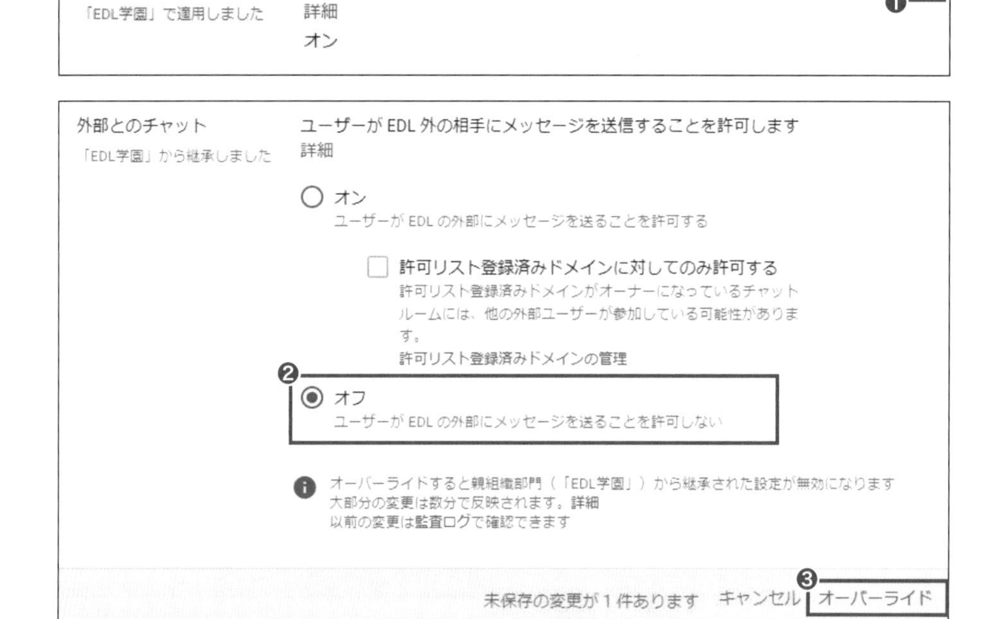

Gmailの送受信をドメイン内のユーザーに制限する

組織内でのみメールの送受信を許可する方法は2つあります。

〔方法1〕

手順1. 管理コンソールのホーム画面サイドメニューの、[アプリ](❶)-[Google Workspace](❷)-[Gmail]をクリックし(❸)、[ルーティング]をクリックします(❹)。

手順2. 組織部門を選択し（❶）、[ルーティング] の右にある [設定] をクリックします（❷）。

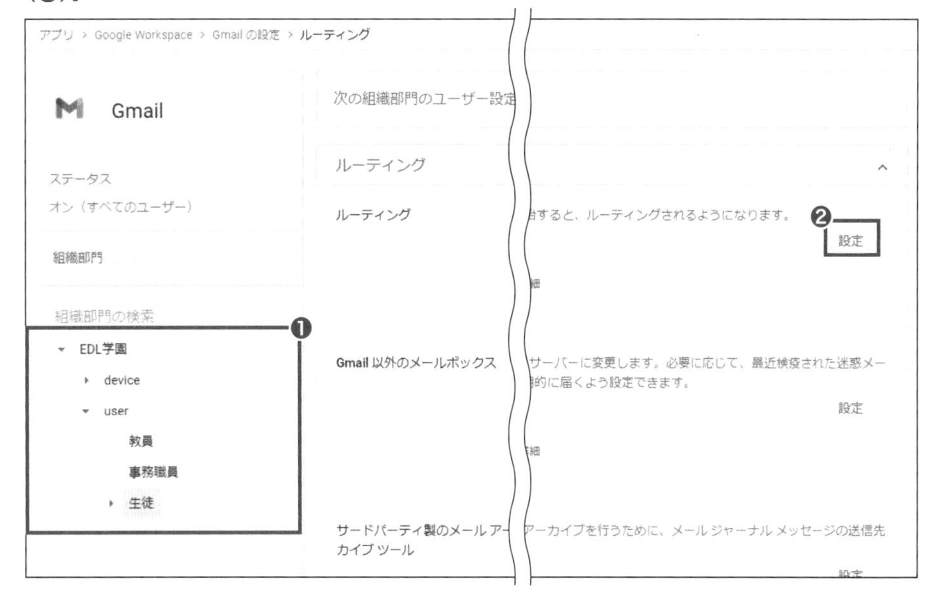

> memo
> 保存されたルーティング設定は編集することができる。

手順3. [ルーティング] に設定内容がわかるように短い説明を入力し（❶）、「1. 影響を受けるメール」では [受信」と「送信」にチェックを入れます（❷）。「2. 上記の種類のメッセージに対し、次の処理を行う」では [メールを拒否] を選択し（❸）、[保存] をクリックします（❹）。

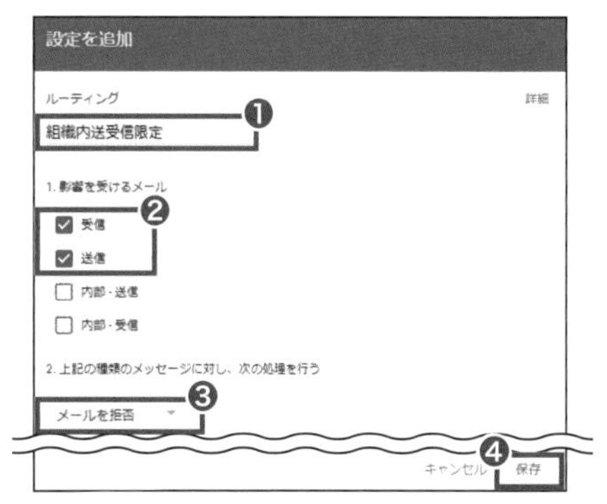

この設定を適用した組織のユーザー宛に組織外からメールを送信するとメールをブロックした旨のメールが送信者に届きます。

〖方法2〗

手順1. 管理コンソールのホーム画面サイドメニューの、[アプリ](❶)-[Google Workspace](❷)-[Gmail]をクリックし(❸)、[コンプライアンス]をクリックします(❹)。

手順2. 組織部門を選択し（❶）、［配信を制限］の右にある［設定］をクリックします（❷）。

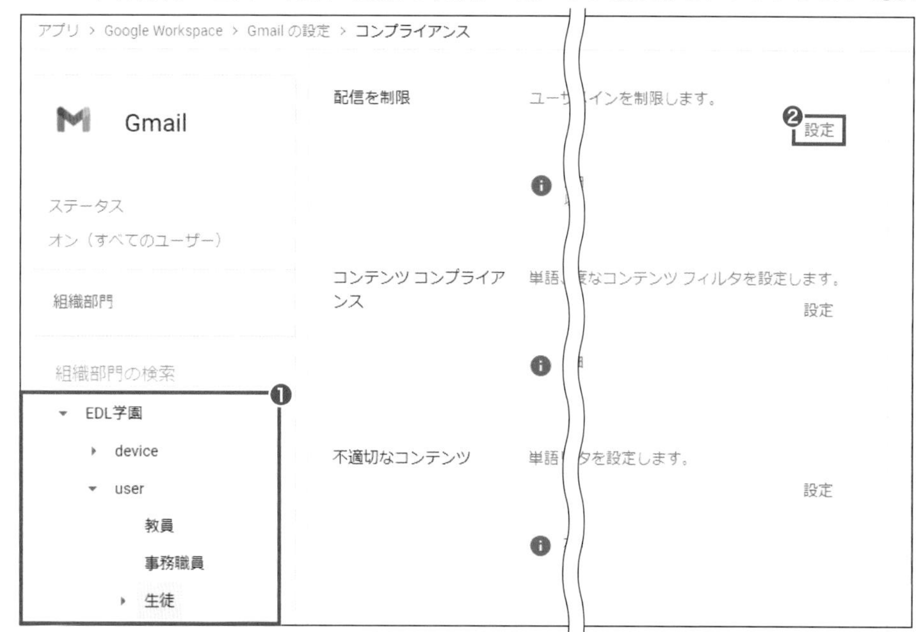

手順3. ［配信を制限］に設定内容がわかるように短い説明を入力し（❶）、「3. オプション」の［内部メッセージにはこの設定を適用しない］にチェックを入れて（❷）、［保存］をクリックします（❸）。

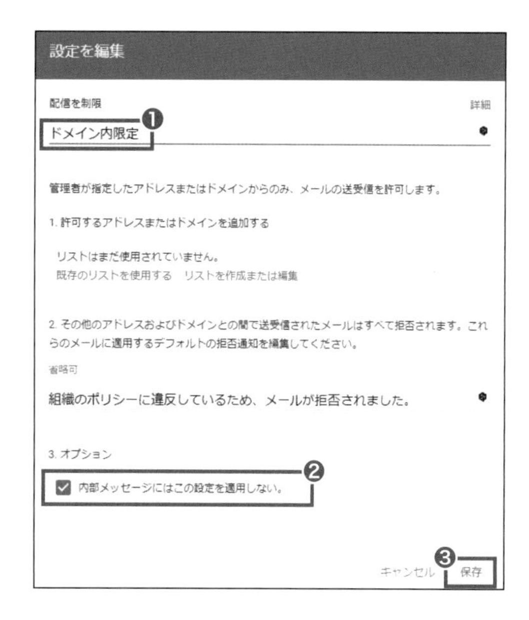

信頼する組織のドメインを許可リストに登録する

ドメインを許可リストに登録すると以下の Google サービスと連携できます。

- **Google ドライブ、サイト**：信頼しているドメインのユーザーはあなたの組織とファイルを共有できます。

- **Classroom**：ドメインを許可リストに登録すると、あなたのドメインのユーザーが登録済みドメインのクラスに参加でき、登録済みドメインのユーザーもあなたのドメインのクラスに参加できるようになります。
- **Chat**：信頼できるドメインのユーザーは、組織内のユーザーとチャットできます。

手順1. 管理コンソールのホーム画面サイドメニューの、[アカウント]（❶）-[ドメイン]（❷）-[許可リスト登録済みドメイン]をクリックし（❸）、[ドメインを追加]をクリックします（❹）。

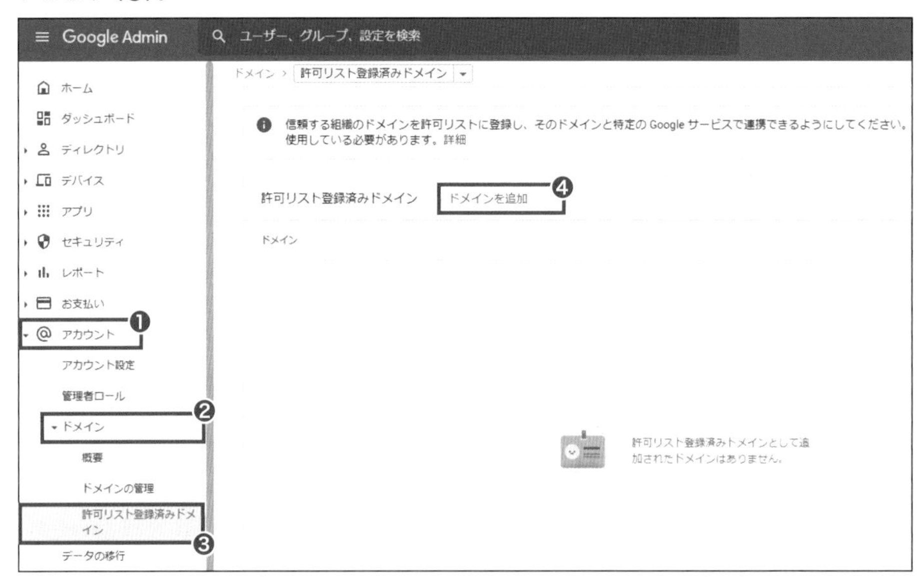

手順2. 許可リストに登録するドメインを入力し（❶）、[追加]（❷）-[保存]をクリックします（❸）。

許可リストに登録されました。

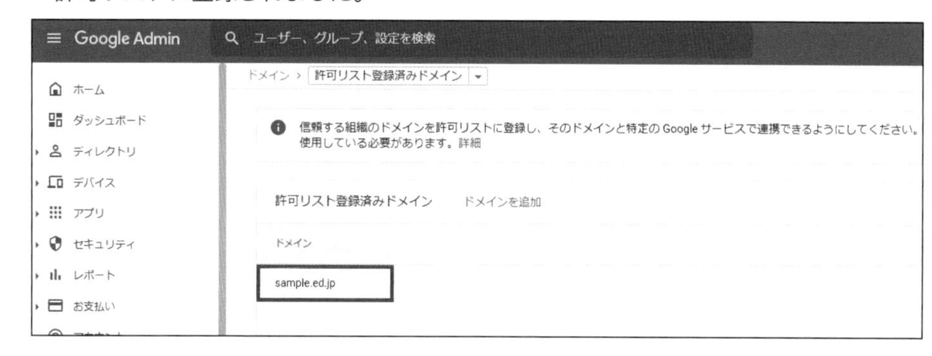

Google ドライブ でファイル共有を特定のドメインに限定する

組織外のユーザーと Google ドライブに保存されているファイルの共有を禁止する設定については第2章80ページで解説しましたが、ここでは**組織外のユーザーとのファイル共有を特定のドメインに限定する設定方法**を解説します。

手順1. 管理コンソールのホーム画面サイドメニューの、[アプリ] - [Google Workspace] - [ドライブとドキュメント] をクリックし、[共有設定] をクリックします。

手順2. 組織部門を選択し、[共有オプション] の右にある鉛筆のアイコンをクリックします。

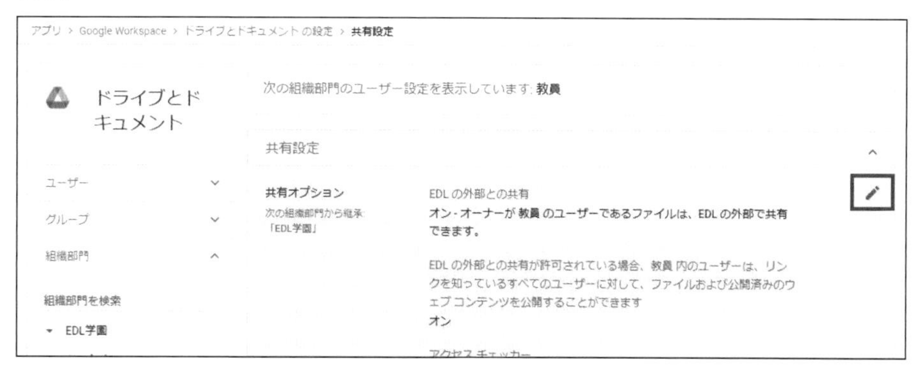

手順3. [許可リスト登録済みドメインを表示] を選択します (❶)。[▶ 設定されている許可リスト登録済みドメインを表示] をクリックすると (❷)、許可リストの登録されているドメインが表示されますので確認して [保存] または [オーバーライド] をクリックします (❸)。

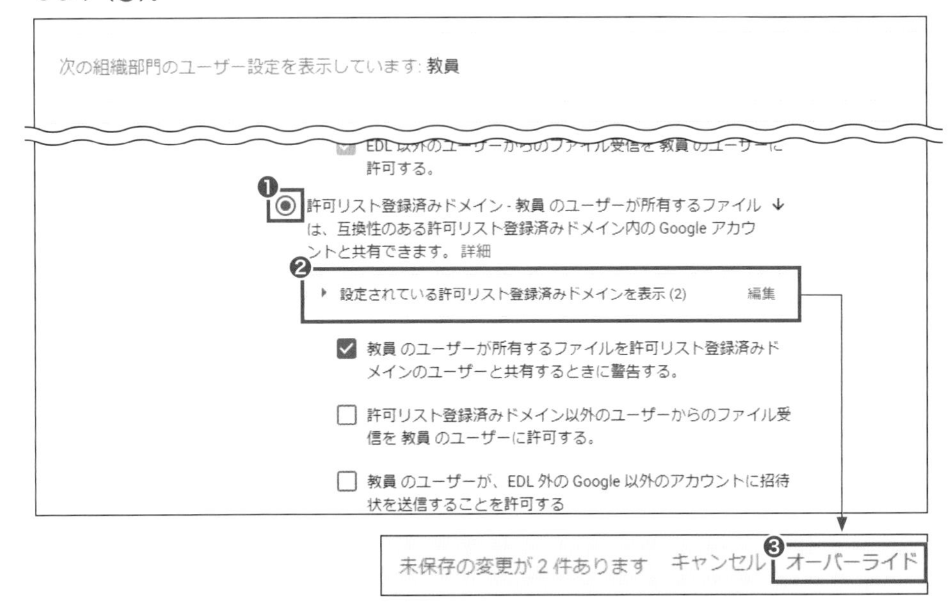

Google Classroom の教師に概要説明メールの管理権限を付与する

教師が児童生徒や保護者に Classroom から「**概要説明メール**」を受け取れるよう管理権限を付与できます。「概要説明メール」とは、Google Classroom の [クラス] での課題に関する概要 (未提出の課題や提出期限の近い課題 など) が記載されたメールのことです。一度設定しておけば、教師が何もしなくても定期的にクラスの活動や学習の状況を、Classroom から保護者にも共有することができます。招待された保護者へ一斉送信もできるので、クラスの連絡事項などを伝えるときにも便利です。方法は以下のとおりです。

手順1. 管理コンソールのホーム画面サイドメニューの、[アプリ] (❶) - [Google Workspace] (❷) - [Classroom] をクリックし (❸)、[全般設定] をクリックします (❹)。

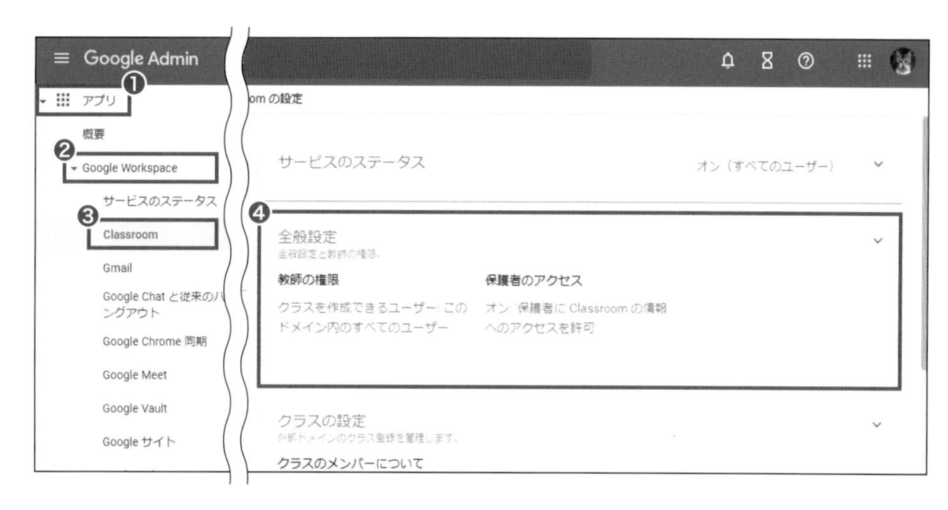

手順2.［保護者のアクセス］の右にある鉛筆のアイコンをクリックし（❶）、［保護者にClassroom の情報へのアクセスを許可］にチェックを入れ（❷）、［保護者を管理できるユーザー］で［確認済みのすべての教師］を選択し（❸）、［保存］をクリックします（❹）。

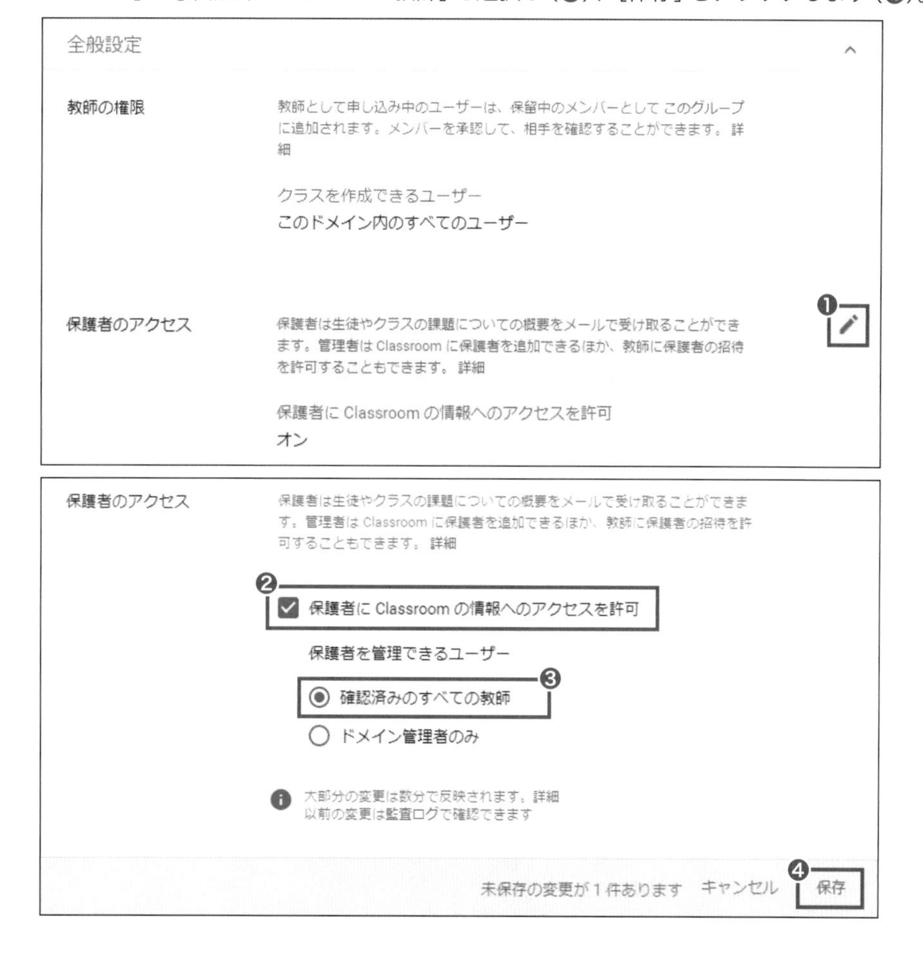

Google Workspace 管理者が上記の設定を行い、Classroom の教師が［クラスの設定］で［保護者宛の概要説明］を有効にし、保護者を招待し、保護者が招待を承諾すると保護者は概要説明メールを受け取れるようになります。

Google Classroom で外部ドメインのユーザーが参加できるようにする

学校間交流学習や共同研究などで、外部ドメインの教師や児童生徒らと共同編集したり、情報にアクセスしてもらう必要が発生することがあります。Google Classroom では、管理コンソールに登録しているドメインでのユーザーの招待はできますが、外部ドメインにはセキュリティ上許可されていません。そのため、**外部ドメインを許可する設定に変更**する必要があります。あらかじめ信頼する組織のドメインを許可リストに登録しておき、そのドメインに対してドライブのファイル共有を許可しておきましょう。

また、反対のケースもあります。その場合は、自分の学校の児童生徒が外部ドメインのクラスに参加できるように、対象ドメインの Google Workspace 管理者に、自分のドメインを許可リストに追加しておいてもらいます。

手順1. 管理コンソールのホーム画面サイドメニューの、［アプリ］-［Google Workspace］-［Classroom］をクリックし、［クラスの設定］をクリックします。
手順2. ［クラスのメンバーについて］の右にある鉛筆のアイコンをクリックし（❶）、［このドメインのクラスに参加できるユーザー］で［許可リストに登録されているドメインのユーザー］を（❷）、［このドメインのユーザーが参加できるクラス］で［許可リストに登録されているドメインのクラス］を選択し（❸）、［保存］をクリックします（❹）。

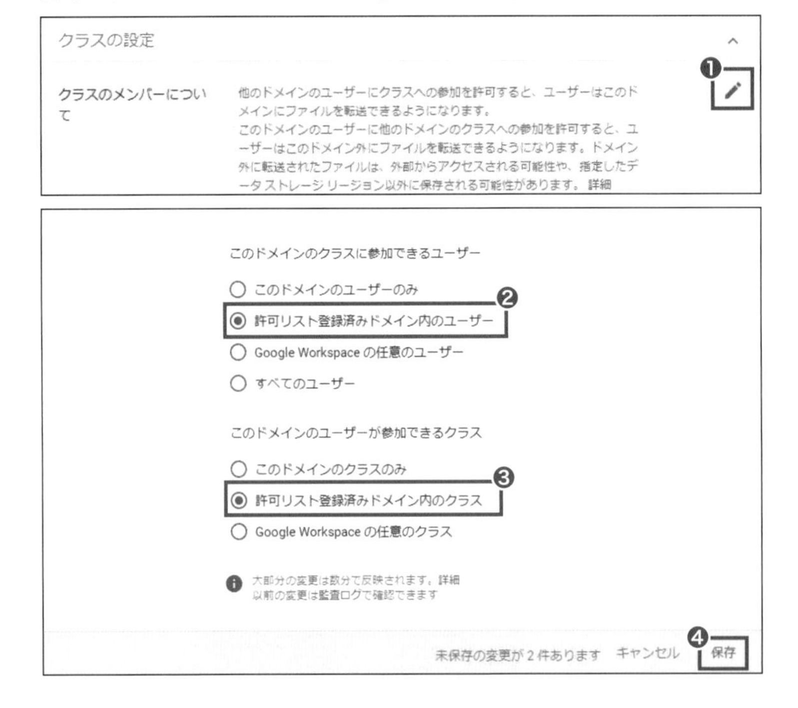

拡張機能の追加・アプリのインストールを制限する

児童生徒が、学習に関係ないアプリや拡張機能をインストールすることを制限する方法はあるでしょうか？ 答えはもちろんイエス、です。

管理者は、管理対象の Chrome ブラウザや Chromebook にユーザーがインストールする拡張機能やアプリを制限できます。

Chrome ウェブストア

ここでは、Chrome ウェブストアで管理者が許可したアプリや拡張機能だけが利用できる設定について解説します。運用しながら許容範囲を見直しつつ利便性を高めていきましょう。

【管理方法の設定】

手順1. Google 管理コンソールのホーム画面サイドメニューの［デバイス］（❶）-［Chrome］（❷）-［アプリと拡張機能］（❸）-［ユーザーとブラウザ］をクリックします（❹）。次に最上位の組織部門を選択し（❺）、［追加の設定］をクリックします（❻）。

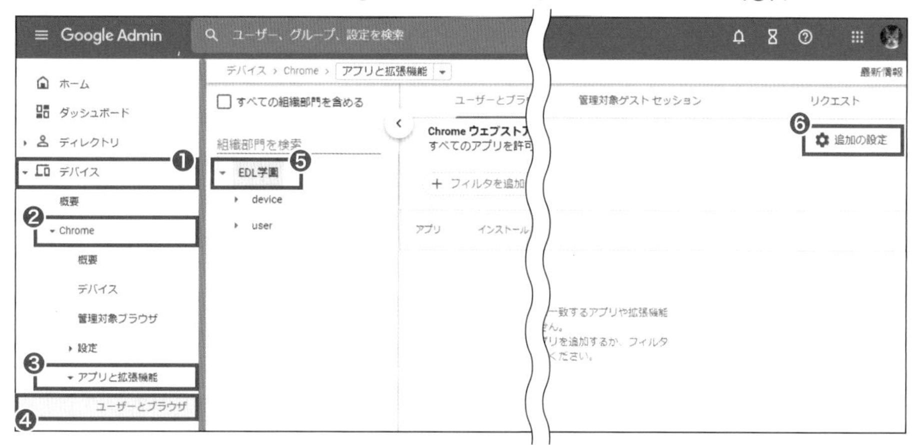

手順2.［許可／ブロックモード］の［編集］をクリックします。

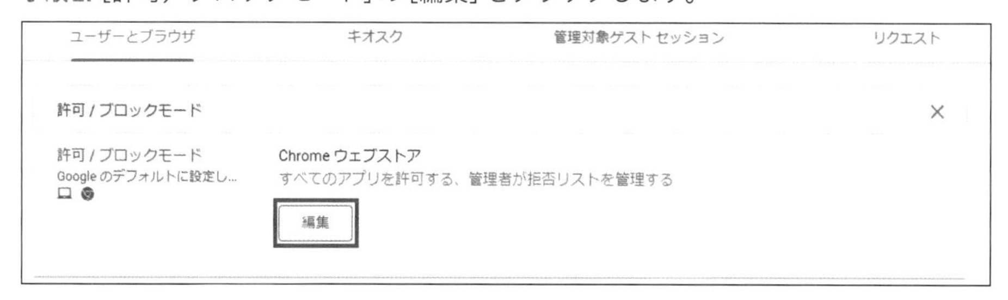

手順3. [すべてのアプリを拒否する、管理者が許可リストを管理する] をクリックし(❶)、[保存] をクリックします (❷)。

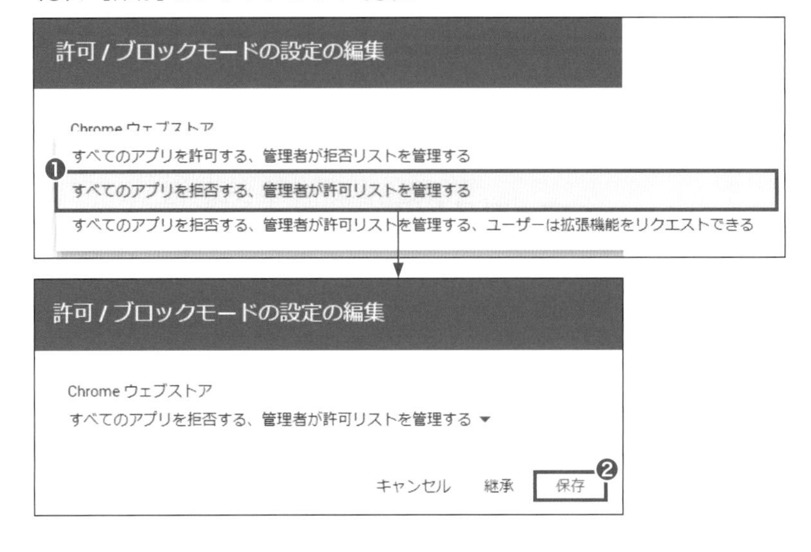

各選択項目の詳細です。

- **[すべてのアプリを許可する、管理者が拒否リストを管理する]** - ユーザーは、管理者がブロックしたアプリと拡張機能を除くすべてのアプリと拡張機能を Chrome ウェブストアからインストールできます。
- **[すべてのアプリを拒否する、管理者が許可リストを管理する]** - ユーザーは、管理者が許可したアプリと拡張機能のみ Chrome ウェブストアからインストールできます。
- **[すべてのアプリを拒否する、管理者が許可リストを管理する、ユーザーは拡張機能をリクエストできる]** - ユーザーが Chrome ウェブストアからインストールできるのは、管理者が許可したアプリと拡張機能のみですが、必要な拡張機能をリクエストすることも可能です。管理者はユーザーがリクエストした拡張機能を許可、ブロック、自動インストールできます。

〘リストへの追加〙

拡張機能のリストへの追加方法は第3章129ページに記載してある方法と同じです。

最初は、生徒の組織も教員の組織も [すべてのアプリを拒否する、管理者が許可リストを管理する] でスタートしましょう。そして、慣れてきたところで教員組織は [すべてのアプリを拒否する、管理者が許可リストを管理する、ユーザーは拡張機能をリクエストできる] に変更するなど、柔軟な運用を心がけましょう。3か月に一度などルールを決めて、定期的にポリシーを見直す機会を設けるのもおすすめです。

Android アプリ

Google Workspace for Education では「**管理者が承認した Android アプリ**」であれば、ユーザーにインストールを許可する設定が可能です。

memo
「Android アプリ」とは、Android 端末で動作するアプリケーション全般を指す。

〘管理方法の設定〙

memo
Google Workspace for Education ではユーザーに「任意の Android アプリ」のインストールを許可することはできない。

手順 1. Google 管理コンソールのサイドメニューの［デバイス］(❶) -［Chrome］(❷) -［アプリと拡張機能］(❸) -［ユーザーとブラウザ］をクリック (❹) します。次に、最上位の組織部門を選択し (❺)、［追加の設定］をクリックします (❻)。

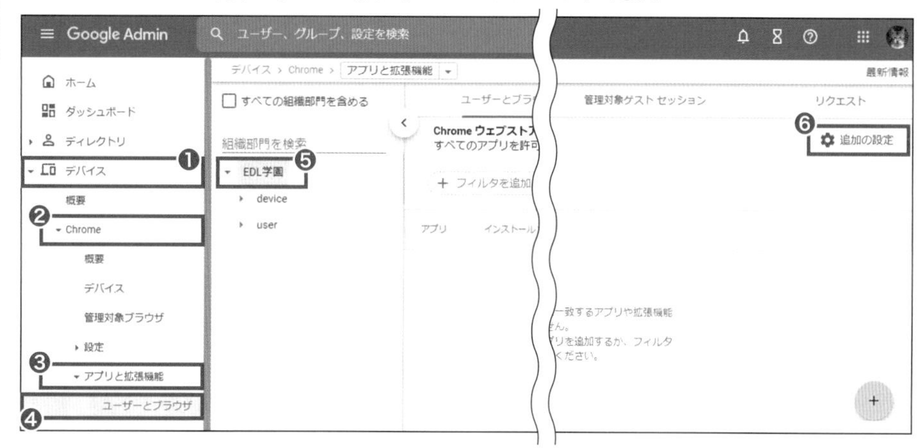

手順 2.［アプリケーションのその他の設定］の［Chrome デバイス上の Android アプリ］-［サポート対象の Chrome デバイスに対して承認済み Android アプリのインストールを許可する］の項目を［許可］にして設定を保存します。

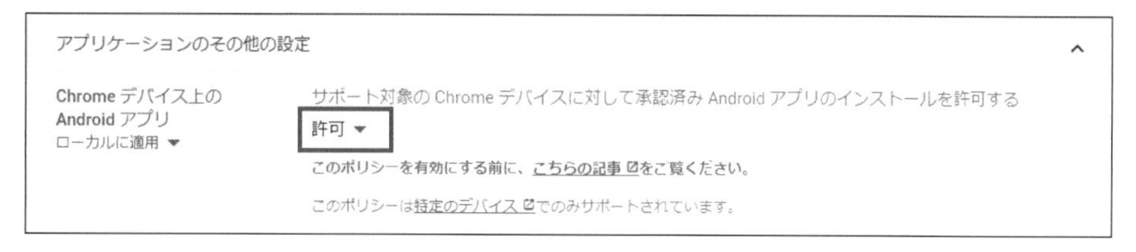

〘リストへの追加〙

memo
「Desmos グラフ計算機」は、関数のグラフ、表の作成、スライダーを使ったグラフの変形と移動、グラフのアニメーション作成などができるアプリ。

例としてここでは、数学の学習で使える「Desmos グラフ計算機」を追加してみましょう。

手順 1.［アプリと拡張機能］-［ユーザーとブラウザ］のページを開き、画面右下の追加アイコン ＋ の上にマウスを移動し (❶)、［Google Play から追加］をクリックします (❷)。

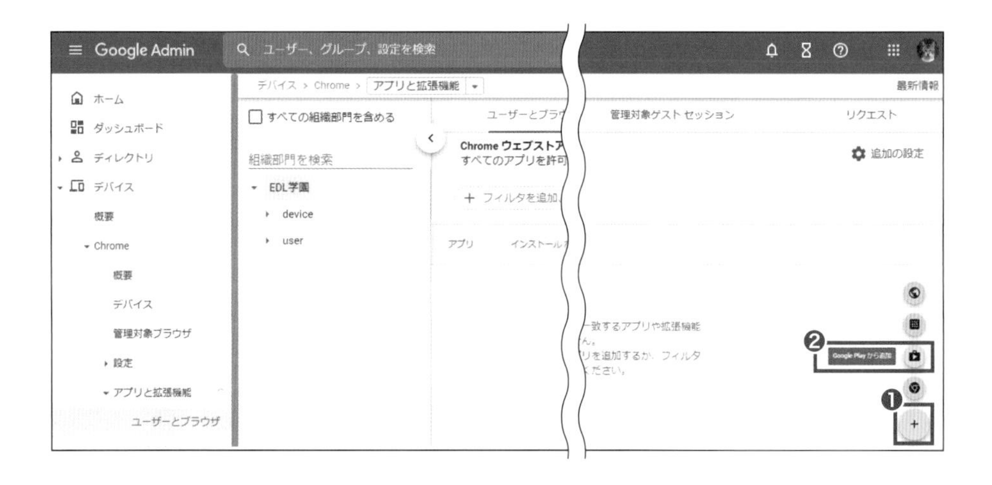

手順2.「Desmos」で検索し（❶）、[Desmos グラフ計算機] をクリックします（❷）。

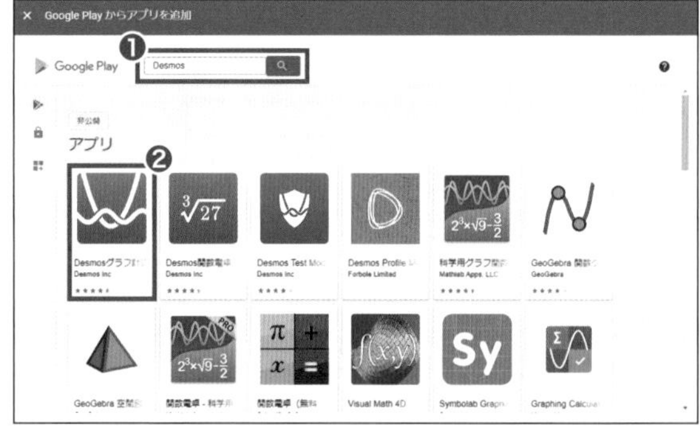

手順3. [選択]（❶）-[承諾] をクリックすると（❷）、リストに追加されます。

デフォルトではインストールポリシーは[インストールを許可する]になっていますので、変更したい場合はインストールポリシーの▼をクリックし、変更したいポリシーを選択して画面右上の[保存]をクリックします。

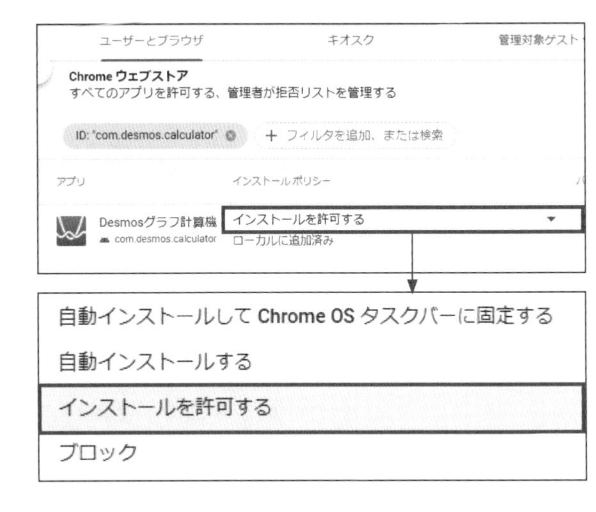

Android アプリは、ユーザーが直接操作する Chromebook のローカルのファイルシステムにインストールされます。一部の Android アプリはサイズが大きいため保存容量に注意が必要です。そのため Android アプリには[自動インストール]の設定ではなく、[インストールを許可する]の設定をおすすめします。

ディレクトリ設定

Google Workspace の「ディレクトリ」には、組織内のユーザー全員のプロフィール情報、メールアドレス、グループのメールアドレス、共有されている外部連絡先が登録されています。

これらの情報は、ユーザー同士がコミュニケーションをとり、組織における互いの役割を理解するうえで役立ちます。個人情報に当たるから……と活用を制限してしまうとかえって情報共有に支障が出ます。**ディレクトリは「有効」(連絡先の共有が有効)にしておきましょう。**Gmail や Google ドキュメントなど、Google のサービスでユーザーが個人やグループのアドレスの入力を開始すると、すぐに予測変換が働き、「オートコンプリート」されます。また、ユーザーは連絡先や他の Google のサービスでプロフィール情報をすぐに確認できるようになります。

memo
「オートコンプリート」とは、過去の入力履歴を参照し、文字列の冒頭部分から残りの文字列を予測して表示する機能。

デフォルトでは、ディレクトリが「有効」になっており、組織内のユーザー誰もが他の全ユーザーのプロフィール情報を即時検索できるように設定されています。

「**カスタム ディレクトリ**」を設定すると、オートコンプリート リスト、連絡先、検索に表示するユーザーを限定できます。組織部門ごとにディレクトリを割り当てられるので、一部のユーザーにはカスタム ディレクトリを表示し、それ以外のユーザーにはディレクトリ内のすべての連絡先を表示することも、一切表示しないようにすることもできます。

ディレクトリ ➡ 連絡先一覧
カスタム ディレクトリ ➡ 特定のユーザーだけをまとめた連絡先一覧
「ユーザーをまとめる」のは Google グループで行う

カスタム ディレクトリの設定方法

EDL学園中学校・高等学校の組織部門の構成は下図のようになっています。

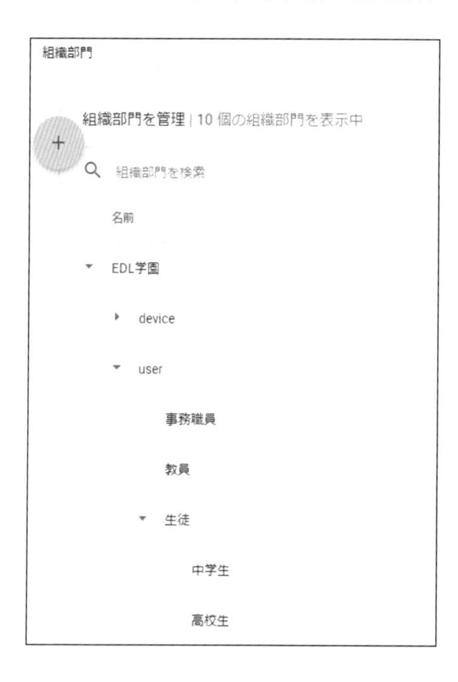

次の2つの条件を満たすようにカスタム ディレクトリを設定してみましょう。

- 組織部門「中学生」に属するユーザーからは「中学生」に属するユーザーと「教員」に属するユーザーのプロフィール情報を確認できるが、それら以外の組織部門に属するユーザーのプロフィール情報を確認できない
- 組織部門「高校生」に属するユーザーからは「高校生」に属するユーザーと「教員」に属するユーザーのプロフィール情報を確認できるが、それら以外の組織部門に属するユーザーのプロフィール情報を確認できない

カスタムディレクトリの概念図

組織部門
中学生

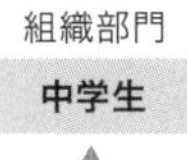

組織部門
高校生

作成したカスタムディレクトリを
組織部門に紐づける

カスタムディレクトリ
名称：中学用 CD
カスタムディレクトリにどのユーザーを
登録するかはグループで指定する

以下の 2 つのグループを
カスタムディレクトリに登録する
グループ名称：中学生徒
グループ名称：先生

組織部門「中学生」に属するユーザーからは「中学生」に属するユーザーと「教員」に属するユーザーのみ検索・表示可能であり、他の組織部門のユーザー情報は検索・表示できない

カスタムディレクトリ
名称：高校用 CD
カスタムディレクトリにどのユーザーを
登録するかはグループで指定する

以下の 2 つのグループを
カスタムディレクトリに登録する
グループ名称：高校生徒
グループ名称：先生

組織部門「高校生」に属するユーザーからは「高校生」に属するユーザーと「教員」に属するユーザーのみ検索・表示可能であり、他の組織部門のユーザー情報は検索・表示できない

手順 1. 次の3つのグループを作成します。

グループ名	グループの メールアドレス	メンバー
中学生徒	juniorhigh@xxxx	組織部門「中学生」に属するすべてのユーザー
高校生徒	high@xxxx	組織部門「高校生」に属するすべてのユーザー
先生	teacher@xxxx	組織部門「教員」に属するすべてのユーザー

手順 2. 管理コンソールのホーム画面サイドメニューの［ディレクトリ］（❶）-［ディレクトリ設定］をクリックし（❷）、［公開設定］をクリックします（❸）。

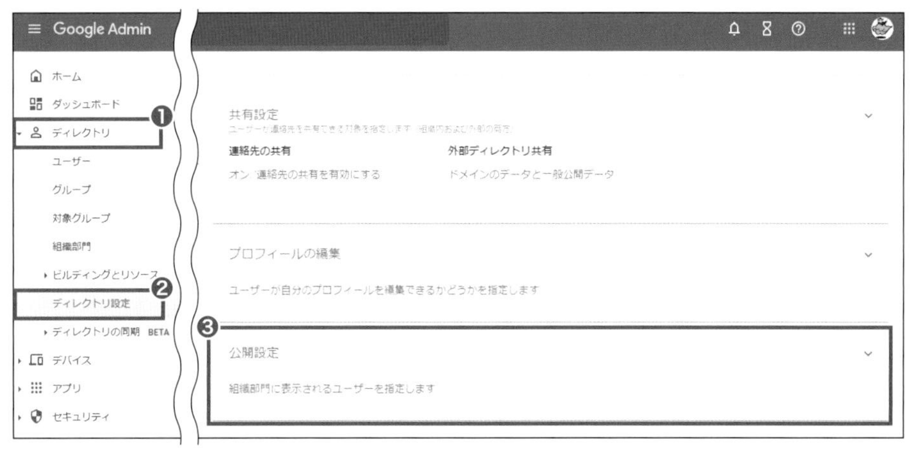

手順3. 組織部門「中学生」を選択し(❶)、[カスタム ディレクトリ内のユーザー]を選択し(❷)、[新規作成]をクリックします(❸)。

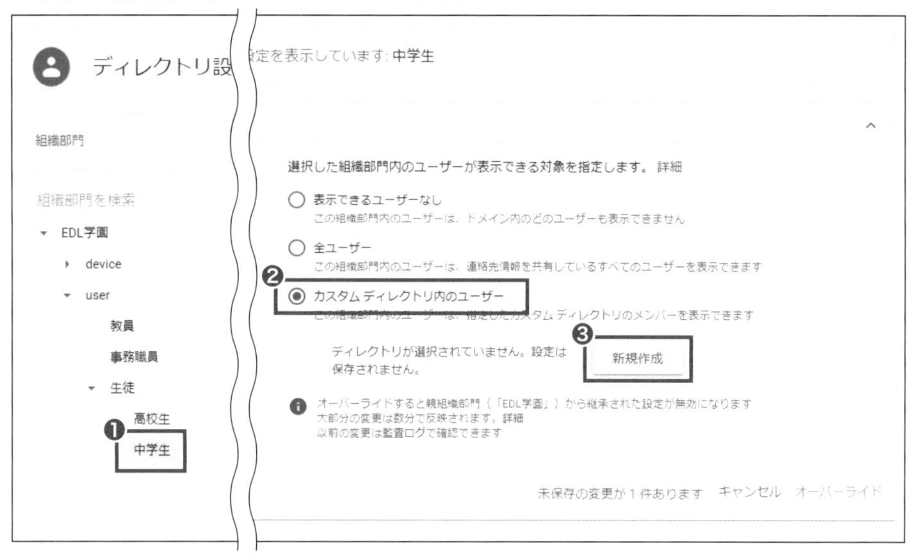

手順4. ディレクトリの名前に[中学用CD](❶)、グループを検索で「中学生徒」と「先生」を検索し(❷)、[作成]をクリックします(❸)。CDはカスタム ディレクトリの略です。

手順5. [カスタム ディレクトリを選択]の▼(❶) - [中学用CD]をクリックし(❷)、画面右下の[オーバーライド]をクリックします(❸)。

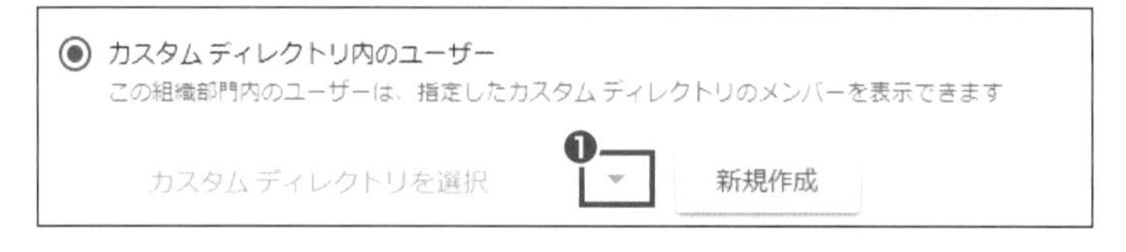

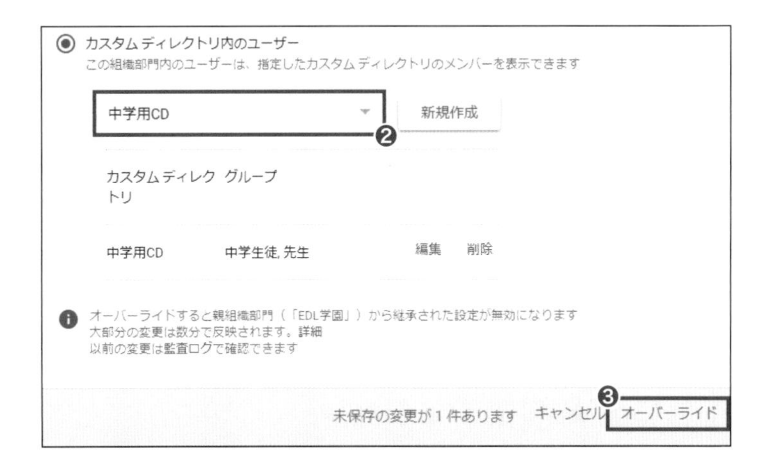

手順6. 組織部門「高校生」を選択し、[カスタム ディレクトリ内のユーザー] にチェックを入れます。

手順7. [新規作成] をクリックし、ディレクトリの名前に [高校用CD]、グループを検索で「高校生徒」と「教員」を検索し、[作成] をクリックします。

手順8. [カスタム ディレクトリを選択] の▼ - [高校用CD] をクリックし、画面右下の [オーバーライド] をクリックします。

以上、Education Fundamentals を含むすべてのエディションでできる学校特有のニーズに応じた設定について代表的なものを見てきました。次節では、有償エディションで実現するプレミアムなデジタル学習環境と教育環境、そして高度なセキュリティについて、具体的に解説していきます。

3 ワンランク上の教育環境と高度なセキュリティとは

ポイント
- 有償エディションでは高度なセキュリティ分析ツールが使える
- 盗用をチェックする「独自性レポート」やGoogle Meetの録画・共有機能も

3つの有償エディション

Google Workspace for Educationのエディションには、教育機関であれば無償で使えるEducation Fundamentalsのほかに、付加価値の高いサービスが追加された3つのエディションが用意されています。無料であるEducation Fundamentalsがすべてのサービスのベースです。これに有料のサービスを追加する形になるとお考えください。

基本となるEducation Fundamentalsエディションでも、学びや校務でのコミュニケーションとコラボレーションを効果的に行うことができますが、組織で活用する場合は、より「高度なセキュリティと管理機能」を追加したいというニーズが生まれます。

例えば、セキュリティに関する追加サービスには、組織のデータをより安全に保ちつつ、組織内のユーザーが、Android、iOSなどのモバイル デバイスから組織のアカウントにアクセスできるようにするための機能があります。また、間違って共有されている文書を発見し、誰がアクセスしてしまったのか履歴を確認、修正を実行するといった調査が手軽に実施できるようになります。

参照
「独自性レポート」についての詳細は後述（188ページ参照）。

また、教育や学習に関する追加サービスには、Google Classroomで提出物にWebからコピー&ペーストしたコンテンツがどの程度含まれているかどうかを確認できる独自性レポート機能がありますが、これを数に制限なく利用できます。他にも、ビデオ会議の録画、ミーティング参加者を少人数のグループに分けるブレイクアウト セッションなど、さまざまな機能が付加されます。

無償エディション

Education Fundamentals

安全なプラットフォームでの協同学習環境を実現する、学習、コラボレーション、コミュニケーションのための無料のツールセット

＋

有償エディション

Education Standard	学習環境全体の可視性を高め、管理を強化することで、リスクと脅威を軽減できる高度なセキュリティツールと分析ツール。 ※全生徒分の購入が必要
Teaching and Learning Upgrade	豊かなコミュニケーションと学びの体験を育み、学問的誠実性を促す高度な教育用ツール。 ※教職員向けのライセンス。1アカウントから購入可能。
Education Plus	Education StandardとTeaching and Learningの充実した教育・学習向けの機能などを含む包括的なソリューション。 ※全生徒分の購入が必要

Education Standard は、在籍する全生徒分の購入が必要ですが、卒業生や教職員などを含める必要はありません。購入したライセンス 4 つごとに無料ライセンスが 1 つ提供され、教職員が利用できます。データとプライバシーを予防的に保護し、進化し続けるセキュリティ リスクから学校のコミュニティを守るための高度なセキュリティツールと分析機能が使えるようになります。

Teaching and Learning Upgrade は、1アカウントから購入可能なエディションです。高度なビデオ会議機能、授業と学習を充実させる機能、学問的誠実性を促すツールと学習に変革をもたらすツールが使えるようになります。

特に、Google Meet についての追加機能が多く含まれており、インタラクティブな Q＆Aやアンケート、ブレイクアウト セッション、会議の録画などができます。

また、Classroom の生徒が提出したレポートや論文などに盗用の可能性がないかどうかを簡単に確認すると同時に、生徒が自分以外の著作物を適切に盛り込めるよう支援する「独自性レポート機能」が制限なく使えるようになります。

Education Plus は、Education Standard と Teaching and Learning Upgrade の強化されたセキュリティ機能とツールがすべて含まれています。このエディションもまた、最小購入要件は生徒の総在籍者数に基づいて決まります。Education Plus は、Education Standard または Teaching and Learning Upgrade と**組み合わせて使用することはできません。**

Google Workspace for Education の有償エディションはすべて年間契約となり、対象期間中は価格が固定されます。ただし、Teaching and Learning Upgrade であれば、月単位での契約も可能です。なお、Education Plus は、複数年分（2 年分以上）まとめての契約、購入で自動的に割引が適用されます。

Education Standard や Education Plus にアップグレードすると、設定や状態の可視化がしやすく、さらには**予防型のセキュリティ対策**をとれる高度なツールを利用できるようになります。詳しく見ていきましょう。

参照
Google Meet の追加機能について、詳細は第3章118ページを参照。

memo
Education Fundamentals および Education Standard の場合、独自性レポート機能の利用は、各クラス5回までに制限される。

memo
60日間・最大50ライセンスまで、有償版 の全ての機能を無料でお試しできる。

セキュリティと分析のツール

時代がどんどん変化する中、情報セキュリティ対策は、状況に応じて随時見直していく必要があります。いつまでも同じ対策では脅威を防ぎきれません。セキュリティ レベルを維持し、向上させるためには、現在のセキュリティ設定を把握し、新しく生じた問題に対して迅速に対応する必要があります。

Education Standard や Education Plus では、セキュリティ リスクに対して、迅速かつ簡単に防止、検出、解決できるツールを利用することができます。

組織内のセキュリティ状況を速やかに確認し、起きている事象について詳しく調査、対応を行うことができるだけでなく、現在のセキュリティ設定に対しておすすめの設定を確認することができるので、ドメイン全体のセキュリティを強化する予防的なセキュリティ対策が可能です。

ここでは、利用できるセキュリティと分析のツールを、具体的にみていきましょう。

セキュリティ ダッシュボード

「**セキュリティ ダッシュボード**」は、組織内で起きているセキュリティやプライバシーに関する状況を**一覧で表示してくれる場所**です。

管理者はセキュリティ ダッシュボードを使用して、

- ドメインの外部とのファイル共有の状況
- なりすましの可能性が認められるメール
- DLP（データ損失防止）ルール違反の発生頻度

参照
DLPについては、第5章第1節を参照。

などについてのセキュリティレポートの概要を、グラフで可視化された状態で確認できます。デフォルトでは過去7日間のデータが表示され、データの期間やさかのぼる日数を指定したりすることで、ダッシュボードをカスタマイズできます。

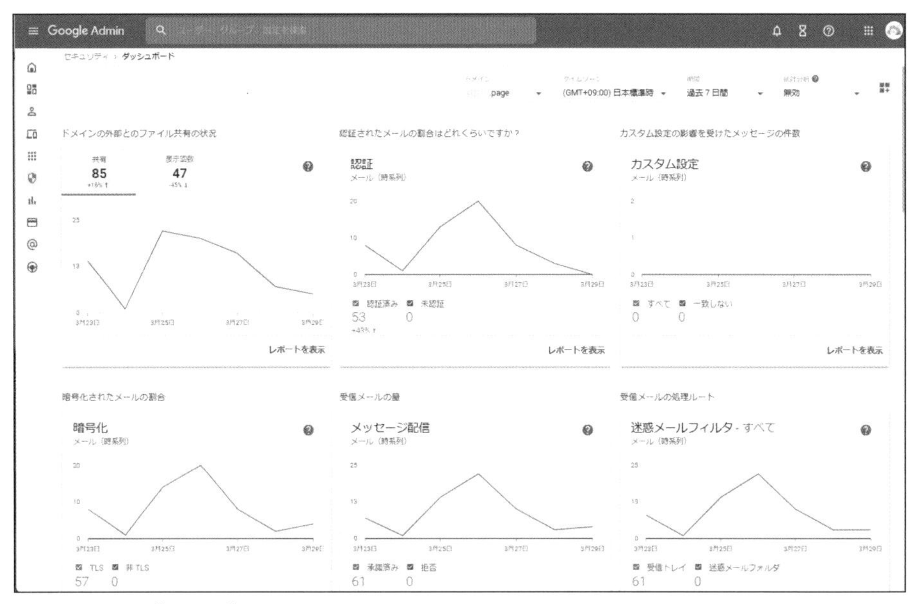

▲セキュリティ ダッシュボード

例 機密情報が第三者と共有されるのを防ぐために外部とのファイル共有の状況を確認する

手順. 管理コンソールのホーム画面サイドメニューの[セキュリティ](❶)-[セキュリティセンター](❷)-[ダッシュボード]をクリックします(❸)。

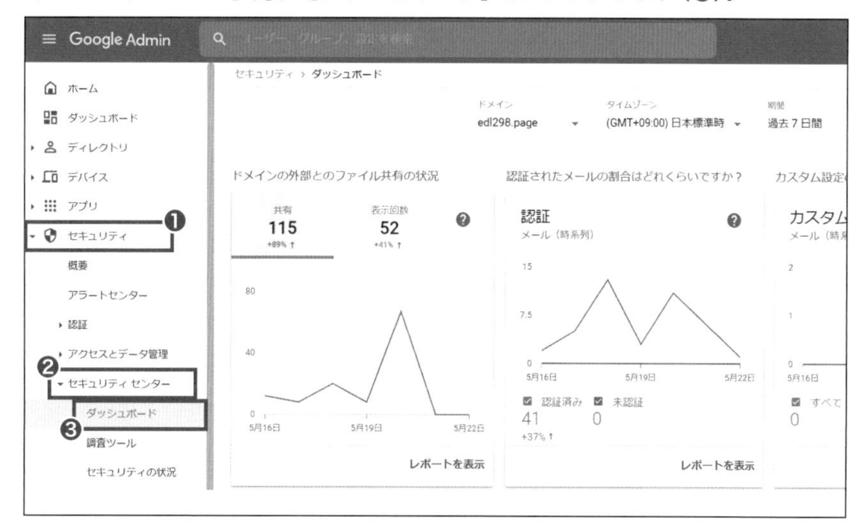

［ドメインの外部とのファイル共有の状況］パネルで、組織外のユーザーとの共有数、外部から閲覧可能なファイルの特定期間内での表示回数を確認できます。

上図にある[レポートを表示]をクリックすれば、詳細な情報を見られます。データをエクスポートする場合は、[シートをエクスポート]をクリックします。

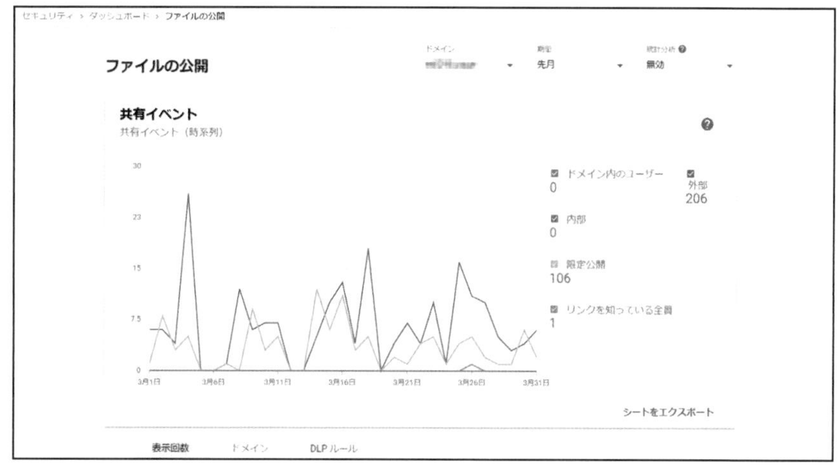

▲レポートの詳細情報

グラフの急激な変化を見つけ、脅威となりうる状況を確認した場合は、[レポートを表示] から、次項で解説する「調査ツール」に直接アクセスすることも可能です。条件が絞り込まれた状態で簡単に詳細な調査を進められ、問題に対処することができます。

調査ツール

「**調査ツール**」は、セキュリティやプライバシーの問題がないか、細かく調査できるツールです。問題が見つかった場合は、管理者の強力な権限ですぐに解決できます。

さまざまなデータソースを対象に詳細な検索を行い、セキュリティとプライバシーに関する問題を特定して、優先順位をつけて対処できます。例えば次の操作が可能です。

- デバイスのログデータからデータへのアクセスに使われているデバイスやアプリを確認
- Gmail のログデータから悪意のあるメールの検索と削除、迷惑メールやフィッシング メールの分類、ユーザーの受信トレイへのメール送信
- ドライブのログデータから、組織内のファイル共有、ドキュメントの作成と削除、ドキュメントにアクセスしたユーザーなどを調査

例 **アクセス権を持つべきではないユーザーに誤って共有されているファイルが発覚したので、ファイル共有を追跡し、ファイル権限を変更、ダウンロード、印刷、コピーを無効化する**

手順1. 管理コンソールのホーム画面サイドメニューの [セキュリティ] (❶) - [セキュリティセンター] (❷) - [調査ツール] をクリックします (❸)。

手順2. [データソース] から [ドライブのログのイベント] を選択し、[条件を追加] をクリックします。

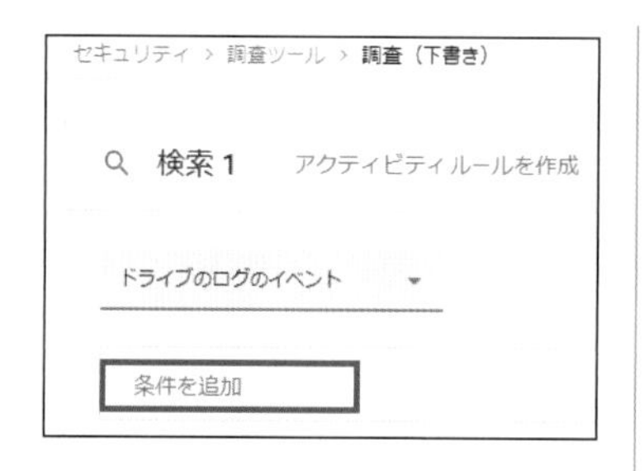

手順3. [属性] (❶) から [公開設定] (❷) - [外部と共有中] を選択し (❸)、[検索] をクリックします (❹)。

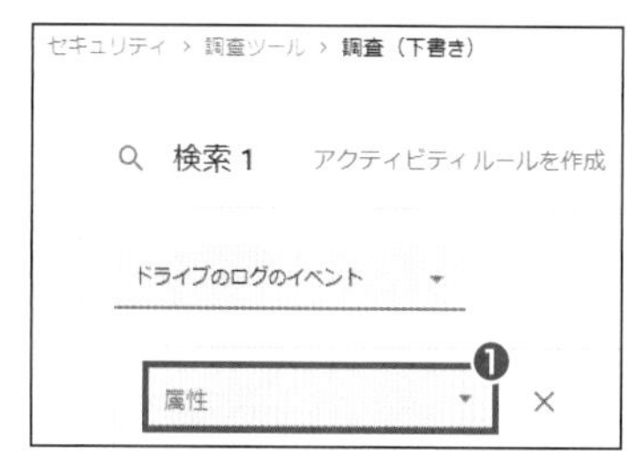

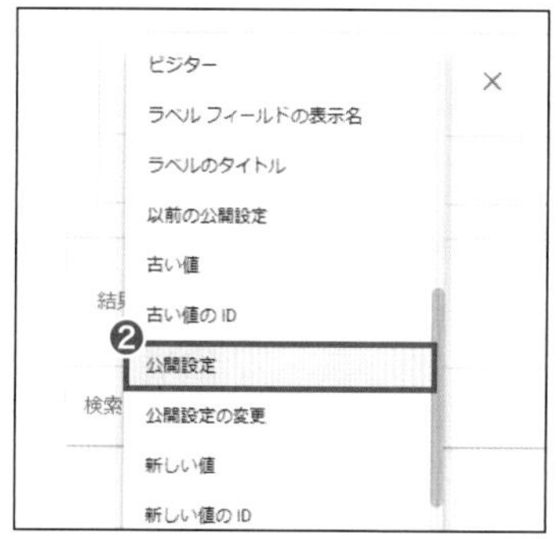

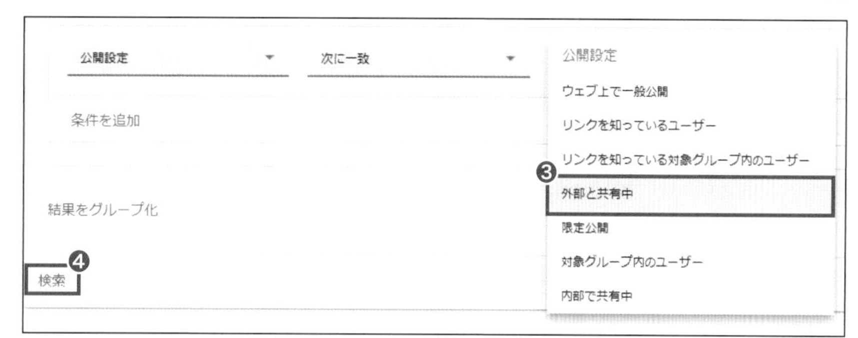

手順4. 検索結果から関連のあるファイルを選択して (❶)、[操作] をクリックします (❷)。

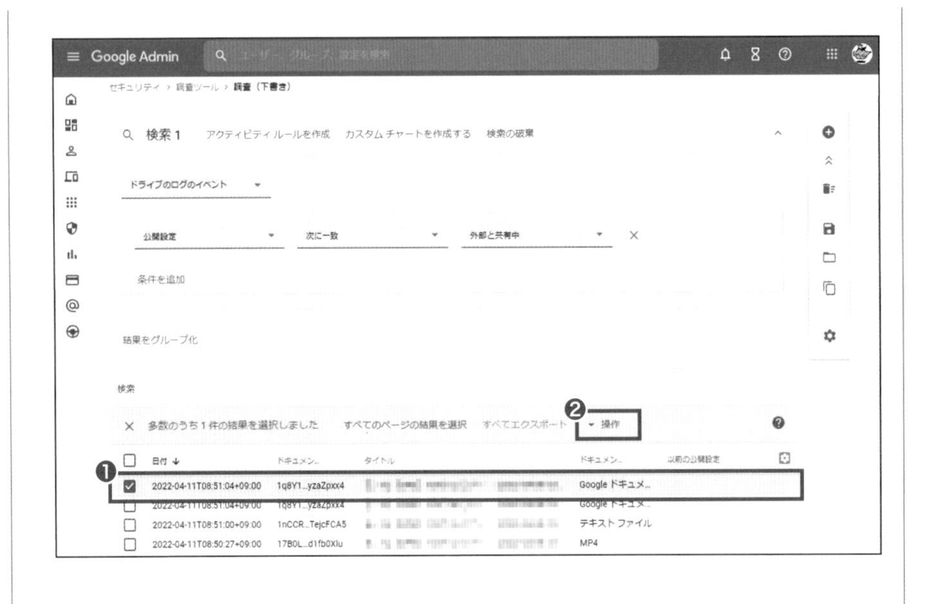

手順5. [ダウンロード、印刷、コピーを無効にする] をクリックして画面の指示に従い（❶）、[無効にする] をクリックします（❷）。

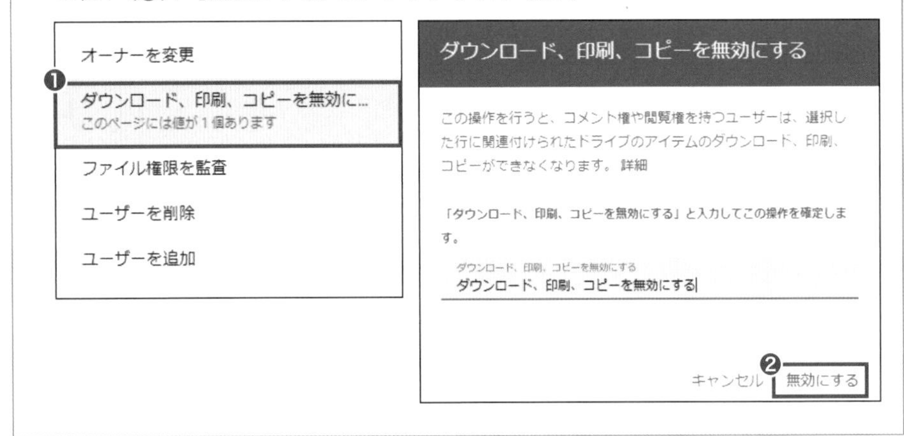

セキュリティの状況ページ

「セキュリティの状況ページ」では、管理コンソールのセキュリティ設定が、いまどのようになっているのかをまとめて確認できます。自動メール転送、デバイスの暗号化、ドライブの共有設定といった設定が、Google の推奨設定と合致している場合は、その項目に「**セキュア**な状態であるという緑色のチェックマーク が表示されます。

また、チェックマークが入っていないところは、[おすすめの対処法] をクリックすれば、詳細情報と操作手順が確認できるので、必要に応じて設定を変更できます。

推奨のセキュリティ設定について、自組織の環境を踏まえたアドバイスが得られるので、セキュリティ状況に応じた対策を採用してリスクを減らすことに繋がります。

memo
「セキュア」とは安全な、安心な、などの意味を持つ形容詞の英単語。IT分野では、情報やシステム、通信路などが保護されて安全な状態にあることを「セキュアな」と表現する。

例 Google ドライブのセキュリティ関連の設定項目と設定状況を確認する

手順1. 管理コンソールのホーム画面サイドメニューの［セキュリティ］(❶) -［セキュリティセンター］(❷) -［セキュリティの状況］をクリックします (❸)。

手順2.［おすすめの対処法］のアイコンをクリックすると、セキュリティに関するおすすめの対処法のリストが示されます。
［詳細］をクリックすると該当のヘルプページが開き、詳細情報を確認できます。

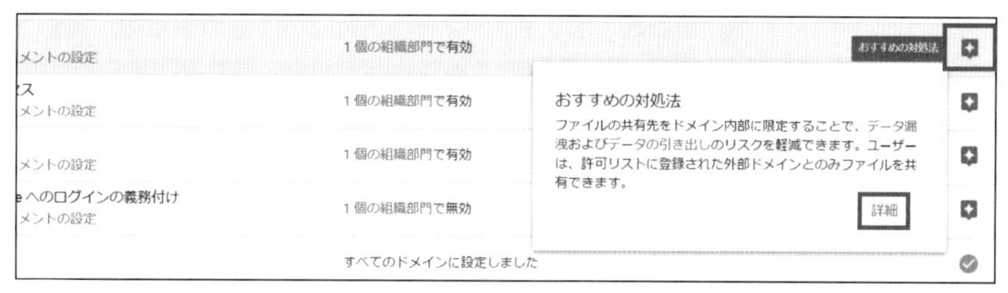

手順3. 設定を変更したい場合は、［樹形図を開く］のアイコン をクリックし、該当組織部門をクリックすると設定ページに遷移します。表示されたページで設定を変更します。

ドライブの共有設定
この樹形図には、管理者によってこの設定が明示的に行われた組織部門が表示されます。詳細
EDL学園

Gmail のセキュリティ サンドボックス

メールの添付ファイルには、従来のウイルス対策プログラムで見逃された不正なソフトウェアが含まれている場合があります。「**Gmail のセキュリティ サンドボックス**」は、仮想環境で、添付ファイルを自動的にスキャンして、脅威となりうる可能性のあるファイルを特定することができる機能です。リスクのあるメールを、ユーザーの［迷惑メール］フォルダに自動的に移動させたり、隔離することも可能です。

例　セキュリティ サンドボックスですべての添付ファイルをスキャンするようにする

手順1. 管理コンソールのホーム画面サイドメニューの［アプリ］（❶）-［Google Workspace］（❷）-［Gmail］をクリックし（❸）、［迷惑メール、フィッシング、不正なソフトウェア］をクリックします（❹）。

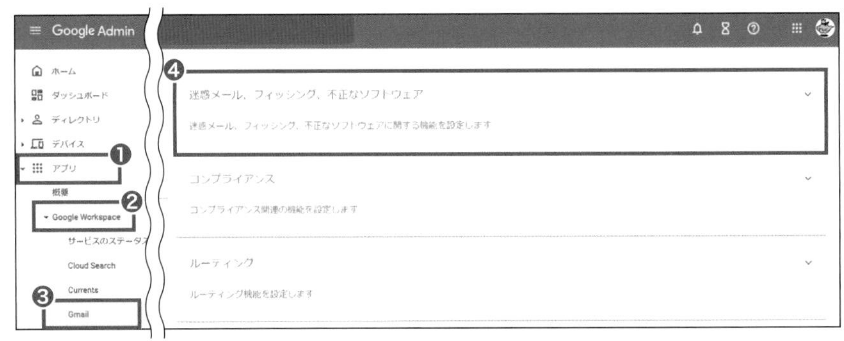

手順2. ［セキュリティサンドボックス］の鉛筆のアイコンをクリックします。

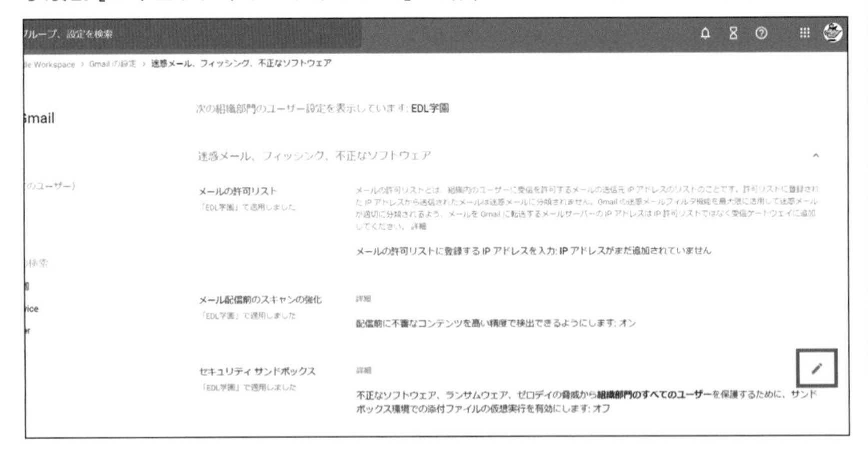

手順3. ［不正なソフトウェア、ランサムウェア、ゼロデイの脅威から組織部門のすべてのユーザーを保護するために、サンドボックス環境での添付ファイルの仮想実行を有効にします］のチェックボックスをオンにし（❶）、［保存］をクリックします（❷）。

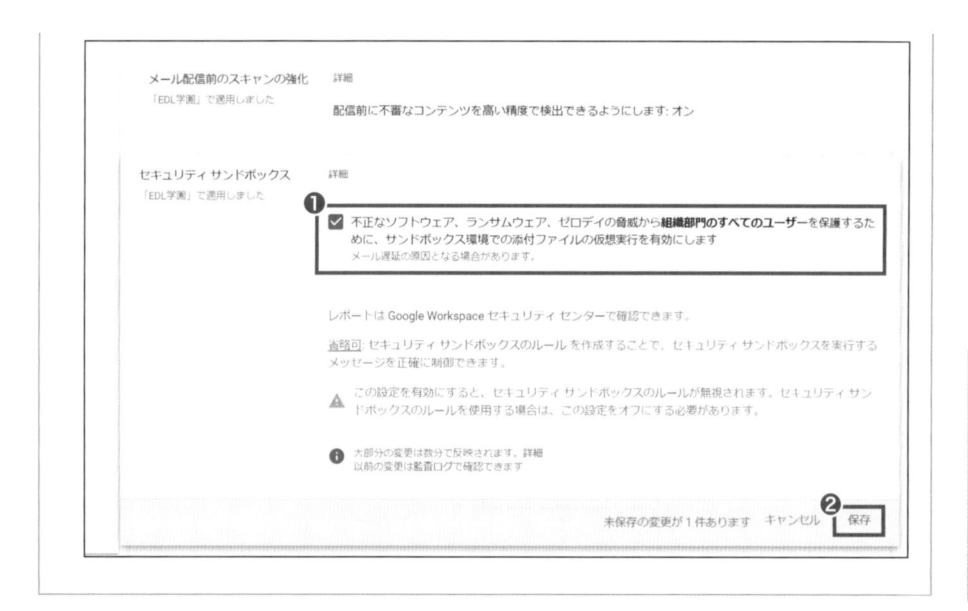

また、特定のルールに一致したメールのみ添付ファイルをスキャンする、というようなカスタム設定もできますが、基本は上記の設定をおすすめします。

コンテキスト アウェア アクセス

「コンテキスト」とは、「環境」や「状況」を意味しています。「**コンテキスト アウェア アクセス**」とは、ユーザーとデバイスの状況（ユーザー ID やアクセスをする場所、デバイスのセキュリティステータス、IP アドレスなどの属性）に基づいてポリシーを作成し、Google Workspace アプリへのアクセスを制御する機能です。

例えば、

- 機密情報を扱うユーザーの Google ドライブへのアクセスは、承認された端末からのみ 許可する
- 学校のネットワークにアクセスしている時のみ チャット にアクセスできる
- アクセス元の地域を姉妹校のあるカナダと日本のみにする

といったような使い方ができます。

コンテキスト アウェア アクセス を使用することにより、外部への情報流出を防ぐだけではなく、外部からの脅威をブロックできます。

例　アクセス元の地域を姉妹校のあるカナダと日本のみにする

手順1. 管理コンソールのホーム画面サイドメニューの[セキュリティ](❶)-[アクセスとデータ管理](❷)-[コンテキストアウェア アクセス]をクリックします(❸)。次に、[有効にする]をクリックし(❹)、[新しいアクセスレベルを作成]をクリックします(❺)。

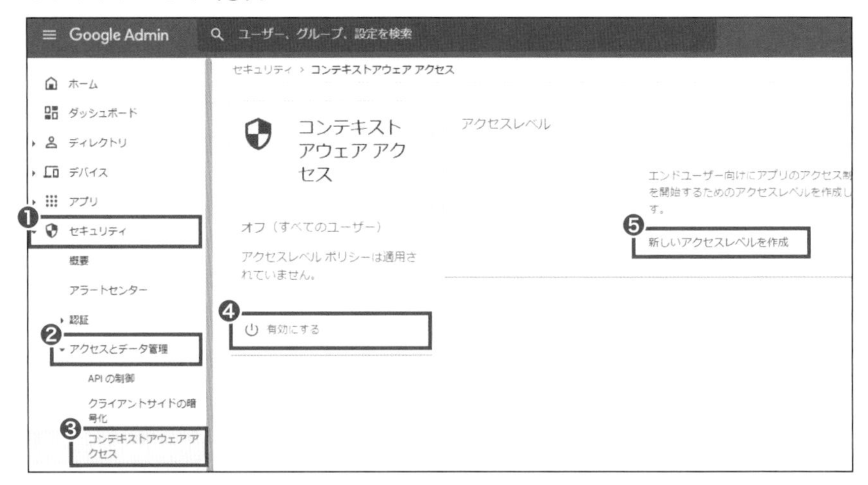

手順2. [詳細]の[名前]と[説明]を入力します。

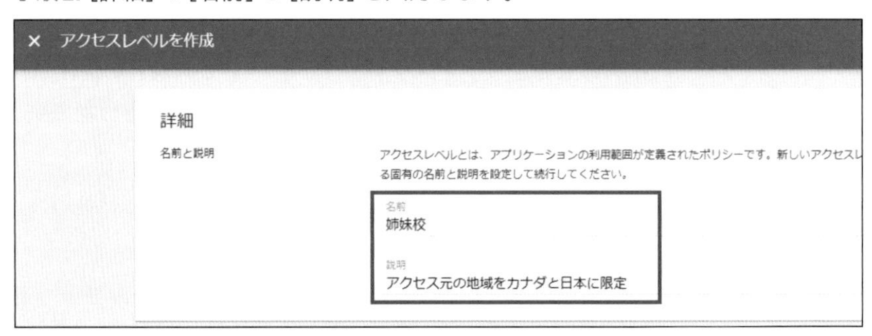

手順3. [条件]-[条件1]の[属性を追加]で[アクセス元の地域]を選択します。

条件

このレベルが付いているアプリにユーザーがアクセスできるタイミングを定義するには、基本モードまたは詳細モードのいずれかを使用して条
現在選択されているモードの条件のみが保存されます。詳細

基本　詳細

ユーザーは、以下の条件に該当する場合、アプリにアクセスできます。

1 個以上の条件を追加する場合は、すべての条件の結合方法を選択します　AND　または

条件 1

この条件は、すべての属性に該当する（AND）場合にのみ適用されます。

ユーザーが次の場合に条件を適用:　属性に該当する　属性に該当しない

属性を追加

IP サブネット

アクセス元の地域

デバイス ポリシー

デバイスの OS

アクセスレベル

手順4. [次に一致] でカナダと日本を選択し (❶)、[保存] をクリックします (❷)。

する（AND）場合にのみ適用されます。

属性に該当する　属性に該当しない

次に一致　❶ カナダ　または　日本

キャンセル　❷ 保存

手順5. [次のステップ] で [アクセスレベルの割り当て] をクリックします。

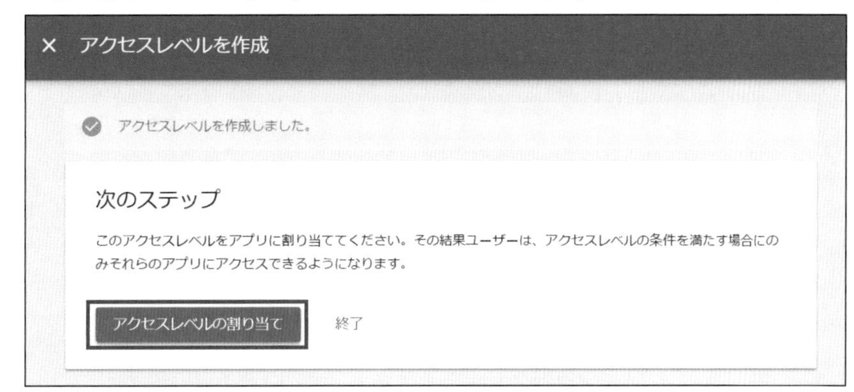

手順6. アプリの一覧が表示されます。左側で組織部門またはグループを選択します。この例では全ユーザーに設定を適用するので、最上位の組織部門を選択したままにします。

手順7. この例では全アプリに対して割り当てますので[名前]の左のチェックボックスをオンにして(❶)、[割り当て]をクリックします(❷)。

手順8. [選択した15個のアプリに対する割り当て]の画面で[姉妹校]のチェックボックスをオンにして(❶)、[保存]をクリックします(❷)。

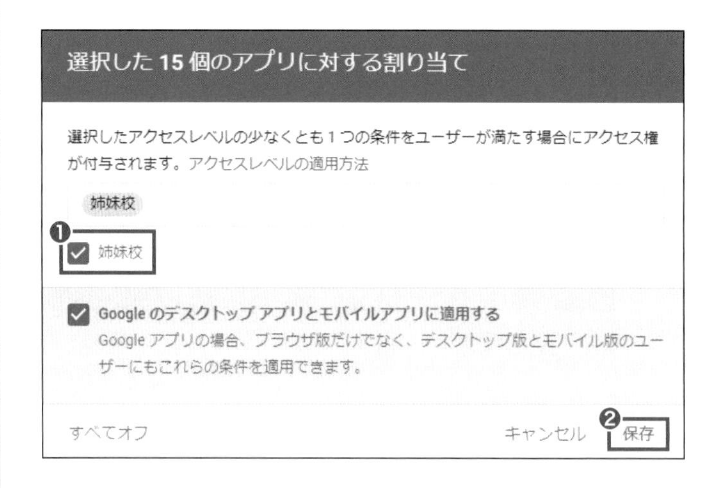

以上で設定は完了です。

この組織のユーザーがカナダ、日本以外の国から手順7で割り当てたアプリにアクセスしようとすると、次のような画面になりアクセスできません。

Google

アクセス権がありません

組織のポリシーにより、このアプリへのアクセスはブロックされています。

アクセス権限の付与についてサポートが必要な場合は、管理者にお問い合わせください。

BigQuery でのログの分析

Google が提供する「**BigQuery(ビッグクエリ)**」は、Google Cloud にて提供されているビッグデータを超高速で解析することができるサービスです。ドメイン全体の監査ログや使用状況データは、データ分析プラットフォームである BigQuery に出力することができます。

「ビッグデータ解析なんて難しそう」「料金も高そう」と思いがちですが、BigQuery の利用にあたっては、シンプルで簡単に扱える上、10GBのストレージとひと月あたり最大1TB の検索を実行するクエリを無料で使うことができ、多くの教育機関で無料の範囲で収まるように設計されています。

BigQuery を使用すると、次のようなことが可能になります。

- 管理コンソール、Google カレンダー、デバイス、Google ドライブ、ログイン、Google グループ、OAuth トークン、SAML の監査ログや、Reports APIの更新について、それぞれのアクティビティ情報を分析する。
- アクティビティ レポートと組織で使用されている他のアプリの使用状況データを組み合わせて、すべてのアプリを対象としたレポートを作成する。
- BigQuery に組織のディレクトリ データを追加して、Google Workspace でのアクティビティを詳しく検索する。
- ユーザー アカウント、ドライブ、ChromeOS、Classroom、カレンダー、Google Currents、Google Meet、デバイス管理、Gmail や、Reports API の更新について、使用統計を集約したレポートを作成する。
- Google データポータルや、BigQuery と統合されたサードパーティ製可視化パートナーなどの分析ツールを使用して、カスタム レポートとダッシュボードを作成する。

memo
「OAuth(オーオース)」とは、複数のWebサービスを連携してシームレスに動作させるために使われる仕組みのことで、保護されたリソースのデータにアクセスされると「トークン」に記録される。

memo
「SAML(サムル)」とは、Security Assertion Markup Language の略で、1度のユーザー認証によって複数のシステムの利用が可能になるSSO(シングルサインオン)を実現する認証のひとつ。

memo
「監査ログ」はシステムが正しく運用されているか、そうではない場合にどこに不備があるのかを正確かつ客観的に検証することを目的としたログ。

memo
「API」とは、Application Programming Interfaceの略で、プログラム同士をつなぐ「インターフェース(接点)」のこと。「Reports API(レポートエーピーアイ)」とは、Googleからデータを抽出してレポートの作成と分析を自動化して効率化するための一連の仕組み。

memo
「サードパーティ製」とは、特定の製品に対応する(互換性のある)、その製品の開発元・販売元ではない第三者(サードパーティ)企業が提供する製品のこと。

ログデータは必要な期間を適用して保持できます。ログを出力し、BigQuery や独自のツールで分析することで、より多くの分析情報を生成できます。

BigQuery に入れたデータは、「データポータル」や「コネクテッド シート」と組み合わせることで視覚化され、利活用状況分析がしやすくなります。

「**データポータル**」とは、お使いのデータを柔軟にグラフや表にカスタマイズしたり、分析や共有したりするのに大変便利な Google の無料ツールです。「Google データポータル ダッシュボード作成」と検索し、[無料で利用する]をクリックすればすぐに活用をスタートできます。

一方、「**コネクテッド シート**」は **Education Plus** で利用できるサービスです。スプレッドシートと同じ画面表示で、高度な専門スキルがなくてもビックデータ分析を行えます。

教育と学習のツール

Google Workspace for Education では、効果的な学びにつながる機能を使うことができます。ここでは、特に教育機関で活用できる、「**独自性レポート**」と「**Google Meet の高度な機能**」についてご紹介します。

参照
独自性レポートの設定方法は、下記のWebサイトも参照。
"独自性レポートを有効にする"
https://support.google.com/edu/classroom/answer/9335816?hl=ja

独自性レポート

「**独自性レポート**」とは、生徒の提出物に盗用の可能性がないかを、簡単に確認することができる Google Classroom の機能です。 Google のAI が生徒の提出物を、数千億のウェブページや 4,000 万冊以上の書籍と比較し、盗用の可能性がある記述と外部ソースへのリンクを、ハイライトでわかるようにしてくれます。コピペばかりのレポートになっていないか、生徒が提出したレポートを教師がひとつひとつ確認するのは不可能ですが、課題を配付する前に独自性レポートを有効にしておくだけで、自動的に報告してくれます。先生方の作業負担を軽減できますね。

この「独自性レポート」は、提出物の中からコピペレポートを見つけ出し、指摘するという教師のためだけの機能ではありません。生徒自身が独自性レポートの機能を使えば、著作部分を適切に引用できているのかセルフチェックすることができます。確認したうえで、課題を提出できます。

Education Fundamentals、Education Standardでは、独自性レポートの使用は各クラス5回までという制限があります。しかし、Teaching and Learning Upgrade と Education Plus であれば、無制限に活用することができる上、教師が独自性レポートを作成した際に、生徒の提出ファイルと校内の他の生徒の提出物を照合する「類似レポートの比較」という機能も利用できます。

なお、独自性レポートを利用しても、提出したコンテンツは Google に保存されることはなく、コンテンツの所有権が Google に移ることもありません。コンテンツの所有者はあくまで教師と児童生徒のみなさんです。独自性レポートの閲覧期間は45日間で、永続的に保管されることはありません。

Google Meet の高度なビデオ会議機能

離れていても対面で相手の反応や表情を確認しながら会話ができる Google Meet。休校中の遠隔授業だけではなく、他校との交流、オンライン社会科見学、保護者面談などでも活用している学校もあるでしょう。

Google Meet は教室でのいつもの授業でも大いに活躍します。例えば、「**授業を録画して共有**」すれば、何度でも授業の復習ができますし、さまざまな事情で教室に来ることができない児童生徒も都合の良い時間に授業を受けることができます。

Google Meet の録画機能は、Teaching and Learning と Education Plus のエディションに含まれています。Teaching and Learning は教職員向けのライセンスで、必要なユーザー数での購入が可能です。「会議の主催者」がこのライセンスを使うと、録画が可能になります。

Google Meet の高度な機能もまた、エディションによって使えるものと使えないものがあります。エディションによって使える機能を、次の表にまとめました。各機能の詳細は、第3章第3節をご覧ください。

	Education Fundamentals	Education Standard	Teaching and Learning Upgrade	Education Plus
会議の録画とドライブへの保存	—	—	○	○
ブレイクアウト ルーム	—	—	○	○
アンケート	—	—	○	○
Q&A	—	—	○	○
出席状況の確認	—	—	○	○
挙手	○	○	○	○
ノイズ キャンセル	—	—	○	○

それぞれのエディションによって、実現できることに違いがあります。

また、オンライン ストレージである「Google ドライブ」に保存できるデータ量にも違いがあります。

	Education Fundamentals	Education Standard	Teaching and Learning Upgrade	Education Plus
ストレージ容量	共有ストレージ 100 TB		共有ストレージ100TB ＋ ライセンスあたり100GB	共有ストレージ100TB ＋ ライセンスあたり20GB

ドライブを所有する組織全体でアップロードできる容量は、いずれのエディションでも 100TB ですが、Teaching and Learning Upgrade と Education Plus では、1ライセンスごとに容量が追加されます。保存容量の上限に達すると、保存はもちろん、メールの送受信などもできなくなります。1つの組織内の人数が多かったり、動画などサイズの大きいファイルをたくさん保存する場合には、Teaching and Learning Upgrade や Education Plus がおすすめです。

ICT活用で実現したいことに到達するためにはどういったことができるツールや機能が必要かを吟味し、エディションを選択しましょう。

Google Workspace for Education 各エディション比較表

各エディションの主要な機能をまとめました（2022年6月22日現在）。どのエディションがご自身の組織のニーズにマッチしているか、検討の参考にしてください。

コラボレーション		Education Fundamentals	Education Standard	Teaching and Learning Upgrade	Education Plus
Google Classroom（どこからでも進捗状況を評価）	・**サードパーティ製**アプリケーションのアドオン	―	―	○	○
	・**独自性レポート**	クラスごとに5本のレポート	クラスごとに5本のレポート	類似レポートの比較を含め無制限のレポート	類似レポートの比較を含め無制限のレポート
	・**名簿の同期**	―	―	―	○
ドキュメントの承認	ドライブ内で直接承認してプロセスを合理化	―	―	―	○

交流		Education Fundamentals	Education Standard	Teaching and Learning Upgrade	Education Plus
Google Meet 音声会議とビデオ会議	・**参加人数**	100人の参加者	100人の参加者	250人の参加者	500人の参加者
	・**ドメイン内のライブストリーミング**※	―	―	最大 10,000人	最大 100,000人
	・**アンケートとQ&A**	―	―	○	○
	・**ブレイクアウトセッション**	―	―	○	○
	・**出欠状況の確認**※	―	―	○	○
	・**ノイズキャンセル**	―	―	○	○
	・**録画をドライブに保存**	―	―	○	○
	・**管理用コントロール** ・**挙手** ・**デジタルホワイトボード** ・**背景のカスタマイズ**	○	○	○	○

※生徒向けのライセンスでは利用不可

アクセス		Education Fundamentals	Education Standard	Teaching and Learning Upgrade	Education Plus
Cloud Search ドメイン内検索機能	**Google Workspace内の情報を横断検索**	―	―	―	○
Google ドライブ	**フォト、ドライブ、Gmail用の安全なストレージ**	プールされたクラウドストレージ 100 TB	プールされたクラウドストレージ 100 TB	共有ストレージ 100TB ＋ ライセンスあたり 100GB	共有ストレージ 100TB ＋ ライセンスあたり 20GB
サポート	・**電話、メール、チャットによるサポート**	○	○	○	○
	・**スペシャリストから成るチームがすばやく対応**	―	―	―	○

セキュリティと管理		Education Fundamentals	Education Standard	Teaching and Learning Upgrade	Education Plus
セキュリティ センター 脅威を未然に防ぎ、 監視を自動化		—	○	—	○
セキュリティ調査ツール フィッシング、 スパムなどを解決		—	○	—	○
Google Vault 組織のデータ保持と 電子情報開示	・Gmail と Google Meet の保持とアーカイブ	○	○	○	○
	・監査レポートでユーザーのアクティビティを確認	○	○	○	○
管理コンソール セキュリティと 管理機能	・エンドポイント管理とモバイル デバイス管理	○	○	○	○
	・Gmailとドライブのデータ損失防止(DLP)	○	○	○	○
	・Gmail のホスト型 S/MIME	○	○	○	○
	・セキュア LDAP	○	○	○	○
	・高度な保護機能プログラム(ベータ版)	○	○	○	○
	・高度なモバイル デバイス管理	—	○	—	○
	・Cloud Identity Premium	—	○	—	○
	・コンテキストアウェア アクセス	—	○	—	○
	・BigQuery での Gmail ログと Classroom ログの分析	—	○	—	○
	・対応のサードパーティ製アーカイブ ツールと Gmail を統合	—	○	—	○
	・セキュリティ ダッシュボードのレポート	—	○	—	○
	・セキュリティの状況ページ	—	○	—	○
	・対象グループ	—	○	—	○
	・セキュリティ サンドボックス	—	○	—	○

今すぐ使える!
Google Workspace
& Chromebook

第5章

セキュリティをより高めるための対策と設定

第2章からここまで、Google Workspace 管理者として実施しておきたい管理コンソールの初期設定、そして企業、教育機関それぞれで実施すべき情報セキュリティの設定を具体的にみてきました。続いて第5章では、ここまでの設定にプラスアルファとして、押さえてほしい重要ポイントを解説します。
第1節では、パスワードやデバイスの管理に伴うリスクを未然に防止する管理設定を紹介します。
第2節では、Google Workspace 管理者が管理コンソールで設定をした後に、各々のユーザーが行う設定や操作について解説します。

Google Workspace
&Chromebook

1 管理者が行う設定

ポイント
- 管理者アカウントのセキュリティを高めて、ユーザーが活用しやすい環境を構築する
- Google Vault を活用して情報ガバナンスを効かせる

本節では企業、学校に関わりなく、Google Workspace 管理者として実施できる重要な情報セキュリティ対策について解説します。まず、組織すべての管理を実行できる管理者アカウントのセキュリティを守るための具体的な方法について紹介します。

続いて、組織のユーザー一人ひとりがより安全に、より活用しやすい環境を構築するという視点で Google Workspace 管理者が設定できる4つのポイントを解説します。

最後に Google Workspace for Education 利用者なら無償で活用できる高度なセキュリティ機能、Google Vault について詳述します。

管理者アカウントのセキュリティ

Google Workspace を運用する上で、管理者権限を持つアカウントがより厳格な管理を求められることはいうまでもありません。ここではその考え方と方法についていくつか紹介いたします。

管理者アカウントは共有しない

一人の特権管理者に不測の事態が生じた場合に備え、必要最小限の複数の特権管理者アカウントを設定し、それぞれを別のユーザーが管理することを強くおすすめします。つまり、**管理者アカウントの共有は避けるべき**です。

従来、管理者アカウントだけでなく、複数のメンバーで「アカウントを共有すること」は一般的でしたが、クラウド時代、これはセキュリティ上「非常識」なことなのです。なぜ、アカウントを共有してはいけないのでしょうか？

管理コンソールの［管理ログイベント］では、管理コンソールで行った操作、つまり、**「誰が、いつ、どこから、どのような操作をしたのか」という情報を確認**することができます。「誰が」の部分には操作を行った管理者アカウントの名前が表示されます。1つの管理者アカウントを共有して使用すると、この機能が意味をなさなくなります。

また、管理者アカウントを使いまわしていると、アカウントが不正に使用されたり、パスワードが勝手に変更されたりした場合に、対応できないというリスクにもつながります。

memo
管理ログイベントは、管理コンソールのホーム画面サイドメニューで[レポート]-[監査と調査]-[管理ログイベント]とクリックすると表示できる。

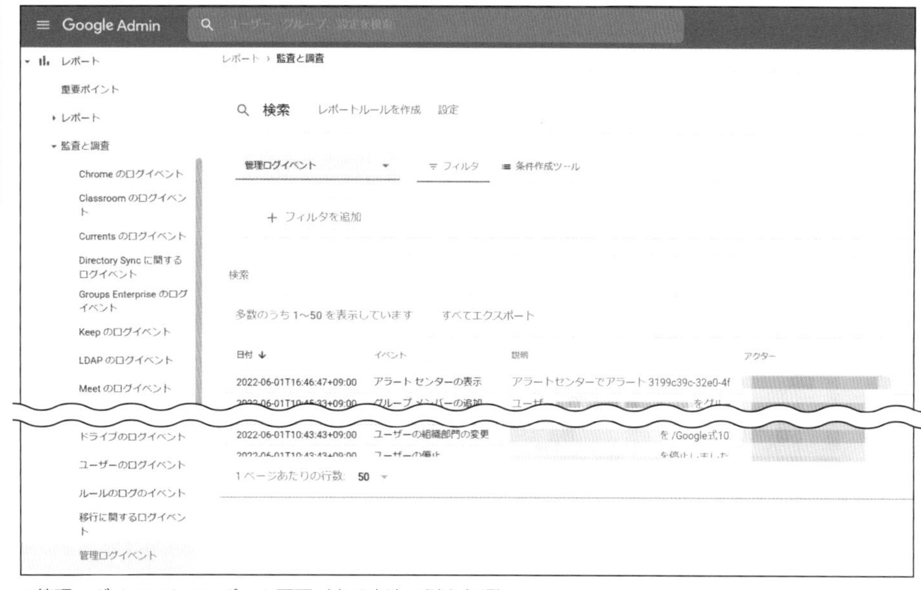

▲管理ログイベントのレポート画面（表示方法は側注参照）

管理者アカウントでの2段階認証プロセスを必須にする

2段階認証プロセスの導入は、アカウントへの不正アクセスと情報漏洩の防止に絶大な効果を発揮します。まずは確実に実施したい対策です。

日常業務に特権管理者アカウントを使用しない

普段の業務に使用するアカウントは別途用意しましょう。特権管理者には、必ず専用の管理者アカウントと日常業務に使用する2つのアカウントを付与しておきます。特権管理者としての操作は特に配慮が必要です。特権管理者業務を行う必要がある場合にのみ特権管理者アカウントにログインするようにすべきです。

パスワードをもっと安全に

セキュリティ事故を防ぐために**管理者が設定すべき、パスワード管理の基本と対策**を解説します。

Google Workspace のログインに必要なパスワードは、管理者が責任を持って集中管理するとともに、ユーザーの属性や目的に応じた適切なアクセス権限の付与を行う必要があります。パスワードの管理をユーザー個人の裁量に任せるのはリスクが高く、セキュリティ事故が起こる可能性が高まってしまうからです。

そこで、組織内のユーザーのパスワード強化のために、**パスワード ポリシー**を設定しましょう。

パスワード ポリシーとは、ユーザー アカウントのパスワードに使用できる文字数や、文字種の組み合わせなどの条件のことです。管理者が パスワード ポリシーを設定することで、パスワードの安全度を評価するアルゴリズムにより、推測されやすいパスワードをユーザーが設定することを未然に防ぎ、セキュリティ レベルを向上させられます。

パスワード ポリシーの設定

管理者は、ユーザーの管理対象 Google アカウントを保護し、組織のコンプライアンス上のニーズを満たすために、管理コンソールの [セキュリティ] (❶) - [概要] (❷) - [パスワードの管理] を開いてパスワード要件を適用できます (❸)。

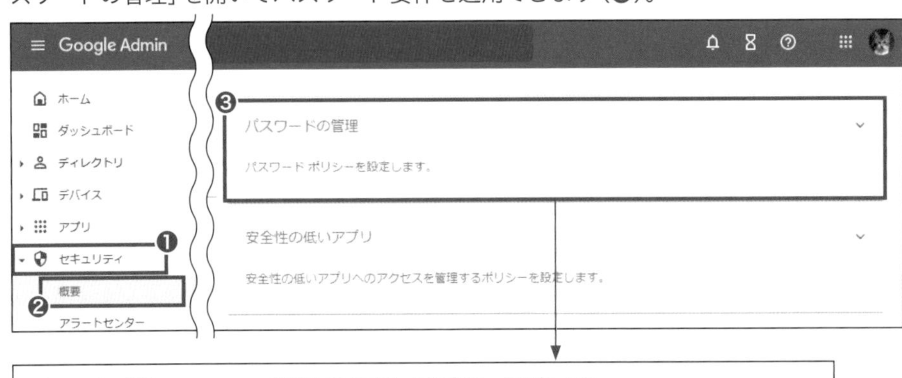

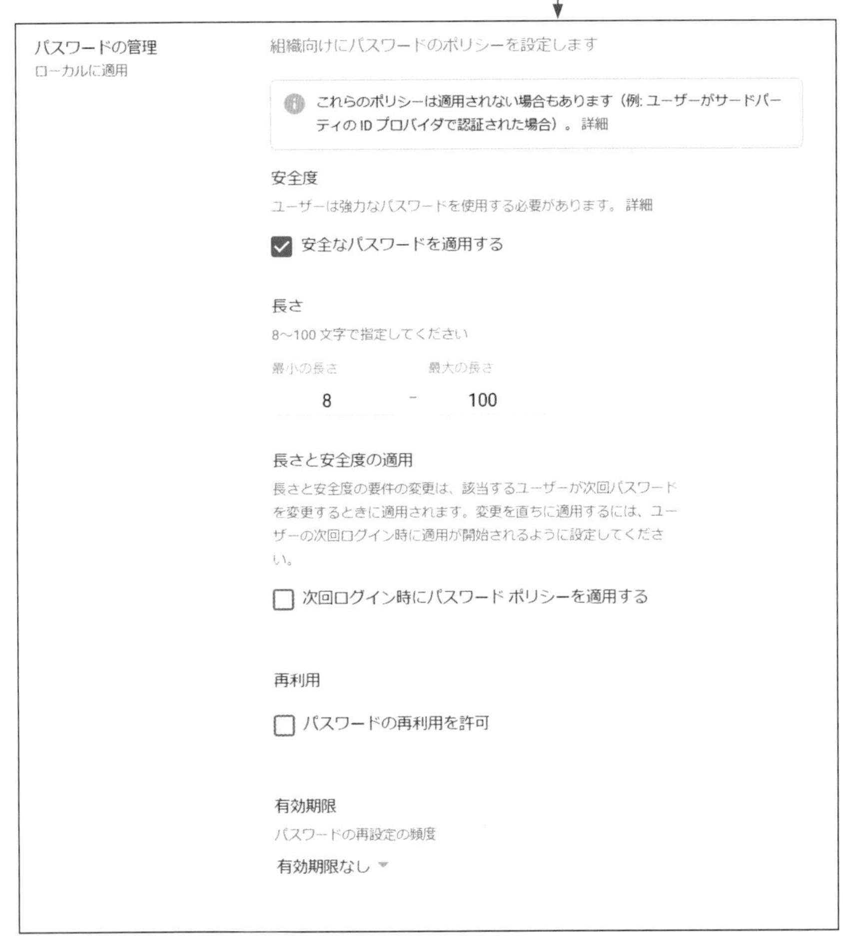

memo
安全で忘れないパスワードの作り方のコツは、数字や記号を加えた意味のある文字列にすること。最後にサービス名の一部を追加すれば、強固で忘れないパスワードになる。例）298Yoitoko-Google!

● 要件1：安全度

［安全なパスワードを適用する］にチェックが入っている場合、過去に利用されたパスワードや、“password123”といったパスワードの安全度を評価するアルゴリズムで脆弱であると判定されるパスワードは設定することができないようになります。ここはチェックを入れることをおすすめします。

● 要件2：長さ

パスワードに設定する最小文字数と最大文字数を8～100文字 の間で指定できます。

● 要件3：長さと安全度の適用

長さと安全度の要件の変更は、該当するユーザーが次回パスワードを変更するときに適用されます。変更を直ちに適用するには、［次回ログイン時にパスワード ポリシーを適用する］にチェックを入れます。

● 要件4：再利用

［パスワードの再利用を許可］にチェックを入れると、パスワードを変更する際、以前に利用したことのあるパスワードの再利用ができます。

● 要件5：有効期限

パスワードが期限切れになるまでの期間を［有効期限なし/30日/60日/90日/180日/365日］から設定できますが、初期設定は［有効期限なし］になっています。

これまで、パスワードを不正利用されないようにするには、定期的なパスワードの変更が必須だといわれてきました。しかし、パスワードの定期変更により、覚えていられる簡単なパスワードを作りがちになるなど逆にリスクが高まるということで、近年では推奨されなくなりました。

memo
「ユーザーレポート」では、パスワードの安全度だけでなく、各ユーザーのアカウントのステータス（アクティブ、ブロック中、停止中）や管理者権限の有無、2段階認証プロセスの使用状況などが確認できる。

ユーザーのパスワードの安全度を確認する

管理コンソールのサイドメニュー［レポート］（❶）-［レポート］（❷）-［ユーザーレポート］（❸）-［アカウント］からユーザー レポート（アカウント）を開くと（❹）、管理者が設定した要件に基づき各ユーザーのパスワードの安全度が強いかどうかを確認できます。

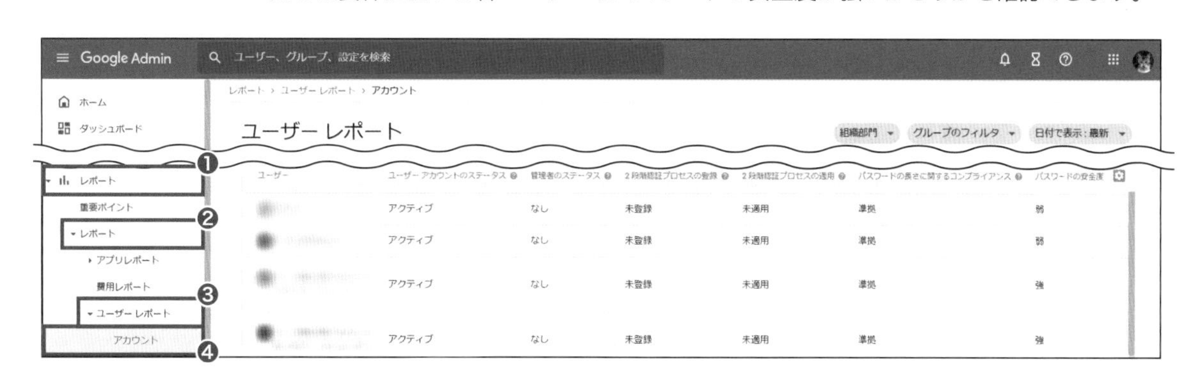

また、管理コンソールのホーム画面サイドメニュー[レポート](❶)-[レポート](❷)-[アプリレポート](❸)-[アカウント]から(❹)、パスワードの安全度の情報をグラフで確認することもできます。

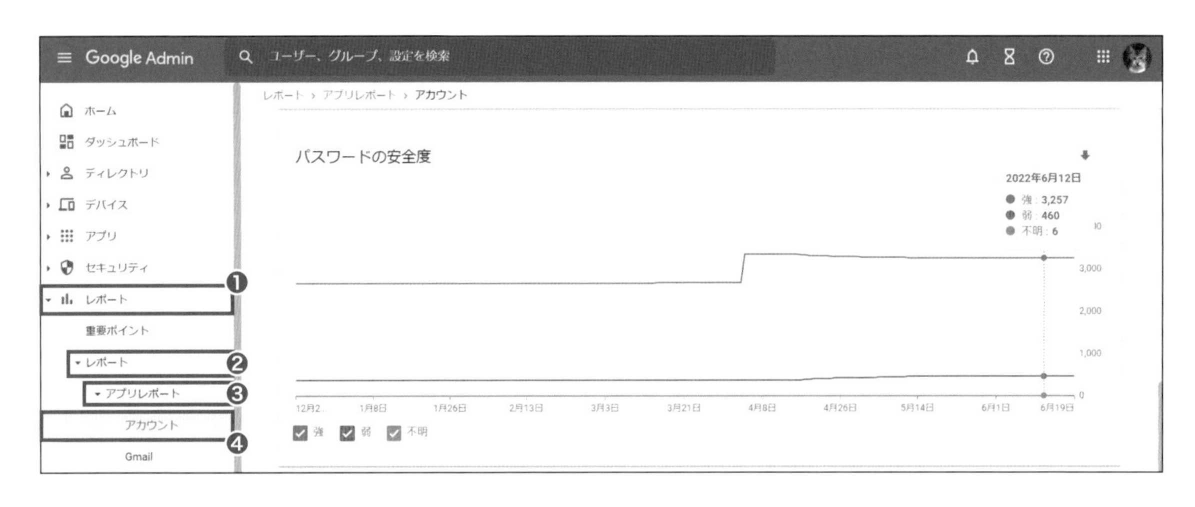

Chromebook 紛失時の対応

組織の管理下にある Chromebook の紛失や盗難を想定した対応策の重要性はいうまでもありません。紛失・盗難が発覚した場合、迅速に対応して重大なインシデントにならないよう備えましょう。

参照
[登録とアクセス]のカテゴリに関連する設定は第2章97ページを参照。

Google Workspace 管理者が事前に実施しておくべきことは2つです。

1つ目は、管理コンソールの[デバイスの設定]-[登録とアクセス]のカテゴリに関連する設定です。

[自動的に再登録]の設定を[ワイプ後にデバイスを自動再登録]にして[無効になっているデバイスの返却手順]で無効になっているデバイスの画面に表示させる連絡先などの情報を入力しておきましょう。

2つ目は、**ユーザーが紛失・盗難に気づいた時点での対処法(どこに連絡するのかなど)をユーザーに周知徹底しておく**ことです。情報ができるだけ早く管理者に届くことが重要です。災害に備えた避難訓練と同様に情報セキュリティ インシデント発生時に迅速かつ的確に報告が行われるよう事前の訓練を実施しましょう。

管理者は紛失の連絡を受けたら、対象の Chromebook に次の方法でロックをかけます。まず該当の Chromebook を特定し、以下の方法で無効化します。

memo
管理コンソールのホーム画面の[デバイス]カード-[Chrome デバイス]カードをクリックしてもアクセスできる。

手順1. 管理コンソールのホーム画面サイドメニューの[デバイス](❶)-[Chrome](❷)-[デバイス]を選択し(❸)、[フィルタを追加、または検索]をクリックして該当の Chromebook をシリアル番号やアセット ID などで検索します(❹)。

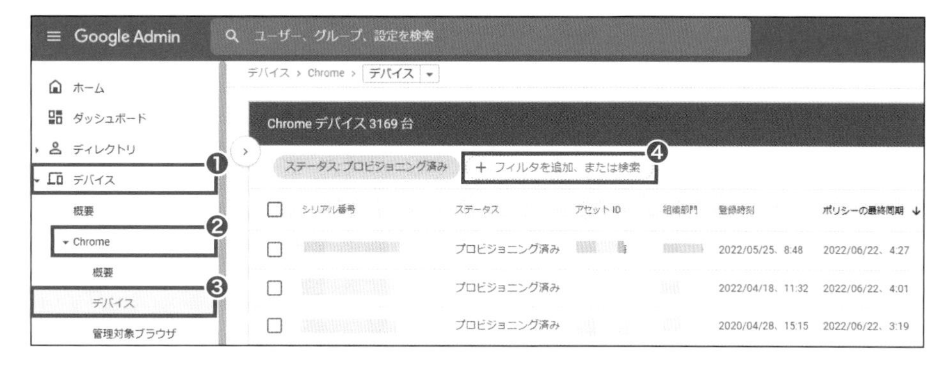

memo

該当の Chromebook を検索した後、シリアル番号の左にあるチェックボックスをオンにしてから、画面上部のアイコンをクリックしてもデバイスを無効にする操作を進められる。

手順 2. 該当の Chromebook のシリアル番号をクリックし、[無効にする] をクリックします (❶)。さらにデバイスを無効にする方法を選択して [無効にする] をクリックします (❷)。

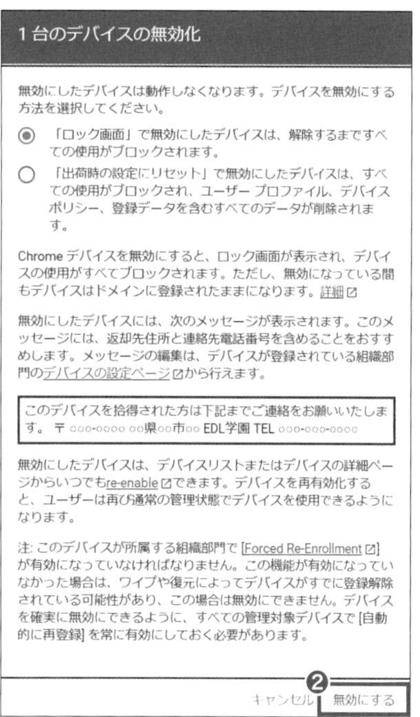

無効化された Chromebook にはログイン画面などが表示されず、[無効になっているデバイスの返却手順] で設定したメッセージのみが表示されるようになります。

また、万一 Chromebook が初期化されても、[ワイプ後にデバイスを自動再登録] の設定を有効にしてあるので Chromebook は管理コンソールの管理下にあります。これは転売などの対策になります。

続いて、Chromebook がユーザーのアカウントでログインされたままの状態で紛失・盗難されている可能性があるため、Chromebook からユーザーを次の手順で強制ログアウトさせます。

手順1. 管理コンソールのホーム画面サイドメニュー（54ページ参照）の［ディレクトリ］-［ユーザー］にアクセスし、紛失・盗難にあった Chromebook を使用していた可能性のあるユーザーを63ページの手順3と同様の方法で検索して、そのユーザーの名前をクリックしてアカウントページを開きます。［セキュリティ］の右にあるパネルを展開アイコンをクリックします。

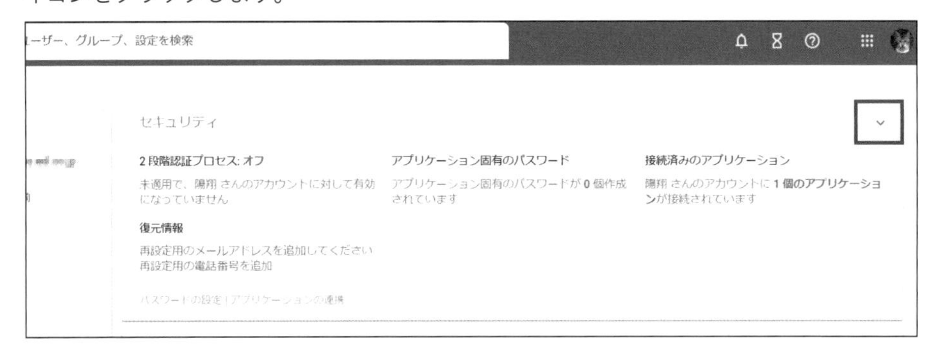

手順2. ［ログイン Cookie］の右にある鉛筆のアイコンをクリックして（❶）、［リセット］をクリックします（❷）。

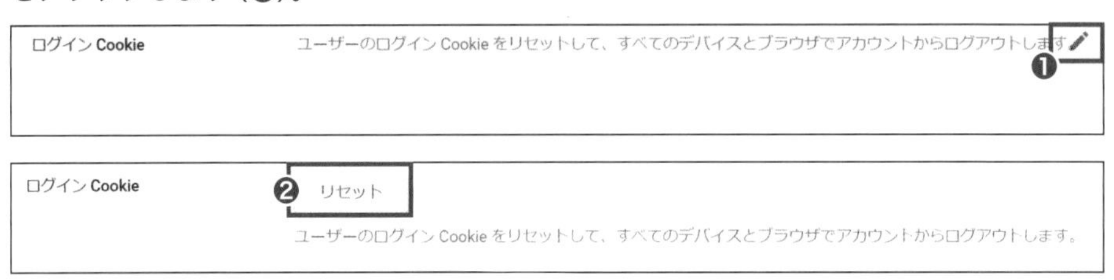

当然ながら、管理コンソールに登録されていないデバイスの場合、Google Workspace 管理者による操作ロックができません。そのため、紛失時には第三者による不正ログインなどのリスクが高まります。

ビルディングとリソース

「ビルディングとリソース」は、Google カレンダー を組織でより便利に活用するために「会議室」やプロジェクタなどの「備品」を予約できるよう「事前設定」するためのものです。 Google Workspace 管理者が設定しておくことで、組織内のユーザー全員が会議室の定員や予約状況を自席で把握できるようになります。また、Google カレンダーで予定を作成する際に、他の人がすでに予約した会議室を非表示にし、利用可能な会議室のみを表示させるようにすれば、予約のダブルブッキングを防ぐこともできます。

ビルディングの追加

「ビルディング」とは、複数の「リソース」を束ねるフォルダのようなものです。文字通り、オフィスビル単位でも構いませんし、同じオフィスでも細分化したいという場合は複数のビルディングに分けることも可能です。

手順1. 管理コンソールのホーム画面サイドメニューの[ディレクトリ](❶)-[ビルディングとリソース](❷)-[リソースの管理]を開き(❸)、[ビルディングを追加]をクリックします(❹)。

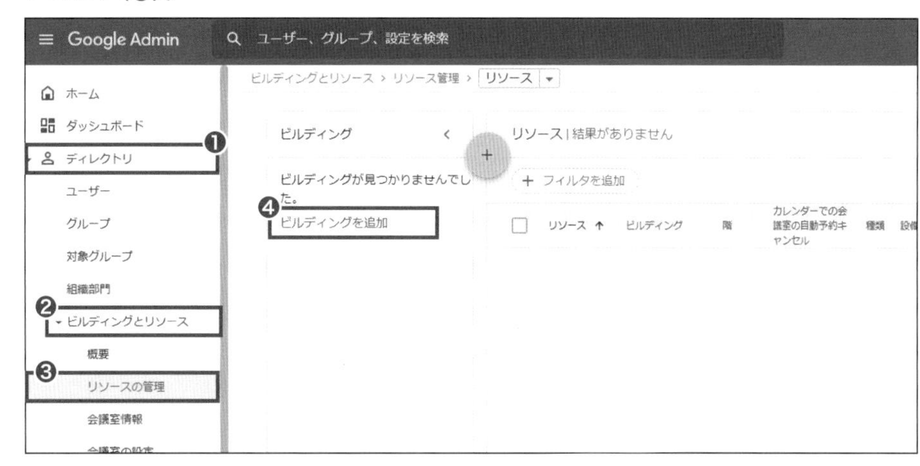

memo
ビルディングの追加は、CSVを使用して一括ですることもできる。

手順2. [新しいビルディングを追加]アイコン をクリックし(❶)、ビルディングの情報を入力し(❷)、[ビルディングを追加]をクリックします(❸)。

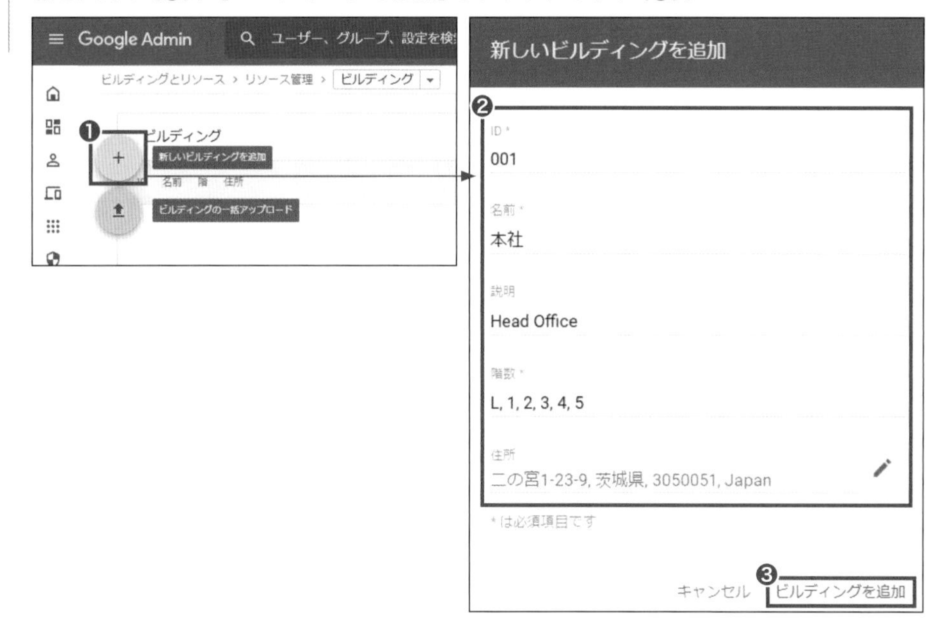

会議室などのリソースに付属している設備や機能の追加

どの会議室にホワイトボードやGoogle Meetハードウェアが設置されているかなどをユーザーに知らせるためには、管理コンソールにリソースの設備や機能として追加します。

手順1. 管理コンソールのホーム画面サイドメニューの[ビルディングとリソース]-[リソースの管理]を開き、[リソースの設備や機能を管理]アイコンをクリック(❶)、[設備や機能を追加]をクリックします(❷)。

手順2. [設備や機能の名前]を入力し(❶)、[設備や機能の種類]を選択し(❷)、[保存](❸)-[閉じる]をクリックします(❹)。

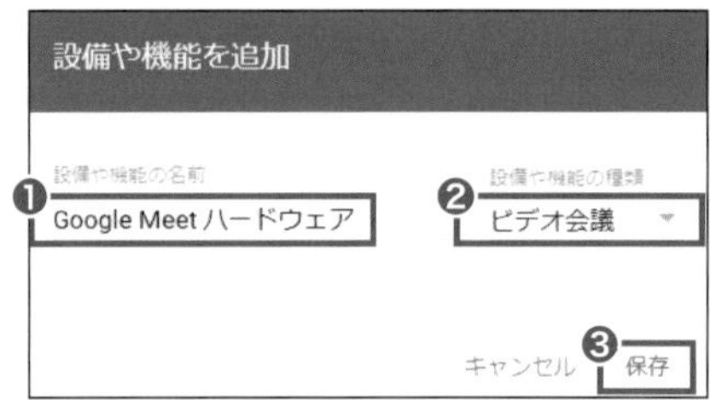

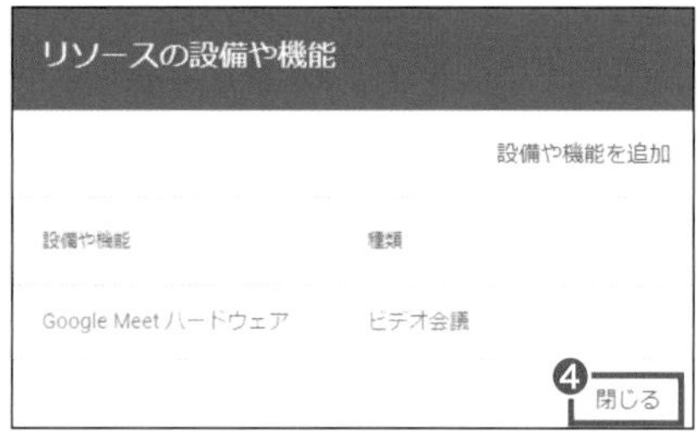

リソースの追加

Google カレンダーに共有リソース(会議室、社用車、プロジェクタ、特別教室など)を設定すると、組織内のユーザーがそれらのリソースを予約できるようになります。リソースを追加する際に、前項で作成した設備や機能を関連付けることができます。

手順. 管理コンソールのホーム画面サイドメニューの[ビルディングとリソース]-[リソースの管理]を開き、[新しいリソースを追加]アイコン をクリックします(❶)。リソースの情報を入力し(❷)、[リソースの追加]をクリックします(❸)。

リソースの追加
自動生成されたリソース名
本社-5-第1会議室 (50)
カテゴリ＊
種類
会議スペース（会議室、電話ブースなど）
会議室
ビルディング＊
階数＊
本社
5
階のセクション
リソース名＊
収容人数＊
第1会議室
50
設備や機能
Google Meet ハードウェア
❷
ユーザーに表示される説明
説明を追加（内部向け）
会議室の設定
カレンダーでの会議室の自動予約キャンセルを許可
＊は必須項目です
ビルディング、階数、収容人数などのリソース情報を指定すると、自動生成されるリソース名や会議室の検索に影響します。詳細
キャンセル
❸ リソースの追加

リソースの情報の必須項目は［カテゴリ］、［ビルディング］、［階数］、［リソース名］、［収容人員］です。また、対象のエディションであれば、［カレンダーでの会議室の自動予約キャンセルを許可］にチェックを入れると、最終的な参加者が1名になってしまった時（会議が成立しなかった時）に自動でキャンセルしてくれるようになります。

リソースを追加することにより、組織内のユーザーが、会議室などのリソースの予約を Google カレンダーからできるようになります。

memo
Google カレンダーの不要な会議室の予約を取り消す機能の対応エディションは、Education Fundamentals、Education Standard、Teaching and Learning Upgrade、Education Plus

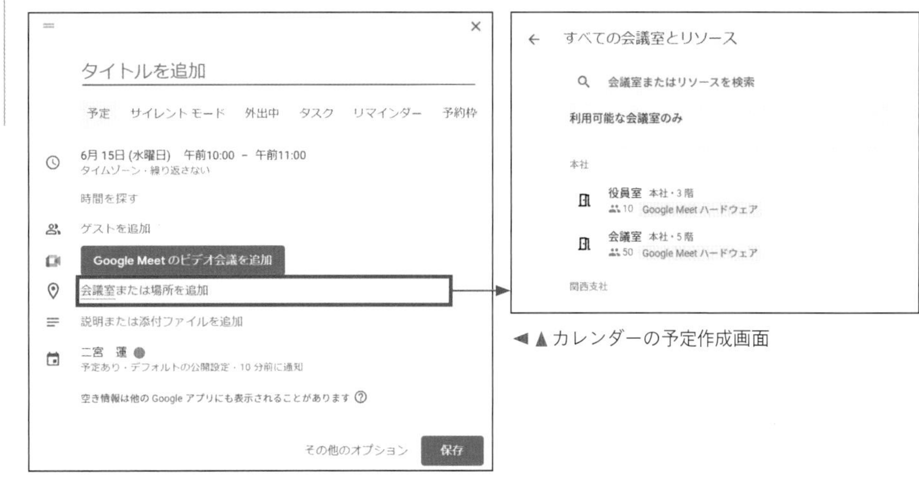

◀▲カレンダーの予定作成画面

個々にリソースを追加する方法を解説しましたが、CSVを使用してリソースを一括で追加することもできます。

リソースを追加すると、デフォルトでは組織内のすべてのユーザーがそのリソースを予約できる設定になっていますが、例えば「役員室は特定のメンバーのみが予約できるようにしたい」といった場合には以下のような設定変更を行います。

手順1. Google カレンダー のトップページを開き、[他のカレンダー] の右にある＋ (他のカレンダーを追加) をクリックし (❶)、[リソースのブラウジング] をクリックします (❷)。

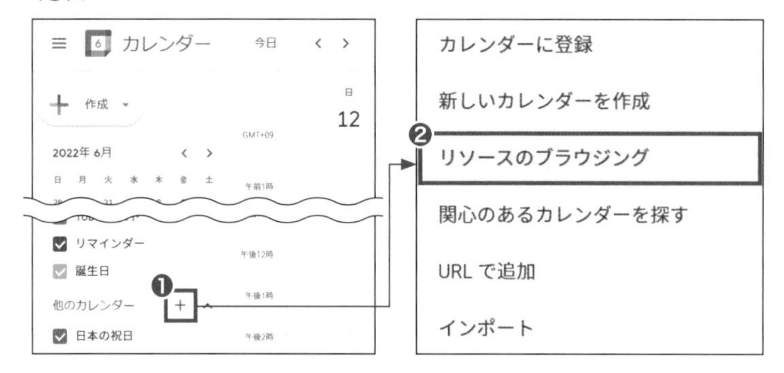

手順2. 表示したいリソースのチェックボックスをオンにして画面左上の ← をクリックしてトップページにもどります。

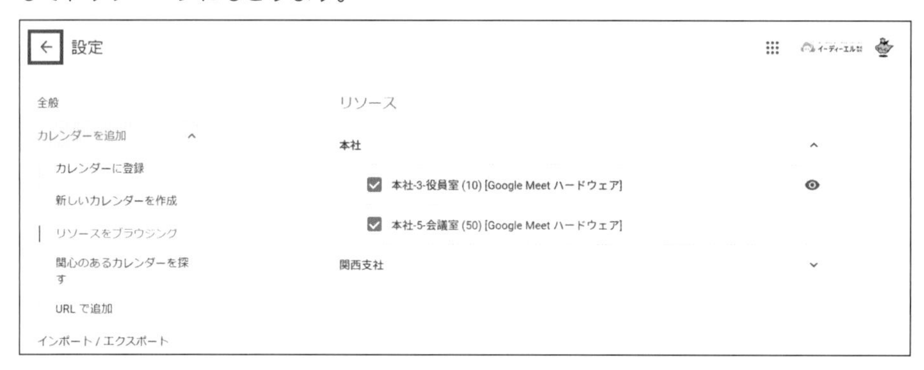

手順3. カレンダーが追加されているので表示された「本社 -3- 役員室」のオーバーフローメニューをクリックし (❶)、[設定と共有] をクリックすると (❷)、カレンダーの詳細設定のページに移ります。

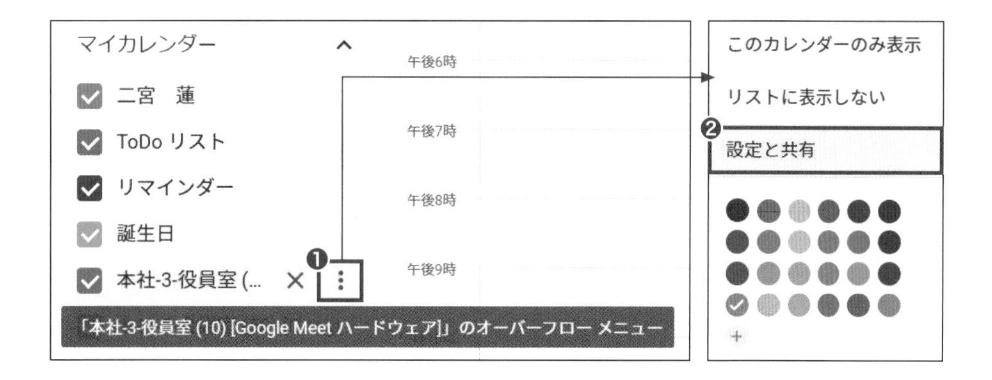

手順4. [予定のアクセス権限] で [ドメイン名で利用できるようにする] のチェックボックスをオフにします (❶)。そして、[特定のユーザーとの共有] で [＋ユーザーを追加] をクリックし (❷)、権限を与えたいユーザー (グループ) を追加します (❸)。

以上の手順で、リソースにアクセスできるユーザーを限定することができます。

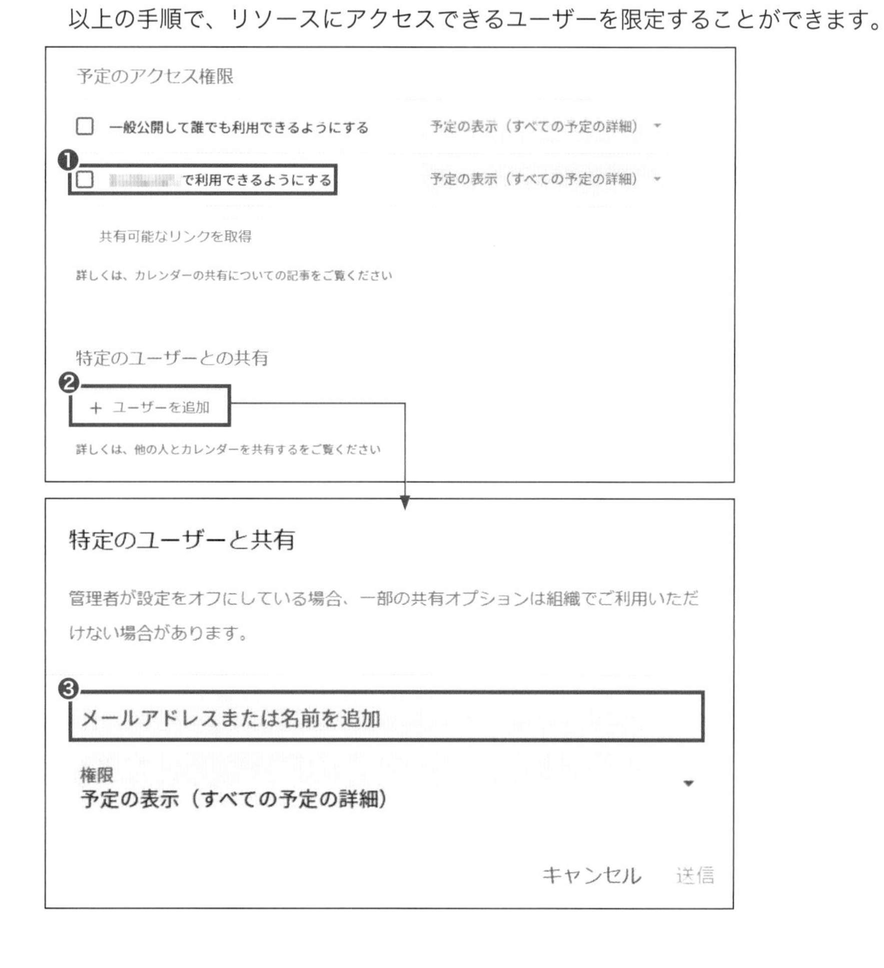

データ損失防止(DLP)機能

機密情報を含んだメールを偶発的に組織外に送ってしまったり、機密性の高いドキュメントを許可なく組織外と共有してしまったり、という事案は、たとえ悪意がなくても「うっかりミス」で済ますことはできません。とはいえ、気をつけていたとしても、予期せぬヒューマンエラーは常に発生する可能性があると考えておくべきです。

例えば、特定のキーワードが含まれるメールやドキュメントを AI が検出し、未然にセキュリティ インシデントを自動で防止してくれたらいいのに、と思いませんか？

これが叶うのが**データ損失防止(DLP：Data Loss Prevention)機能**です。

この機能を使用してルール(ポリシーに基づく処理)を作成、適用すると、データ自体に着目してユーザーが操作、複製、移動する際、メールとドライブ ファイルにおいて当該データをどのように扱っているかを捕捉します。また、外部からの攻撃・侵入だけでなく、組織内部の正規利用者の行動も監視や制限の対象となります。機密性の高いコンテンツが検出された場合に、そのメールやファイルが共有されないようにすることができ、クレジットカード番号やマイナンバー、パスポート番号といった機密情報の意図しない漏洩を防ぐことができます。

ここでは Google ドライブのルールを使用したデータ損失防止の例として、ドキュメント内に「部外秘」というテキストが含まれるファイルを判別し、自動的に組織外のユーザーとの共有を禁止する設定手順をみてみましょう。

手順1. 管理コンソールのホーム画面サイドメニューの[セキュリティ](❶)-[概要](❷)-[データの保護]を開き(❸)、[データ保護ルールと検出項目]の[ルールを管理(0個)]をクリックします(❹)。

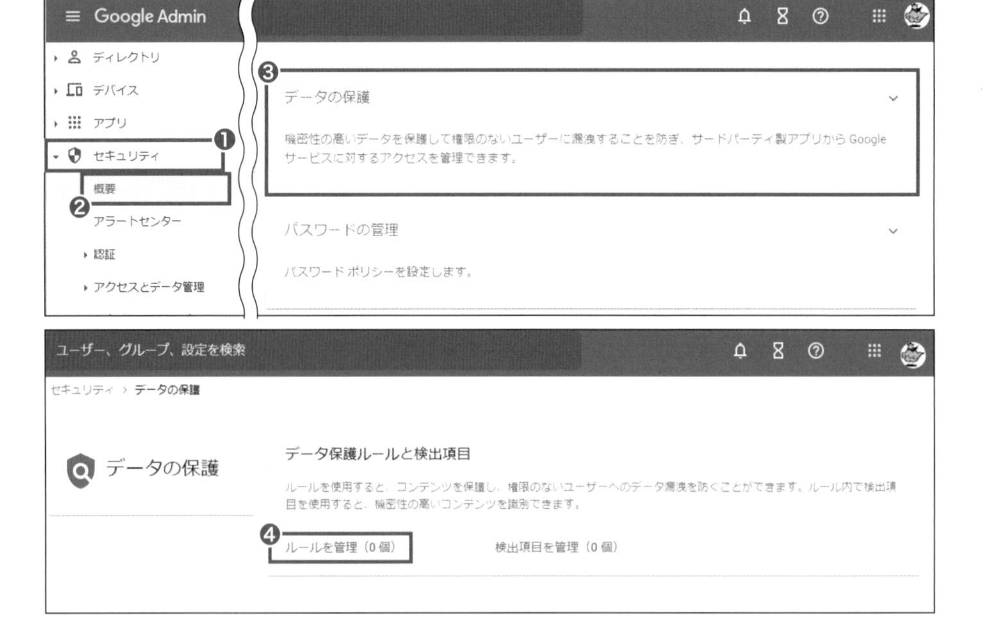

手順2. 画面右上の[ルールを追加](❶) - [新しいルール]をクリックします(❷)。

ルール
ルールをエクスポート　検出項目を管理　ルールを追加
説明　サービス　最終更新
新しいルール
テンプレートから新しいルールを作成

手順3. ルールの名前を入力し(❶)、ルールの適用範囲を選択し(❷)、[続行]をクリックします(❸)。

ルールを作成
名前とスコープ　アプリ　条件　操作　確認
名前　ルールを簡単に識別できるように、わかりやすい名前を使用することをおすすめします。
名前*
「部外秘」が含まれる場合の外部組織との共有禁止
説明
範囲　ルールをすべてに適用するか、このルールの適用対象とする組織部門またはグループを選択します。
EDL学園 内のすべて
組織部門またはグループ
組織部門を含める
組織部門を除外
グループを含める
グループを除外
キャンセル　続行

手順4. [ファイルの作成、変更、アップロード、または共有]にチェックを入れ(❶)、[続行]をクリックします(❷)。

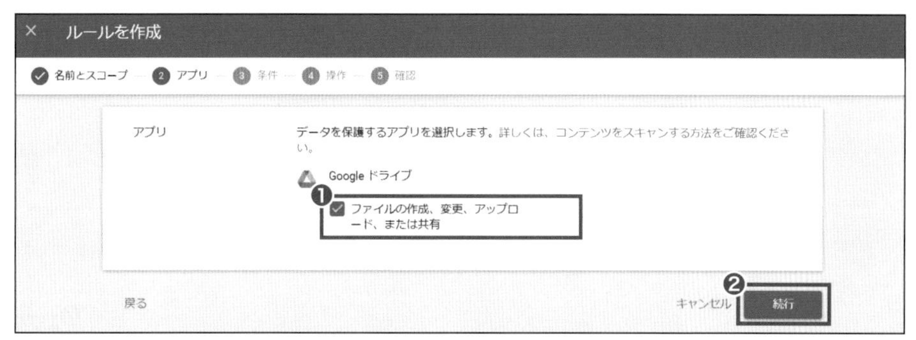

手順5. [条件を追加]をクリックし、[スキャンするコンテンツの種類]から[すべてのコンテンツ](❶)、[スキャン対象]から[テキスト文字列を含む]を選択し(❷)、[照合するコンテンツを入力]に「部外秘」と入力し(❸)、[続行]をクリックします(❹)。

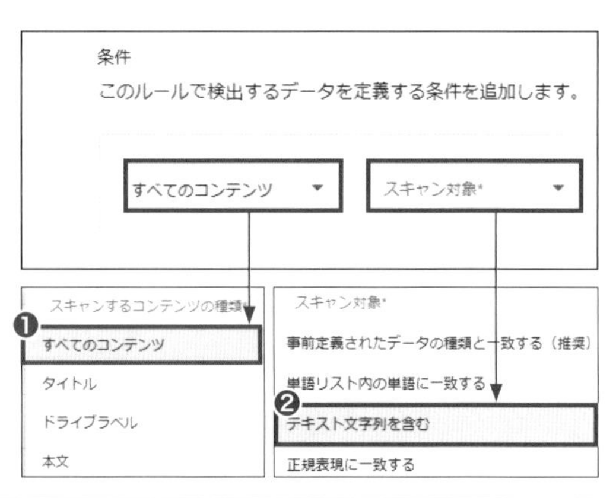

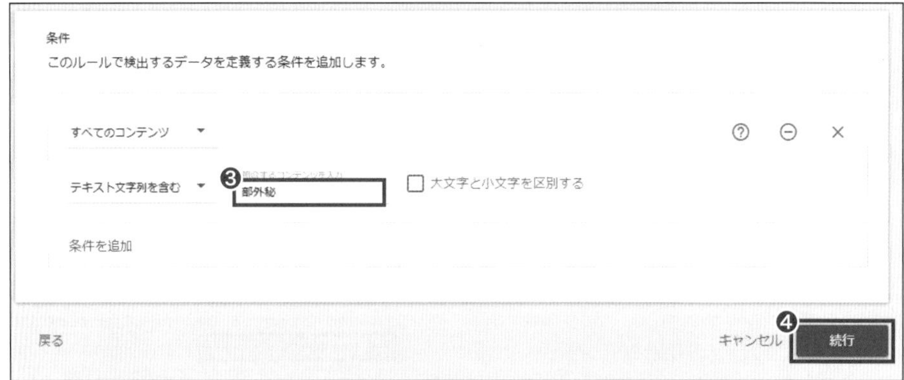

手順6. [操作]で[外部共有をブロック]を(❶)、アラートの重大度で「高」を選択し(❷)、[アラートセンターに送信する]及び[すべての特権管理者]にチェックを入れ(❸)(❹)、[続行]をクリックします(❺)。

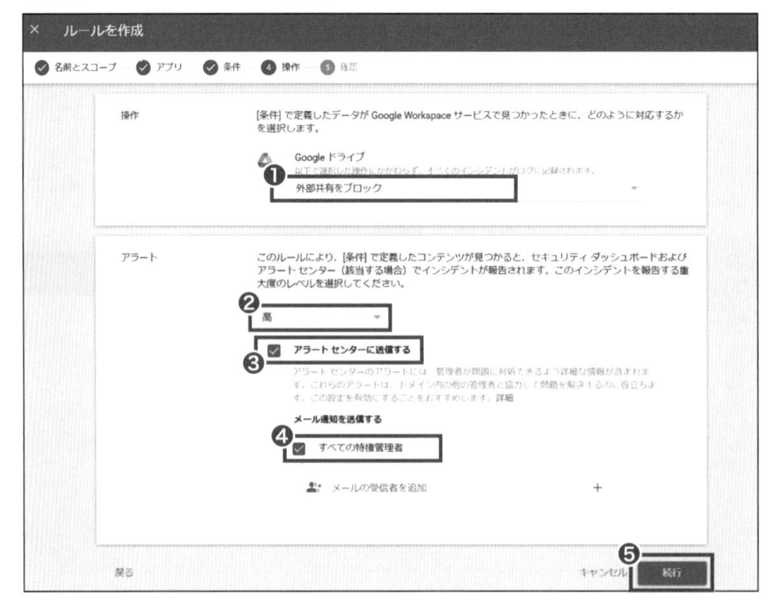

手順7. 内容を確認して［作成］をクリックします。

× ルールを作成

名前とスコープ — アプリ — 条件 — 操作 — 5 確認

ルールの詳細

名前
「部外秘」が含まれる場合の外部組織との共...

説明
-

範囲

組織部門
root

組織部門を除外
-

グループ
-

グループを除外
-

アプリ

Google ドライブ
ファイルの作成、変更、アップロード、また...

条件

文字列の一致
コンテンツ: すべてのコンテンツ

操作

アラート
有効

Google ドライブ
外部共有をブロック

重要度
高

ルールのステータス
ルールの初期ステータスを選択します。ステータスは、ルールの作成後にいつでも変更できます。

無効
ログを収集しておらず、ルールは未適用です。

アクティブ
ログを収集し、ルールを適用しています。

戻る　キャンセル　作成

以上で、組織内のユーザーが、「部外秘」という文字列を含んだドキュメントの組織外のユーザーとの共有をブロックするルールが作成され、有効になりました。

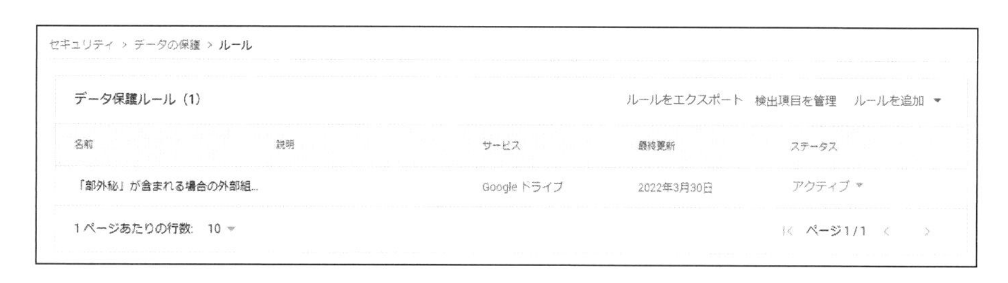

この組織のユーザーがドキュメントを作成し、「部外秘」というテキストを入力すると、[共有] アイコンが変わります。

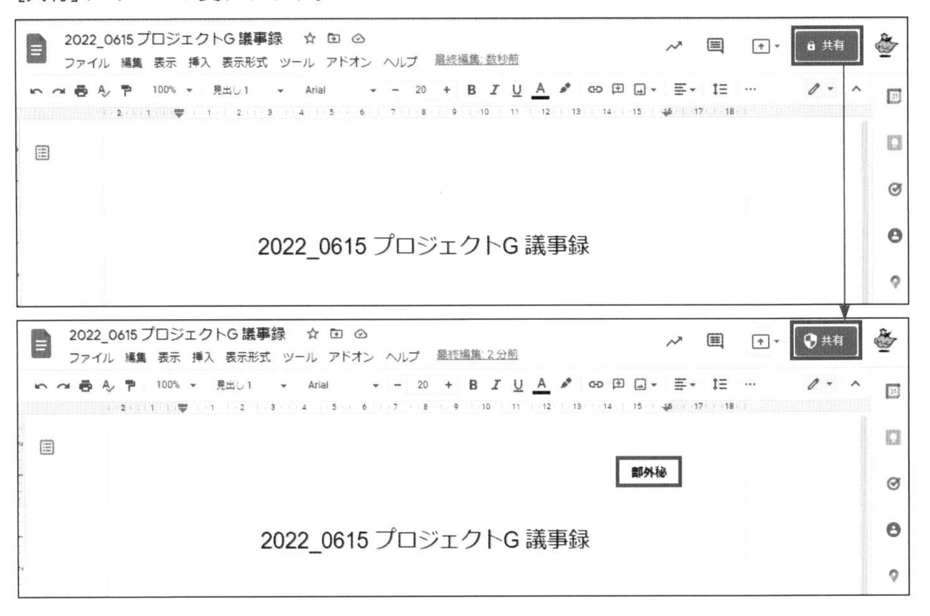

この [共有] アイコンをクリックし、組織外のユーザーを指定して [送信] をクリックしてもアラートが表示され共有できません。

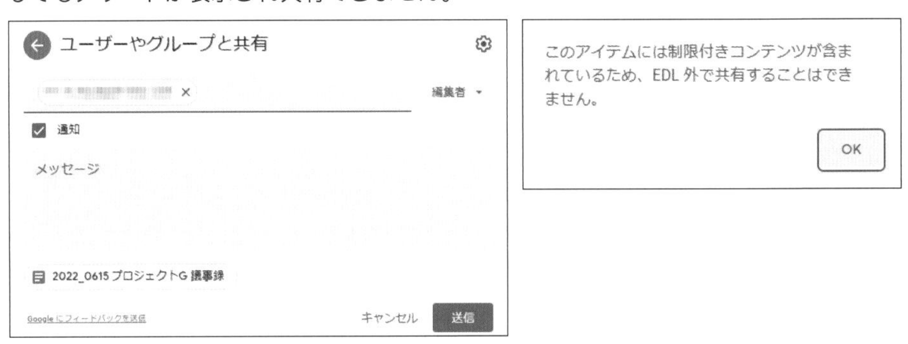

また、【手順6】でアラートの重大度で「高」を選択し、[アラートセンターに送信する] 及び [すべての特権管理者] にチェックを入れてあるので特権管理者には次ページの図のようなメールが届き、アラートセンター (管理コンソールの [セキュリティ] - [アラートセンター]) で内容を確認できます。

Google Workspace

Data Loss Prevention (DLP) rule triggered

An alert has been generated for your organization based on the following data loss prevention rule in the Google Admin console:

Rule Name
「部外秘」が含まれる場合の外部組織との共有禁止

Date
水曜日, 2022/03/30 4:12:19 (UTC)

Severity
High

Triggered Actions
Alert
Drive Block External Sharing

Triggering User
None

Recipients

VIEW ALERT

You have received this important update about your Google Workspace account because you are the designated admin recipient for this alert type. You can turn off these alerts or change the email recipients in the Data protection rules section of the Admin console.

Google LLC 1600 Amphitheatre Parkway Mountain View, CA 94043

▲特権管理者に届くメール例

▲アラートセンター

Google Workspace Marketplace アプリの管理

memo
「サードパーティ製」とは、特定の製品に対応する(互換性のある)、その製品の開発元・販売元ではない第三者(サードパーティ)企業が提供する製品のこと。

参照
「Google Workspace Marketplace」
https://workspace.google.com/marketplace?hl=ja

例えば、Google フォームの登録者に毎回、メールを自動返信できれば便利なのに。そう思ったことはありませんか？そんなとき、Google Workspace Marketplace にある「Email Notifications for Google Forms」という Marketplace アプリをインストールすれば解決できます。

Google Workspace Marketplace には、Google Workspace のネイティブ アプリの機能を拡張する、サードパーティ製のアプリが豊富に用意されています。

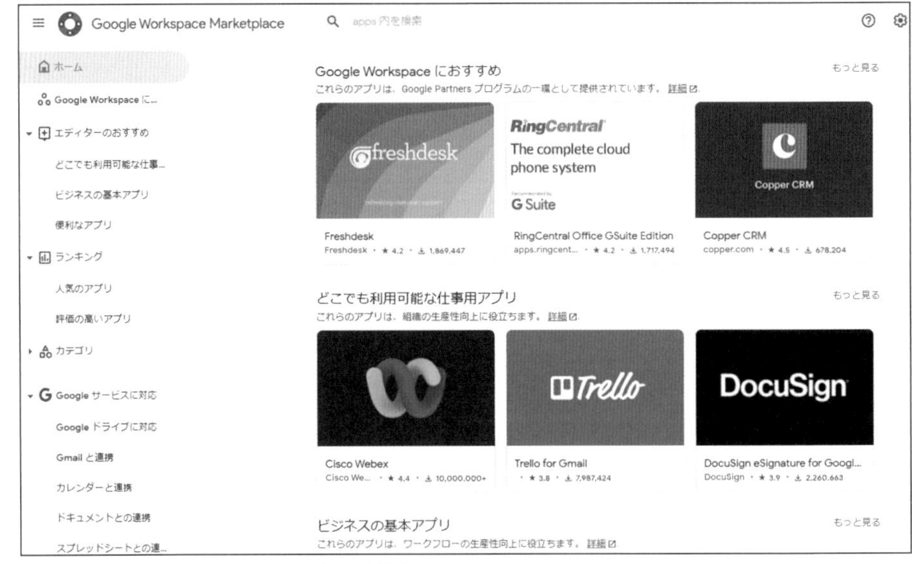

▲Google Workspace Marketplace のホーム画面

Marketplace で提供されているアプリや追加機能は、アプリデベロッパー企業が「サードパーティ製アプリ」として登録したものです。Google が審査をし、そのいくつかを「Google Workspace におすすめ」や「エディターのおすすめ」などの推奨アプリ用カテゴリに掲載しています。

Marketplace には、Google フォームに回答期限や先着優先などの設定ができるアドオンや、数式や化学式の入力ができるようになる Google ドキュメントのアドオン、Google 管理コンソールに登録されている Chromebook の在庫とメタデータをまとめて取得、設定できる Google スプレッドシートのアドオンなど、さまざまなアプリが準備されています。セキュリティを評価したあとに、大いに活用してください。

デフォルトの設定では、Marketplace で入手可能な任意のアプリをユーザーがインストールできるようになっています。組織のセキュリティを高めるために、**Google Workspace 管理者があらかじめ許可リストに追加した Marketplace アプリ以外はユーザーがインストールできないという設定にしておくことをおすすめします。**

管理方法の設定

memo
管理コンソールのホーム画面の[アプリ]カードをクリックして、[Google Workspace Marketplace アプリ]カード内の[管理]をクリックしても[アプリへのアクセス管理]の画面を表示できる。

手順1. 管理コンソールのホーム画面サイドメニュー(54ページ参照)の[アプリ]-[Google Workspace Marketplace アプリ]-[設定]をクリックします。

手順2. [アプリへのアクセス管理]で[ユーザーに対して選択したアプリのみの Marketplace からのインストールと実行を許可する]にチェックを入れ(❶)、[保存]をクリックします(❷)。

●組織内のユーザーにアプリをインストールする

PDFに注釈や書き込みができる Marketplace アプリ「Kami」を管理者の権限でインストールしてみましょう。

手順1. 管理コンソールのホーム画面サイドメニューの[アプリ](❶)-[Google Workspace Marketplace アプリ](❷)-[アプリのリスト]をクリックします(❸)。組織部門を選択し(❹)、[このアプリを管理者がインストールするアプリのリストに追加する]をクリックします(❺)。

手順2. Google Workspace Marketplace のページが開くので「kami」で検索し(❶)、インストールするアプリをクリックします(❷)。

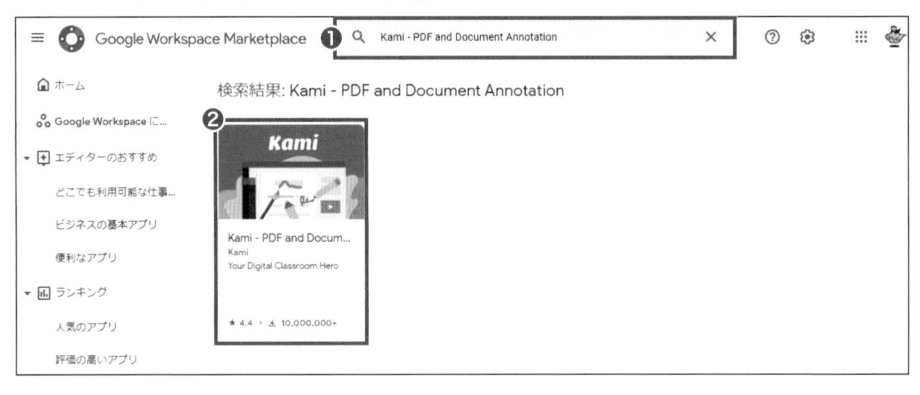

手順3. [管理者によるインストール]をクリックします。

手順4. このアプリの利用規約およびプライバシーポリシーを確認し、[続行]をクリックします。

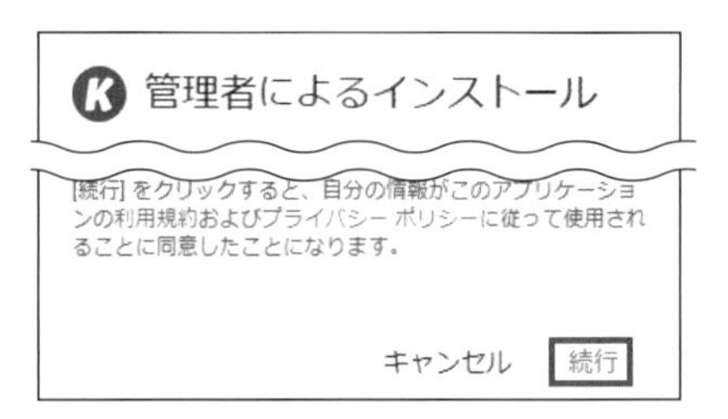

手順5. データアクセスの要件を読み、自動インストールする対象ユーザーを選択し(❶)、Google Workspace Marketplace の利用規約を確認します。同意チェックボックスをオンにして(❷)、[完了]をクリックします(❸)。

手順6. [完了] をクリックします。

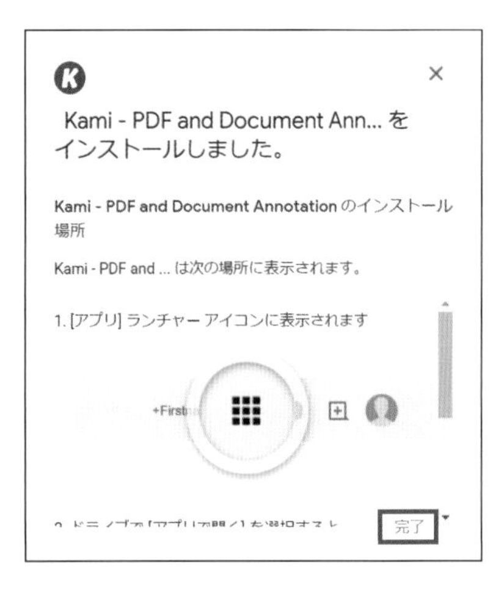

インストールが完了すると管理コンソールの[Google Workspace Marketplaceアプリ]の[管理者がインストールする Google Workspace Marketplace アプリ]の画面にアプリ名が表示されます。

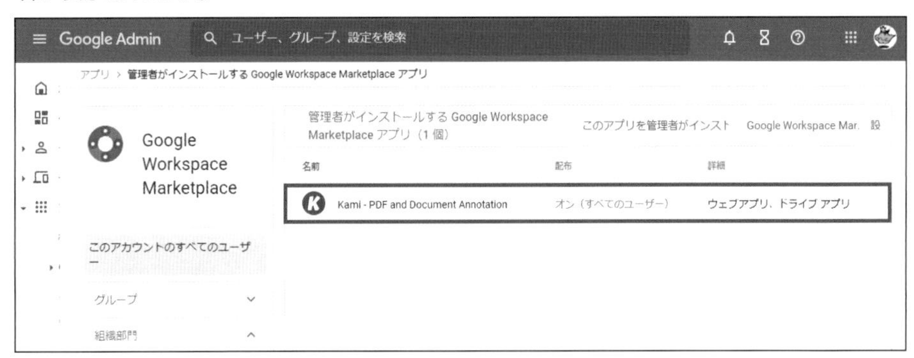

[Google アプリ] アイコンをクリックし、アプリランチャーを開くとショートカットアイコンが追加されていることが確認できます。

● **Google Workspace Marketplace アプリを許可リストに登録する**

管理コンソールに登録されている Chromebook の在庫とメタデータをまとめて取得、設定できる Google スプレッドシートの拡張機能である「Chromebook Getter by AdminRemix」を許可リストに登録してみましょう。

手順1. 管管理コンソールのホーム画面サイドメニュー（54ページ参照）の [アプリ] -

[Google Workspace Marketplace アプリ] - [アプリのリスト] をクリックします。組織部門を選択し、[Google Workspace Marketplace の許可リスト] をクリックします。

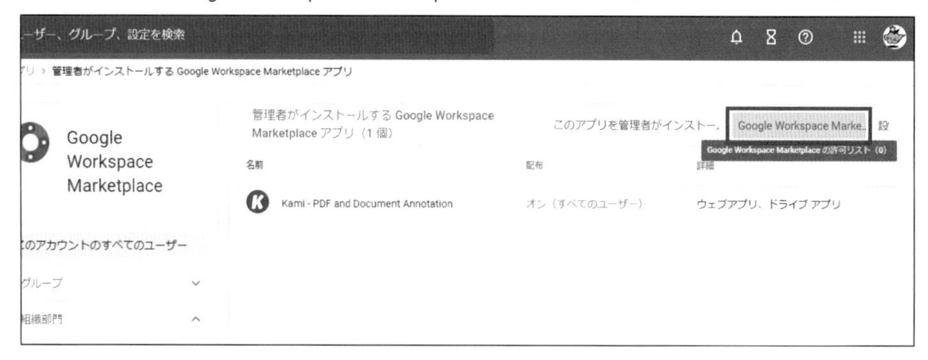

手順2. [アプリを許可リストに追加] をクリックし (❶)、アプリを検索します (❷)。該当するアプリの右に表示される [許可リストに追加] をクリックします (❸)。

参照
ユーザーが許可リスト登録済のMarketplace アプリをインストールする方法は、245ページで解説。

手順3. 管理コンソールの [Google Workspace Marketplace アプリ] の [許可リスト登録済みの Google Workspace Marketplace アプリ] の画面にアプリ名が表示されます。

Google Vault

簡単に言うと Google Vault とは Google Workspace ユーザーのメールやドライブなどのデータを保持し、それらのデータの検索、書き出しもサポートしてくれるサービスです。いざという時、例えば、裁判などで電子情報開示を求められた際に役立ちます。

保持の対象は、ユーザーが送受信したメール本文や添付ファイルの中身、Google ドライブでユーザーが編集したファイルなどで、メールは下書き状態であっても一度保存されたデータはすべて Google Vault に残ります。チャットのログも、履歴をオフにしていない限りはすべて残ります。

言い換えるなら Google Vault は、Google Workspace の「情報ガバナンス」のためのツールです。情報ガバナンスとは、情報を「支配・統治」するという意味ですが、ここでは管理や支配を「するもの」と「されるもの」といった二項対立で存在させず、**「自分で自分を管理する」**という意味で使われています。**「より意識的に」「今まで以上に積極的に」自分たちで自分たちの組織の情報を、把握・管理していこう、という主体的な姿勢**なのです。

情報ガバナンス	電子情報開示	レポート
ユーザー操作に依存せず データを保持	必要なデータの 検索・書き出し	Google Vault での 操作をすべて記録

Google Vault の機能を使用できるユーザーの管理

参照
管理者ロールの作成については第2章61ページを参照。

参照
サービスの設定については第2章78ページを参照。

デフォルトではVault の機能を使える権限を持つのは特権管理者だけですので特権管理者は Vault の権限を持つ管理者ロールを作成し、Vault の機能を使うユーザーに割り当てる必要があります。そして、Vault の権限を持つユーザー（ Vault 管理者）を1つの組織部門にまとめ、その組織部門に対してのみ Vault サービスを有効にしておくか、Vault ユーザーだけをメンバーとするグループを作成してそのグループに対してのみ Vault サービスを有効にしておきます。なぜなら、組織内のすべてのユーザーに対して Vault をオンにすると、全員のアプリのリストに Vault のアイコンが表示されますが、Vault の権限を持っていないユーザーはアプリが表示されていても実際には使用できないため、混乱を招く可能性があるからです。

Vault の権限を持つアカウントは、組織内の他のユーザーのデータにアクセス、制御できるため、特権管理者アカウントと同様に上位のアクセス権を持つアカウントとして扱います。そのため Vault 管理者アカウントは、慎重に管理、監査し、2 段階認証プロセスを適用する必要があります。

Google Vault でできること

Vault 管理者がアプリランチャーから Vault のアイコンをクリックすると、[保持]、[案件]、[レポート] という3つの項目が表示された次のような Vault のホーム画面になります。

▲Google Vault のホーム画面

Vault 管理者は、それぞれの項目から次のような操作をすることができます。

[保持]

- **データの保持ルールの作成**：Google Workspace を利用する組織全体の各アプリのデータの保存期間を指定し、保存ルールを作成する 。

[案件]

- **案件の作成とデータの検索 、書き出し**：Gmail 、Google Chat 、Google ドライブのデータを検索し、書き出す（検索結果を保存する）。
- **データの記録保持（リティゲーション ホールド）**：法的理由などによるデータの保持義務を満たすためにユーザーに対して記録保持（リティゲーション ホールド）を設定し、ユーザーのデータを恒久的に保持する。

[レポート]

- **監査レポート**：特定の期間内に Vault 管理者が実施した操作内容を把握する。

▼Google Vault で保持・検索できるツール

	Gmail	Gmail のメール
	Google Chat	Google Chat での履歴がオンの会話
	Google ドライブ	Google ドライブ内のファイル
	Google Meet	Google Meet の録画と付随するチャット、Q&A、アンケートのログ
	Google グループ	Google グループのメッセージ
	Google サイト	Google サイト内のテキストや画像

【データの保持ルールの作成】

Vault にはデータがどんどんと蓄積されていきますが、蓄積されるデータについてルールを設定する必要があります。設定できる保持ルールは**デフォルトの保持ルールとカスタムの保持ルール**の2種類があります。

デフォルトの保持ルールでは、組織内のアカウントのサービスのデータを一定期間に渡って保持する、または、この期間を過ぎたデータは削除するというような設定を行うことができます。特定のアカウント・期間にのみ適用することはできず、サービスごとに1つだけ設定できます。

カスタムの保持ルールでは特定のデータを一定期間にわたって組織部門ごとに保持できます。サービスに応じた条件とキーワードで、データを指定することができます。

● デフォルトの保持ルールの設定手順

「Gmail のデータを5年間（1825日間）にわたり保持し、その後完全に削除する」というデフォルトの保持ルールを設定してみましょう。

手順1. Vault のホーム画面の［保持］をクリックします。

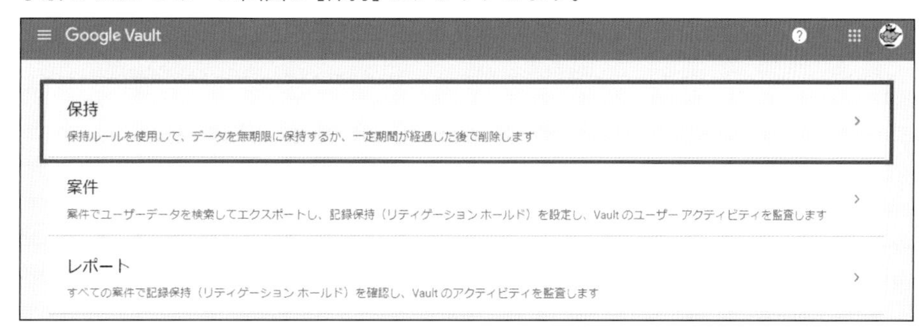

手順2. [保持] の初期画面が開くので、サービスの Gmail のアイコンをクリックします。

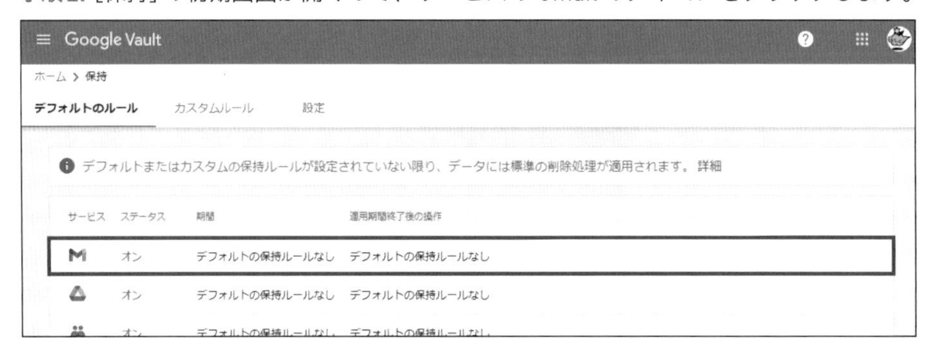

手順3. デフォルトでは [期限なし] (無期限にデータを保持する) となっています。[保持期間] を選択し (❶)、表示される選択肢から [保持期間] をクリックします。表示された画面で、日数に1825と入力します (❷)。適用期間終了後の操作で [Gmail のメールボックス内のメールと完全に削除されたメールがパージされます。このルールにより下書きもパージされます。] を選択して (❸)、[作成] をクリックします (❹)。

memo
「パージ」とは、Google の実稼働ストレージシステムからデータを完全に削除すること。

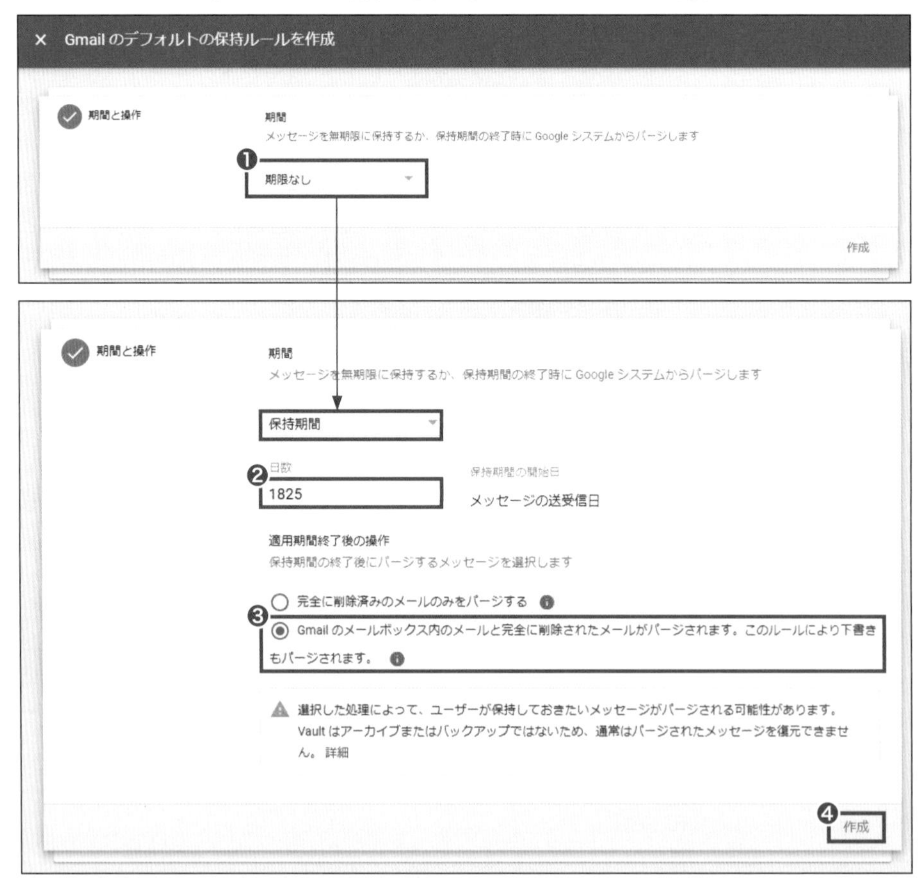

手順4. ルールの影響を理解しているかどうかを確認するメッセージが表示されます。チェック ボックスをオンにし(❶)、[承諾]をクリックします(❷)。

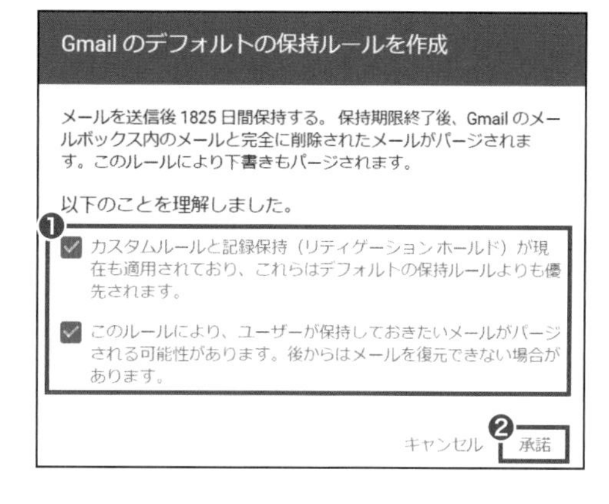

これで、「Gmail のデータを5年間(1825日間)にわたり保持し、その後完全に削除する」というデフォルトの保持ルールの作成完了です。

● カスタムの保持ルールの設定手順

組織部門「user」に対して「Google ドライブ のデータを10年間(3650日間)にわたり保持し、その後完全に削除する」というカスタムの保持ルールを設定してみましょう。

手順1. [保持]の初期画面で[カスタムルール]のタブをクリックし(❶)、[作成]をクリックします(❷)。

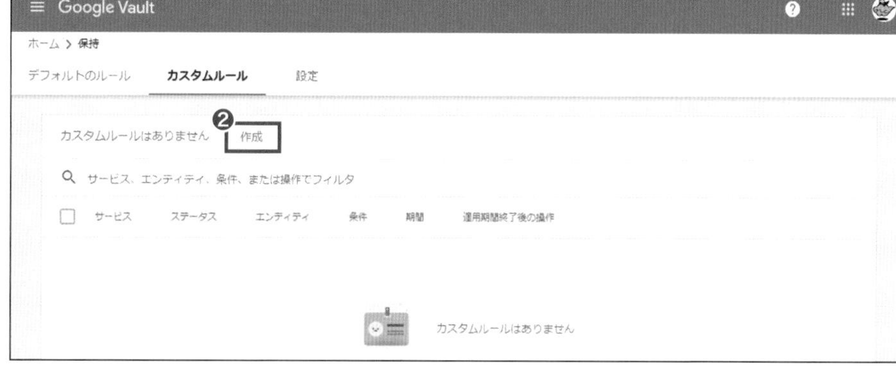

手順2. [サービスの選択]をクリックして(❶)、[Google ドライブ]を選択し(❷)、[次へ]をクリックします(❸)。

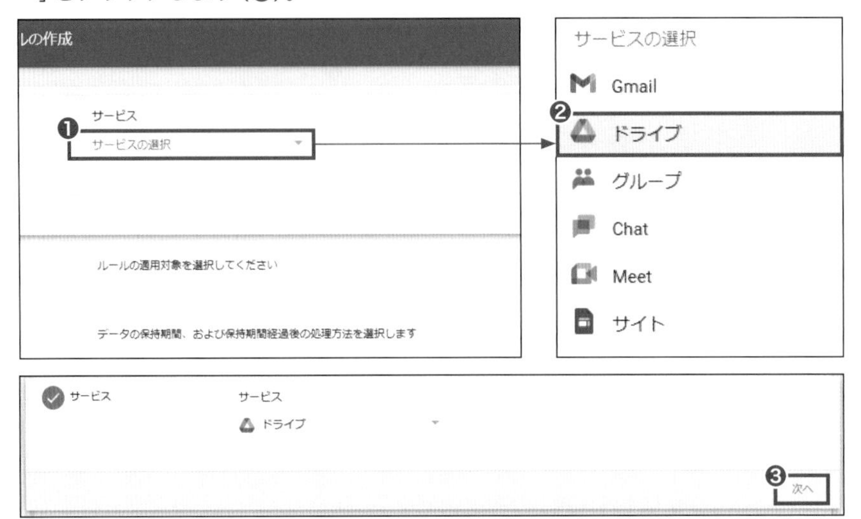

手順3. [組織部門]をクリックして(❶)、「user」を選択し(❷)、[次へ]をクリックします(❸)。

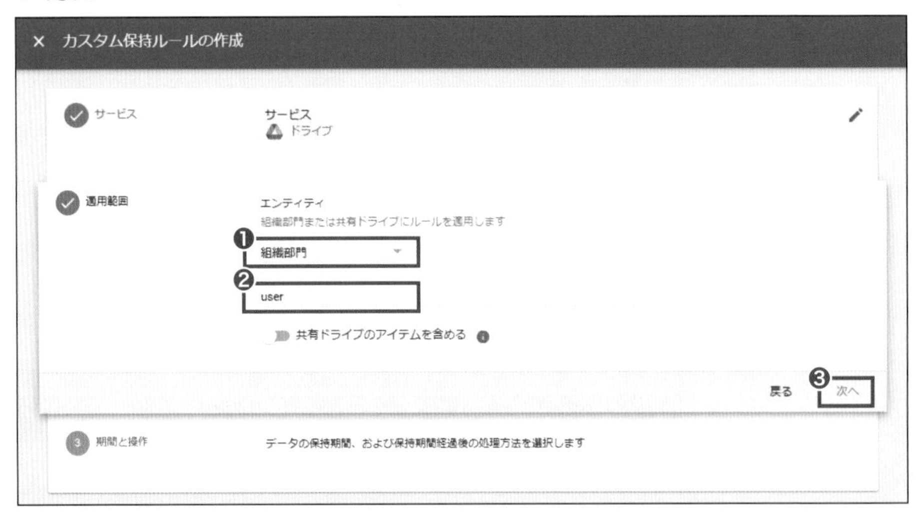

手順4. [期限なし]の右にある▼をクリックして、[保持期間]を選択し(❶)、日数に3650と入力します(❷)。適用期間終了後の操作で[ユーザーのドライブにあるすべてのアイテム(まだ完全に削除されていないアイテムを含む)をパージする。]を選択し(❸)、[作成]をクリックします(❹)。

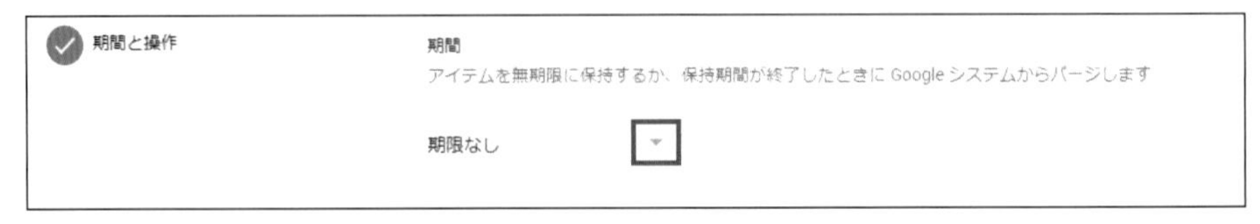

手順5. ルールの影響を理解しているかどうかを確認するメッセージが表示されます。チェックボックスをオンにし(❶)、[承諾]をクリックします(❷)。

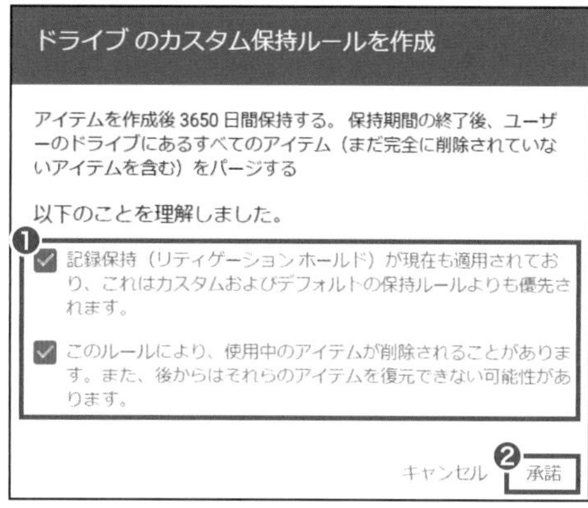

これで、組織部門「user」に対して「Google ドライブ のデータを10年間(3650日間)にわたり保持し、その後完全に削除する」というカスタムの保持ルールの作成完了です。

memo
データの完全削除に関わるため、**常に最新の仕様を公式ヘルプで確認のこと。**
"組織向けに Vault を設定する"
https://support.google.com/vault/answer/2584132?hl=ja

● **注意点**

同じサービスに対して作成した**デフォルトの保持ルールよりもカスタムの保持ルールの方が優先されます。**例えば、デフォルトの保持ルールで「Google ドライブのデータを5年間保存する」という設定をし、カスタムの保持ルールで特定の組織部門に対して「Google ドライブのデータを10年間保存する」という設定をした場合、その組織部門に対しては「10年間保存する」の設定が適用されます。

また、**保持ルールで設定された期間後に消去された内容は復元することができません。**

【案件の作成とデータの検索、書き出し】

作成した保持ルールに基づいて Vault に蓄積されているユーザーデータにアクセスし、その情報を検索して書き出すには、まず、案件と呼ばれるワークスペースを作成します。

そして、作成した案件に基づいてデータを検索し、書き出すという流れになります。

担当部長から「社内でハラスメントに関する事象が生じていないかどうかメールを調査したい。」というリクエストがあったという想定で、「ハラスメント」というキーワードを含む社員のメールデータを検索し、書き出してダウンロードしてみましょう。

STEP1 検索と書き出し用のスペースとなる案件を作成する

手順1. Vault のホーム画面で [案件] をクリックします。

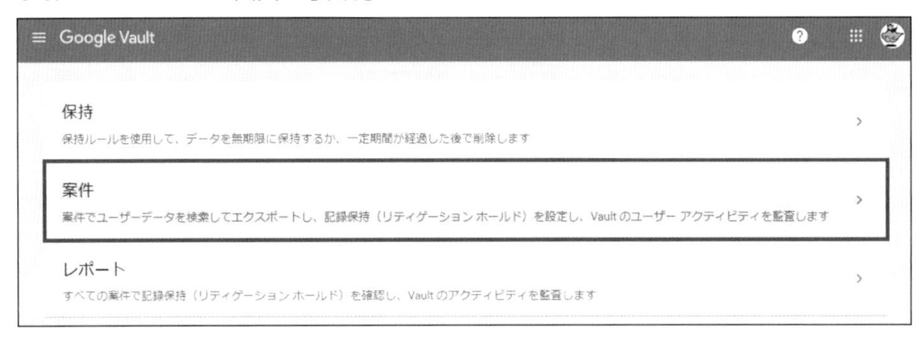

手順2. [案件] の初期画面で [作成] をクリックすると (❶)、「課題を作成」というポップアップが表示されるので、案件名を入力して (❷)、[作成] をクリックします (❸)。必要に応じてその下にどのような内容であるかの説明を入力しておきます。

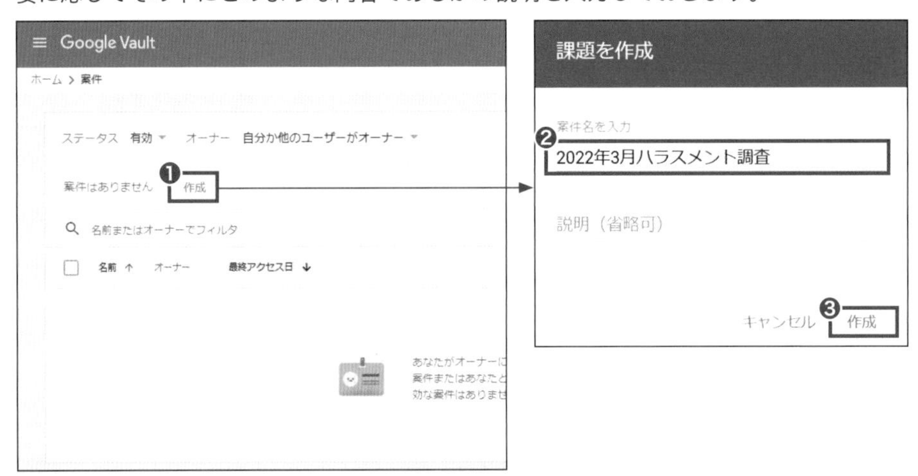

STEP2 データを検索する

手順1. [検索] タブを開き (❶)、[サービスの選択] をクリックして (❷)、[Gmail] を選択します (❸)。

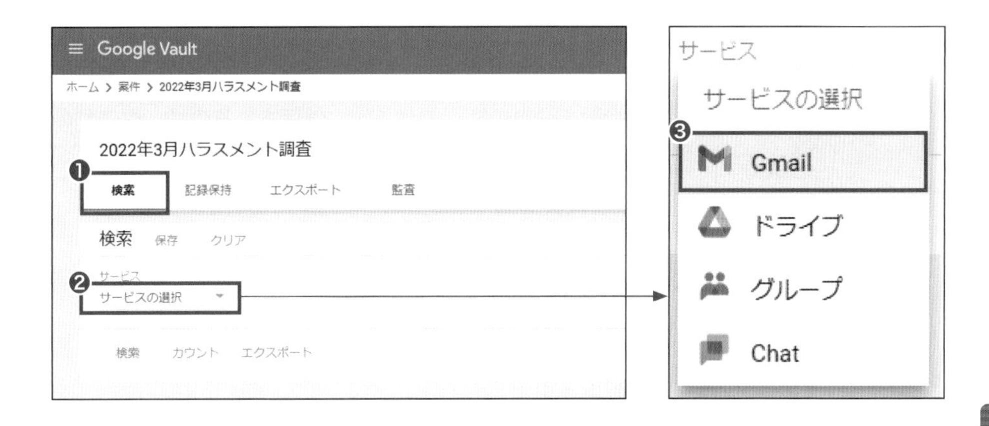

手順2. 対象、送信日、検索キーワード、検索結果に下書きを含めるかどうかなどの条件（検索パラメータ）を入力し（❶）、［検索］をクリックします（❷）。

STEP3 結果をプレビューする

指定した条件に一致した結果が表示されます。行をクリックすると、右側のサイドバーにプレビューが表示され、そのメールの詳細を確認することができます。

STEP4 検索クエリを保存する

検索パラメータの確定後、[保存]をクリックし、検索クエリを保存しておけば、後から同じ検索を簡単に実行できます。保存されるのは、クエリのパラメータのみです。

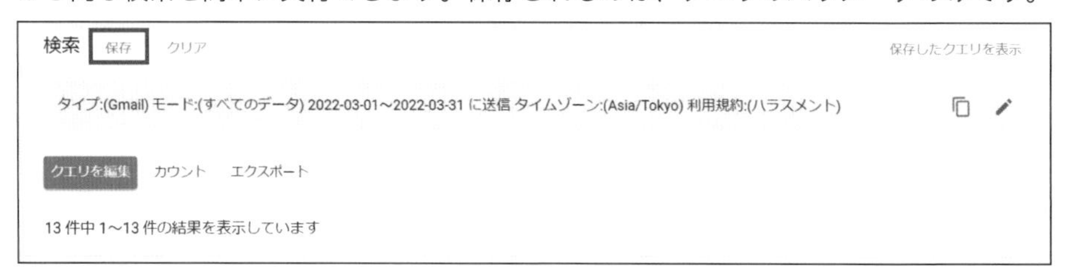

STEP5 書き出す

手順1. 検索結果を保存する（書き出す）には、STEP4の画面で［エクスポート］をクリックします。

手順2. 書き出すファイル（エクスポート ファイル）用にわかりやすい名前を入力し（❶）、データリージョン（「指定しない」か「米国」か「ヨーロッパ」）を選択します（❷）。ファイル形式（MBOXかPST）を選択して（❸）、［エクスポート］をクリックします（❹）。

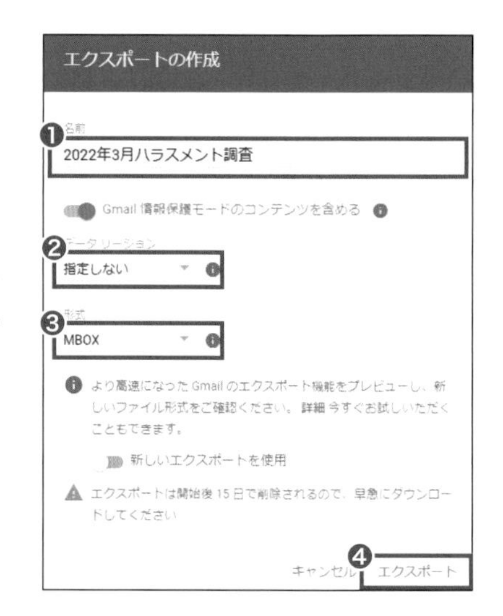

memo
エクスポート ファイルをダウンロードできなくなる可能性があるため、特殊文字（~!$'(),;@:/?）は使用しない。

memo
「MBOX」は、電子メールのメッセージをまとめて保存するファイル形式の1つ。

memo
「PST」とは、Microsoft Outlookなど のMicrosoftソフトウェア内でメッセージなどのデータを保存するのに用いられるファイル形式の1つ。

memo
エクスポート ファイルは、書き出しの開始後15日間ダウンロードできる。

STEP6 書き出しをダウンロードする

手順1. ［エクスポート］タブを開きます（❶）。書き出しが完了すると［ステータス］列に緑色のチェックマークが表示され、［ダウンロード］ボタンが有効になるので、クリックします（❷）。

手順2. ［エクスポートしたファイルのダウンロード］の画面から、必要なファイルの［ダウンロード］をクリックしてダウンロードします（❶）。ダウンロード後［完了］をクリックします（❷）。

エクスポートしたファイルをダウンロード

ファイル総数: 5

❶
2022年3月ハラスメント調査結果-1.zip（158k）ダウンロード
2022年3月ハラスメント調査結果-metadata.csv（4.6k）ダウンロード
2022年3月ハラスメント調査結果-metadata.xml（18k）ダウンロード
2022年3月ハラスメント調査結果-results-count.csv（125）ダウンロード
ファイルのチェックサム ダウンロード

この書き出しにあるメタデータ ファイルの形式が新しくなりました。詳細

❷

参照
Vaultで書き出したメッセージの確認方法についてのより詳しい解説は下記のWebサイトを参照。
"Vaultで書き出したメッセージを確認する - Google Vault ヘルプ"
https://support.google.com/vault/answer/11030695?hl=ja

【データの記録保持（リティゲーション ホールド）】

リティゲーション（Litigation）は「訴訟」、ホールド（Hold）は「掌握」という意味で、**「記録保持（リティゲーション ホールド）」**は、**「訴訟のための記録保持」**をいいます。

案件を作成して検索した結果が後々必要になる場合や、外部からの調査や情報開示が求められた場合に備えて、保持ルールの期間を越えてデータの保存をしたい時などに使用する機能です。つまり、「法的義務やその他の保持義務を満たすために、ユーザーに対して設定するもの」と解釈しておけばいいでしょう。

訴訟とは関係しそうにないが、組織内で発生した事象について調査をしなければならなくなった時など、デフォルトの保持ルールで設定してある期間後にデータが削除されては不都合が生じる場合に、この事象に対する記録保持（リティゲーションホールド）を行って、無期限で保持できるようなルールを設定しておきましょう。

▼保持ルールと記録保持（リティゲーション ホールド）の違い

	保持ルール	記録保持（リティゲーション ホールド）
用途	データの保持期間を事前に設定するために使用する	調査または法的要件への対応のために作成する
範囲	組織部門またはグループ内のユーザーに加えて、共有ドライブやChatスペースなどのサービスの機能に適用されます。個々のアカウントには、キーワードに一致する場合のみ適用できます。	個々のアカウント、組織部門、グループに適用されます。
保持期間	指定した期間（一定の日数または無期限）、データが保持される	記録保持が削除されるまでデータが無期限に保持される
優先度	記録保持＞カスタムの保持ルール＞デフォルトの保持ルール	
アクセス	保持ルール権限のあるVaultユーザーのみが保持ルールを管理できます。	案件へのアクセス権があるVaultユーザーのみが、記録保持対象のユーザーとデータを確認できます。

担当部長より、「社内のプロジェクト G で問題が発生したために、プロジェクトメンバーのメールをプロジェクト発足日から事態が解決するまで保持する必要があります。現在、デフォルトの保持ルールで Gmail は1年後に消去されるように設定されているようですが、適切に対処してほしい。」というリクエストがあったという想定で、記録保持(リティゲーション ホールド)を作成してみましょう。

STEP1 案件の作成

Vault のホーム画面から、224ページのSTEP1と同様の操作で案件名「Project G」の案件を作成します。

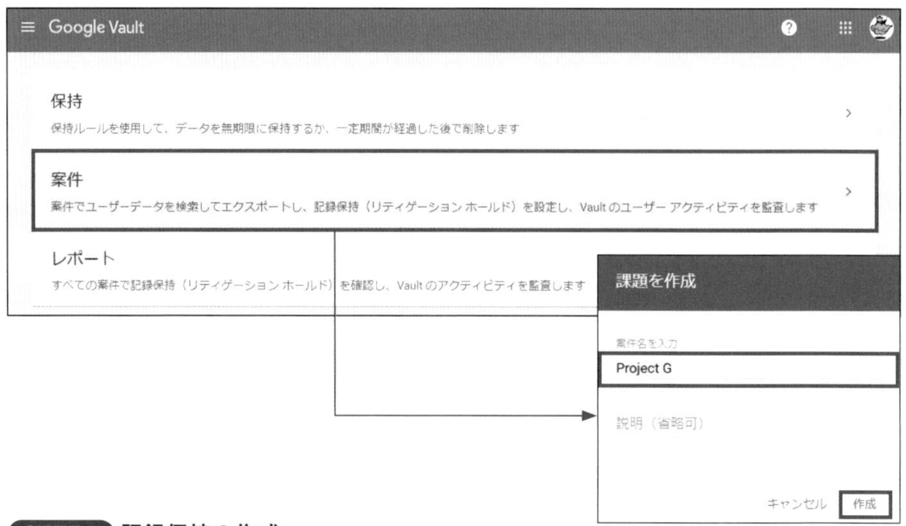

STEP2 記録保持の作成

手順1. [記録保持] タブを開き(❶)、[作成] をクリックします(❷)。記録保持(リティゲーション ホールド)名を入力し(❸)、サービスの選択で [Gmail] を選択して(❹)、[次へ] をクリックします(❺)。

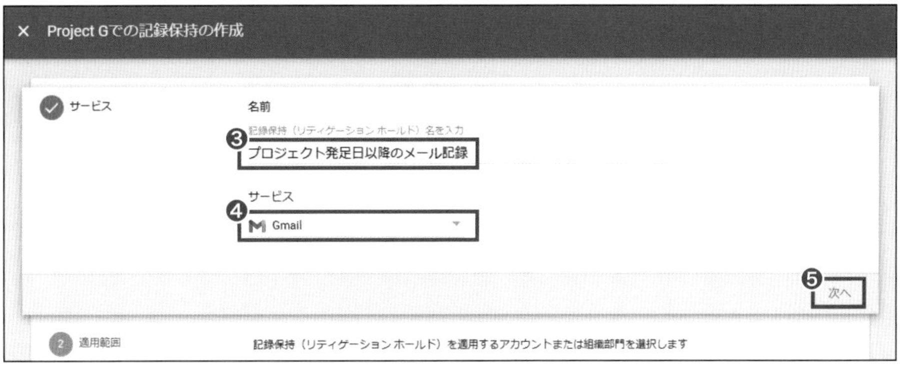

× Project Gでの記録保持の作成

サービス

名前

記録保持（リティゲーション ホールド）名を入力

❸ プロジェクト発足日以降のメール記録

サービス

❹ Gmail

❺ 次へ

2 適用範囲　記録保持（リティゲーション ホールド）を適用するアカウントまたは組織部門を選択します

手順2. プロジェクトメンバーのメールアドレスを入力し（❶）、［次へ］をクリックします（❷）。

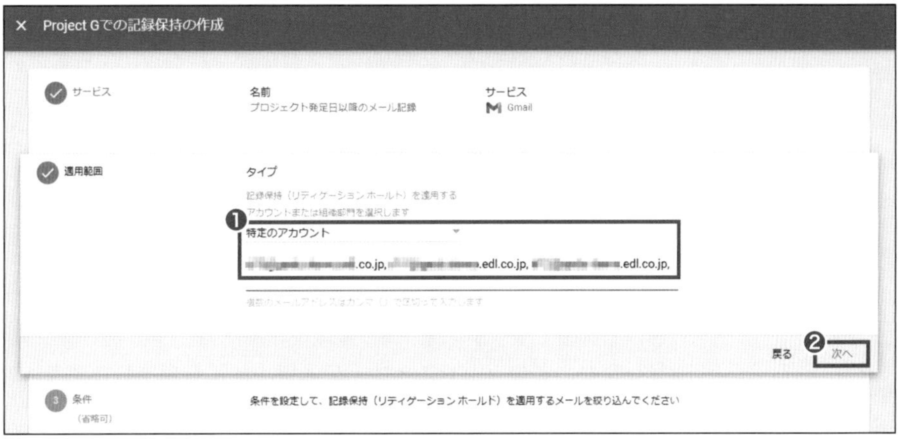

× Project Gでの記録保持の作成

サービス　名前 プロジェクト発足日以降のメール記録　サービス Gmail

適用範囲　タイプ

記録保持（リティゲーション ホールド）を適用するアカウントまたは組織部門を選択します

❶ 特定のアカウント

.co.jp, .edl.co.jp, .edl.co.jp,

戻る　❷ 次へ

3 条件（省略可）　条件を設定して、記録保持（リティゲーション ホールド）を適用するメールを絞り込んでください

手順3. ［開始日］にプロジェクト発足日を入力し（❶）、［作成］をクリックします（❷）。

× Project Gでの記録保持の作成

サービス　名前 プロジェクト発足日以降のメール記録　サービス Gmail

適用範囲　タイプ 特定のアカウント

@ .co.jp, @ .co.jp, @ .co.jp

条件（省略可）　条件

選択したアカウントまたは組織部門に対するメールの保持条件を設定する

❶ 送信日

開始日 2022-04-01　終了日

日付は (GMT+00:00) 協定世界時です

利用規約

検索キーワード

戻る　❷ 作成

第5章 セキュリティをより高めるための対策と設定

これで、指定した プロジェクトメンバーのメールが、記録保持が解除されるまで保持されます。

● 注意点

記録保持対象のユーザーがデータを削除した場合、そのデータはユーザーの画面上では削除されますが、Vault 内には保持されます。

また、管理コンソールでユーザーのアカウントを削除した場合、ユーザーのデータは Vault では使用できなくなり、復元できません。

【監査レポートの作成】

Google Vault での操作はレポートに記録されるので、Vault ユーザーが Vault で行った操作を確認することができます。例えば、どの Vault ユーザーがどのようなデータを検索したか、どの Vault ユーザーが保持ルールを編集したかを、Vault 全体の監査で確認することができます。

記録されたログはユーザーや管理者でも削除することはできません。ユーザーのアクティビティを監査し不正の防止と発見に役立ちます。

ログは CSV 形式でダウンロードでき、Google ドライブ上で閲覧することができます。手順はいたってシンプルです。

参照
Vault ユーザーが行った操作の監査についてより詳しい解説は下記のWebサイトを参照。
“Vault ユーザーが行った操作を監査する - Google Vault ヘルプ”
https://support.google.com/vault/answer/4239060

手順1. Vault のホーム画面で［レポート］をクリックします。

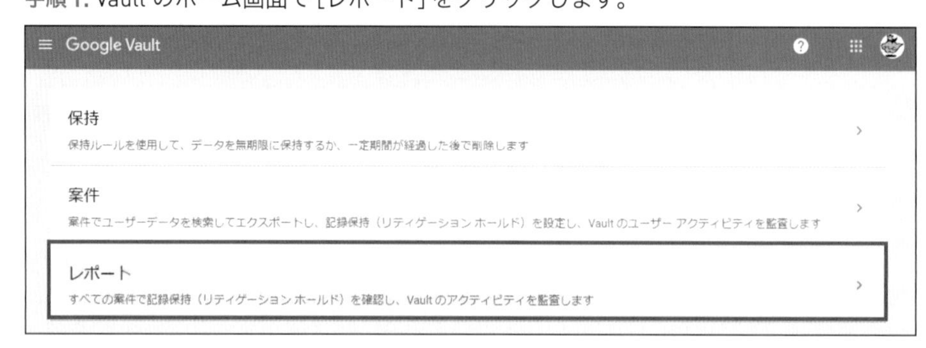

手順2. ［監査］の画面で期間、監査対象の Vault ユーザーのメールアドレス、監査の操作の種類といったパラメータを入力し（❶）、画面左下の［CSV 形式でダウンロード］をク

リックします（❷）。

手順 3. ダウンロードした監査情報が記載された CSV ファイルを Google スプレッドシートなどのスプレッドシート アプリで 開きます。

　また、特定の案件を監査して、どの Vault ユーザーがその案件からエクスポートを行ったかなどを確認できます。

手順 1. Vault のホーム画面から［案件］をクリックし、案件リストで監査する案件（ここでは「Project G」）をクリックします。

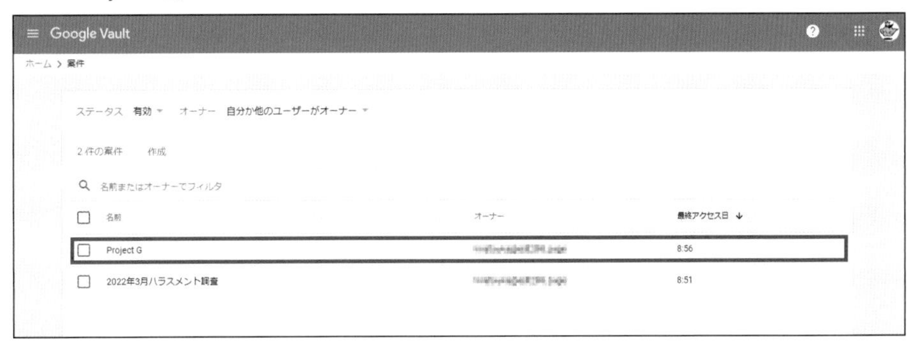

手順 2. ［監査］タブを開き（❶）、パラメータを入力し（❷）、画面左下の［CSV 形式でダウンロード］をクリックします（❸）。

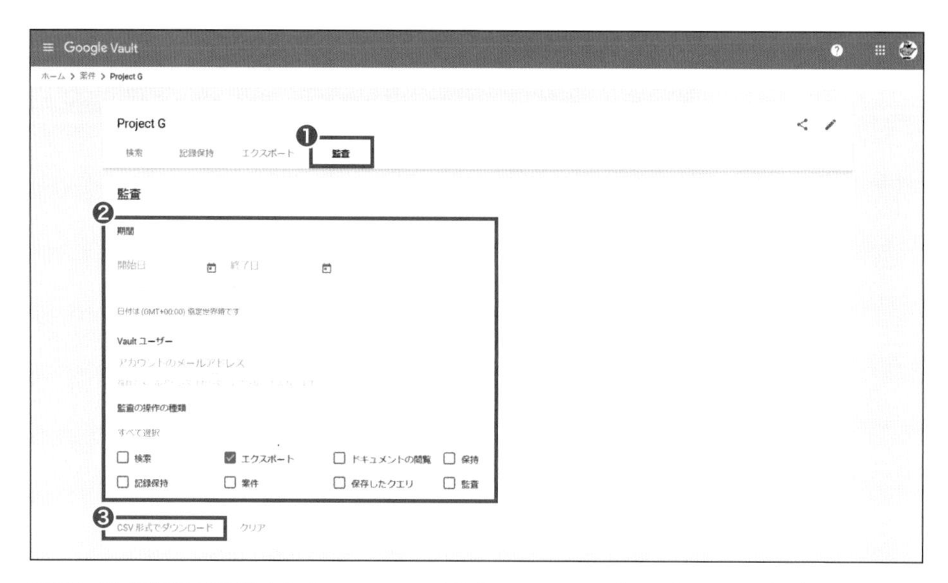

手順 3. 監査情報が記載された CSV ファイルを Google スプレッドシートなどのスプレッドシート アプリで 開きます。

このように、Google Vault はシンプルな運用で組織内の事案調査に備えることに活用できるツールです。

2 ユーザー個人が行う設定

ポイント

- Google アカウントの管理は［Google アカウント設定］画面から行う
- 2 段階認証プロセスでアカウントのセキュリティを強化する

Google Workspace 管理者は、組織を代表して組織のセキュリティを高めるために必要な設定を実施します。しかし、実はそれだけでは情報セキュリティ対策が完了したとはいえません。管理者が構築した環境下において、**実際に運用、活用する組織のユーザー各自が、それぞれの活動に応じた情報セキュリティの設定と運用を行って、初めて完結する**のです。

そこで本節では、アカウントの保護と追加機能のインストールについてユーザー個人で実施する情報セキュリティを解説します。

Google アカウントの管理

Google Workspace を使い始めると、ありとあらゆる情報が Google アカウントに保存されていきます。ユーザー本人がアカウント内の情報を守ることは、これまでになく重要です。 Google アカウントにログインする際のパスワードや個人情報、Gmail や Google ドキュメント等の作成したファイル、YouTube の閲覧履歴等々。これらすべての情報をあなた自身で管理できるよう、**Google ではユーザーの個人情報を自動的に保護してプライバシーとセキュリティを確保するための機能を標準搭載**しています。

Google Workspace ユーザー自身の Google アカウントについての管理は［Google アカウント設定］画面で実施します。

この［Google アカウント設定］画面にアクセスするには、［Google アプリ］アイコンをクリックし（❶）、［アプリランチャー］から［アカウント］をクリックします（❷）。

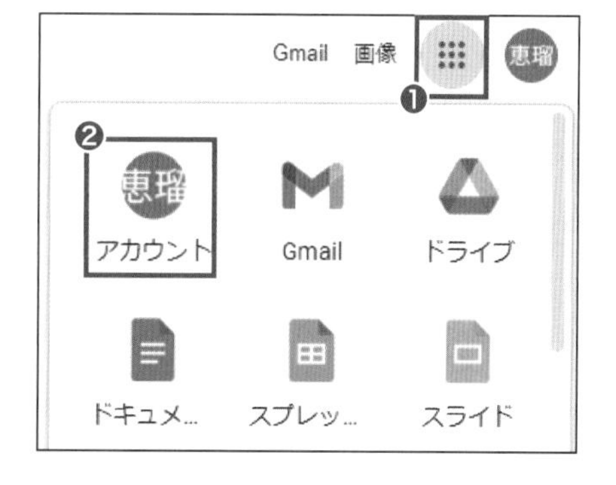

memo

［Google アカウント設定］画面へは、［Google アカウント］アイコンをクリックし、［Google アカウントを管理］をクリックしてもアクセスできる。

▲ユーザーの［Google アカウント設定］ホーム画面

セキュリティ診断とプライバシー診断

Google Workspace 管理者は、組織のユーザーに［Google アカウント設定］画面から2つの診断を実施するようすすめましょう。セキュリティとプライバシーに関する設定を、ユーザーの状況に合わせてAIが自動的に提案してくれるので、必要な設定を簡単に確認できます。

セキュリティに関する提案は［おすすめのセキュリティ対策があります］をクリックすると「セキュリティ診断」で見つかった推奨される対応が表示されます（次ページ上の図）。この表示がない場合は、特に確認が必要な状況ではないことがわかります。

プライバシーに関する提案は［プライバシー診断］を行うと表示されます。［プライバシー診断］は、上記の Google アカウントの設定画面にあるサイドメニュー［データとプライバシー］から始められます。

アカウントに保存するデータ、表示する広告、他のユーザーと共有する情報などを設定できるプライバシー診断で、ユーザーが自身にあった設定を実施できます。

Google アカウント

セキュリティ診断
推奨される対応があります

お使いのデバイス
からアカウントを削除してください

2 段階認証プロセス
スマートフォンを使用してセキュリティを強化

最近のセキュリティ関連のアクティビティ
過去 28 日間のアクティビティはありません

サードパーティによるアクセス
8 個のアプリにデータアクセスが付与されています

保存したパスワード
パスワードを保存しているサイトまたはアプリ: 24 件

[Google アカウント] に移動する

▲「セキュリティ診断」の結果で、推奨の対応が表示される

パスワード マネージャー

パスワードの管理を組織のユーザー個人の裁量に任せると、同じ単純なパスワードを使い回すリスクが高くなり、セキュリティ事故が起こる可能性が高まります。多くの人が、パスワード管理は手間がかかり、煩わしいと感じているからです。

しかし、Google アカウントには「パスワード マネージャー」が組み込まれており、すべてのパスワードをユーザー本人だけがアクセスできる場所で安全に一元管理できます。

Google パスワード マネージャーを使用することで、以下のようなことが可能になります。

- 強力で独自のパスワードを自動作成して保存できる。パスワードを覚えておく必要はない。
- 組み込まれたセキュリティ機能により、保存されているすべてのパスワードを安全に保護できる。パスワード チェックアップ機能により、確認もできる。
- Google アカウントからサイト毎に保存したそれぞれのパスワードを自動入力できる。

「大切なパスワードをパスワード マネージャーに預けて本当に大丈夫？」そんな不安が頭をよぎるユーザーは多いかもしれません。しかし、パスワードをパスワード マネージャーに頼らずに安全に管理する他の方法は、と考えてみても現実的に推奨できるものはありません。なぜなら「ノートにすべて書き込んでおく」、「スマホで管理する」など、「ユーザーの秘密データを暗号化せずそのまま保管する方法」が最も危険だからです。

ChromeOS や Chromebook では、データはすべて「暗号化」されます。さらに、Google のパスワード マネージャーは、本人認証した Google アカウントに保存されますから、本人のアカウントでログインしなければパスワードを参照できません。第三者がパスワード情報を解読・参照できないパスワード マネージャーは最も安全な方法だといえるのです。

初期設定ではパスワード マネージャーはオンになっています。そのため、Chrome ブラウザを利用していれば、あるサービスで初めてパスワードを入力する時、「パスワードを保存するかどうか」という画面が表示されるはずです。パスワードを管理する場合には「保存」をクリックするだけでOKです。

また、パスワードの生成をパスワード マネージャーに任せる場合には、あらかじめ Google アカウントでログインしておきましょう。ログイン後に「同期を有効にする」をオンにしておくと、パスワードを作成する場面で安全性の高いパスワードを自動生成できるようになります。パスワード入力画面で「安全なパスワードを自動生成」をクリックするだけで提案されます。

パスワード マネージャーに保存したパスワードは、表示、編集、削除することができます。

パスワードが保存されているアカウントの一覧を表示するには次の2つの方法があります。

方法1. [Google アカウント設定] 画面のナビゲーションパネルの [セキュリティ] をクリックし (❶)、「他のサイトへのログイン」の [パスワードマネージャー] をクリックします (❷)。

保存済みのパスワードは、サイト名をクリックし、「パスワードを非表示」のアイコンをクリックすれば非表示から表示に切り替わり、[編集] をクリックするとユーザ名、パスワードを編集できます。

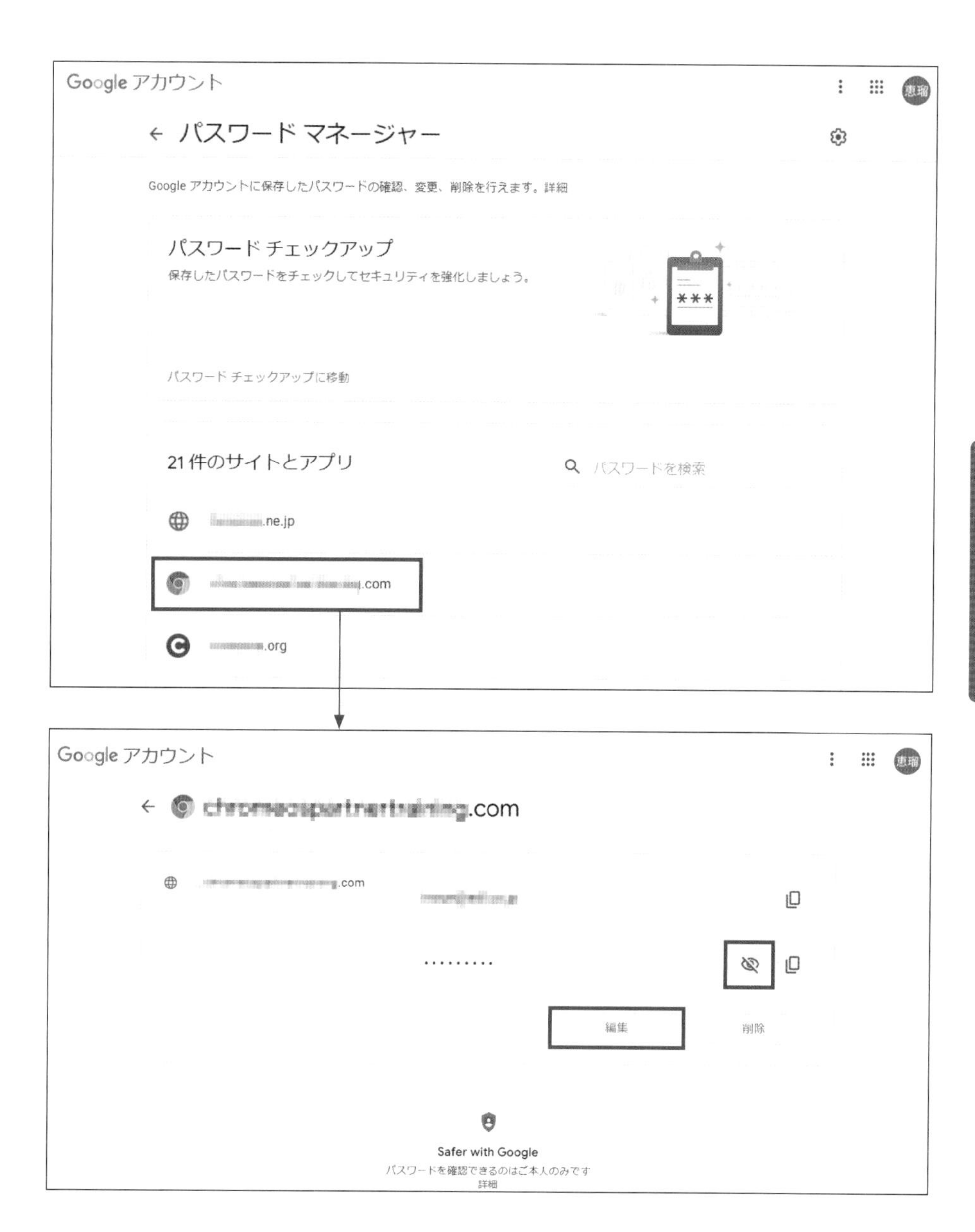
Google アカウント
パスワード マネージャー
Google アカウントに保存したパスワードの確認、変更、削除を行えます。詳細
パスワード チェックアップ
保存したパスワードをチェックしてセキュリティを強化しましょう。
パスワード チェックアップに移動
21件のサイトとアプリ
パスワードを検索
.ne.jp
.com
.org
Google アカウント
.com
.com
編集
削除
Safer with Google
パスワードを確認できるのはご本人のみです
詳細

方法2. Chrome ブラウザの、右上のプロフィールをクリックし、パスワードをクリックします。

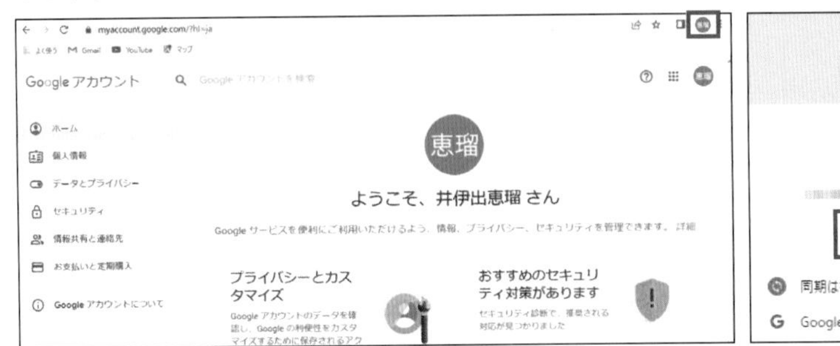

各ウェブサイトの右側にある「パスワードを表示」アイコンをクリックすれば非表示から表示に切り替わります。「その他の操作」アイコンをクリックし、[パスワードを編集]をクリックするとユーザ名、パスワードを編集できます。

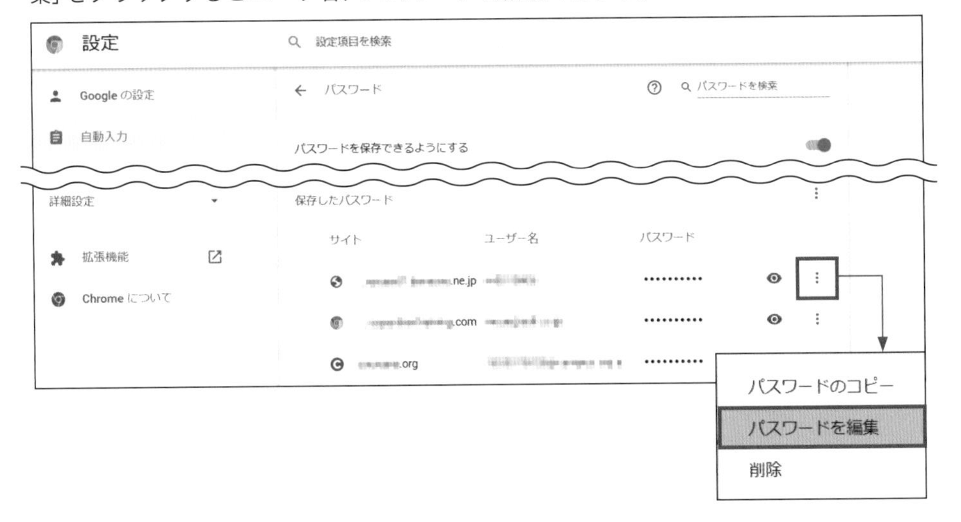

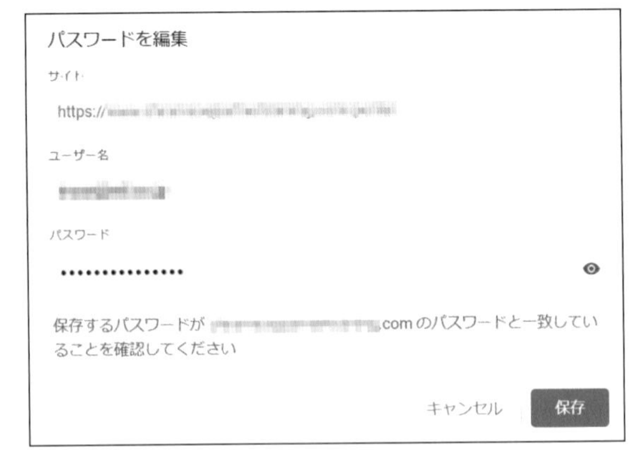

パスワード マネージャーのメリットは、複雑でセキュリティレベルの高いパスワードを一瞬で自動生成でき、大量のパスワードを覚えずとも安全に管理できること。ただし、1つだけパスワード マネージャーに登録できないパスワードが存在します。それは何でしょうか？

答えは、本人の「Google アカウントへのログインパスワード」です。このパスワードだけは決してユーザー本人が忘れないようにする必要があります。

パスワード マネージャーを使って強固なパスワードを作成し、情報漏洩から身を守りましょう。

ユーザーが2段階認証プロセスを有効にする

2段階認証プロセス（2要素認証プロセスとも呼ばれます）は、パスワードが盗まれた場合に備えて、アカウントのセキュリティを強化するものです。

とはいえ、ひと手間かかることから設定を嫌がるユーザーは少なくありません。Google Workspace 管理者が組織全体に2段階認証プロセスを有効にすることを強制すると、強制的にこの仕組を組織のユーザーに実施してもらうことになります。2段階認証プロセスを有効にすると、ボットによる自動攻撃を 100%、不特定多数を狙ったフィッシング攻撃を 99%、標的型攻撃を 90% 防ぐことができます。ぜひ Google Workspace 管理者の方は、自信を持って有効にしてください。

参照
出典：Google Japan Blog: 最新の研究結果: アカウントの不正利用を防止する基本的な方法とその効果
https://japan.googleblog.com/2019/05/new-research-how-effective-is-basic.html

2段階認証プロセスを有効にすると、アカウントへのログインは、次のものを使って2段階で行うことになります。

1つ目の確認手順：自分が把握している情報（パスワードなど）
2つ目の確認手順：自分が持っているもの（お使いのスマートフォンなど）

2つ目の確認手順は137ページの説明にある通り５つありますが、ここでは「Google からのメッセージ」が推奨されます。

参照
確認方法の詳細についてより詳しい解説は下記のWebサイトを参照。
“2段階認証プロセスを有効にする - パソコン - Google アカウント ヘルプ”
https://support.google.com/accounts/answer/185839

ここでは2つ目の確認手順として、「Google からのメッセージ」、そのバックアップ オプションとして「バックアップ コード」を選択して、ユーザー が2段階認証プロセスを有効にする手順を解説します。

手順1. ［アプリランチャー］もしくは［Google アカウント］アイコンから［Google アカウント設定］画面を開きます。 ナビゲーション パネルの［セキュリティ］をクリックし（❶）、［Google へのログイン -2段階認証プロセス］（❷）-［使ってみる］をクリックします（❸）。

手順2. 本人確認が求められますので、パスワードを入力して[次へ]をクリックします。電話番号を入力し(❶)、[他のオプションを表示](❷) - [Google からのメッセージ]を選択し(❸)、[次へ]をクリックします。

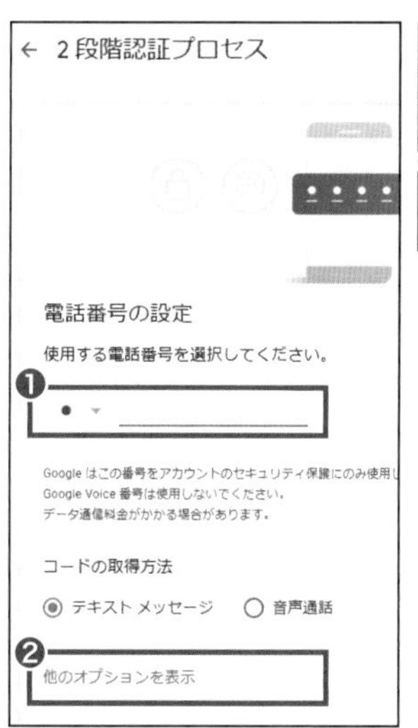

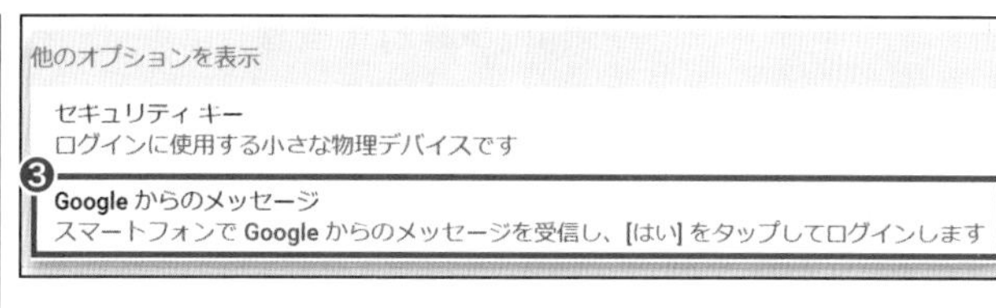

手順3. [デバイスが一覧にない場合] をクリックし (❶)、画面の指示に従い、スマートフォンで Google アカウントにログインします。ログイン後、[再試行] をクリックします (❷)。

2 段階認証プロセスの設定

Android スマートフォンまたは iPhone で Google アカウントにログインします。

Android スマートフォンの場合:

1. スマートフォンの**設定**アプリを開く
2. [**アカウント**]、[**アカウントを追加**] の順にタップする
3. [**Google**] を選択してログインする

iPhone の場合:

1. App Store から **Google アプリ**をダウンロードする
2. Google アカウントにログインする

手順4.【手順2】で登録した電話番号のデバイスが表示されていることを確認して(❶)、[続行]をクリックします(❷)。

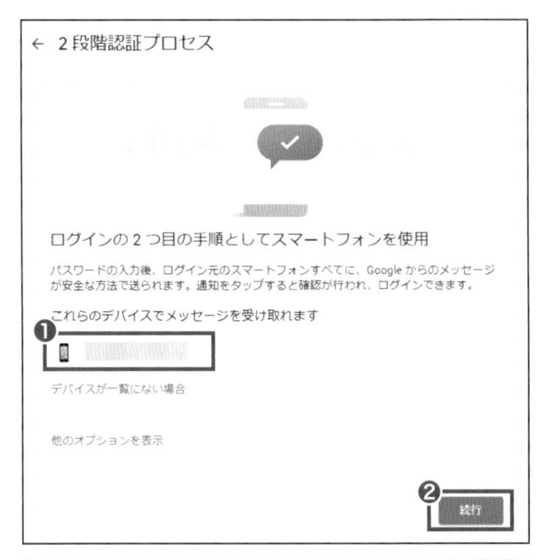

手順5.[別のバックアップ オプションを使用]をクリックします(❶)。印刷またはダウンロードして(❷)、[次へ]をクリックします(❸)。

手順6.[有効にする]をクリックします。

以上で2段階認証プロセスが有効になりました。

拡張機能やアプリを適切に追加する

第3章第3節及び第4章第2節では拡張機能の追加・アプリのインストールを制御する方法を、本章第1節では Google Workspace Marketplace アプリを管理する方法を紹介しました。業務や学習に関係のないアプリや機能のインストールを制限し、インストールを許可するものを指定する、という管理者側が行う設定です。

ここでは、その設定によって管理者が許可リストに追加した拡張機能やアプリを、組織のユーザーがインストールする方法について解説します。

ユーザーが許可された拡張機能をインストールする

ユーザーが管理者により許可リストに追加された 拡張機能を Chrome に追加するには、まず、Chrome ウェブストア（https://chrome.google.com/webstore/）にアクセスします。

第3章 129ページで管理者が許可リストに追加した「パスワード アラート」をインストールしてみましょう。

手順1. Chrome ウェブストアにアクセスし、「パスワード アラート」で検索し（❶）、[パスワード アラート] をクリックします（❷）。

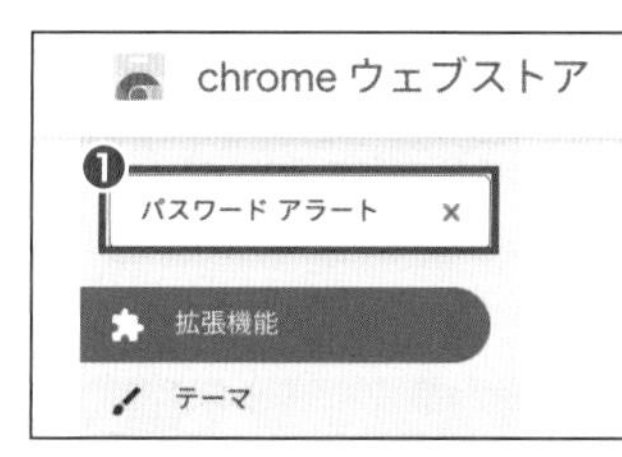

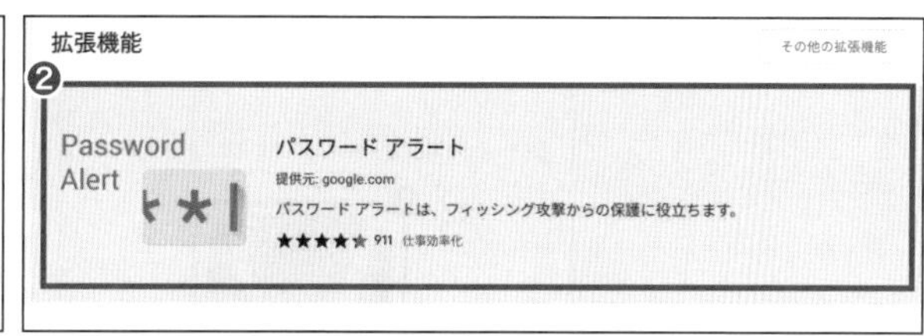

手順2. [Chrome に追加] をクリックし（❶）、[拡張機能を追加] をクリックします（❷）。

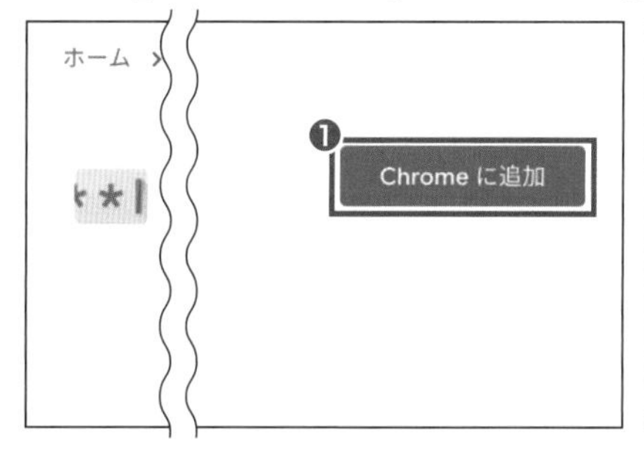

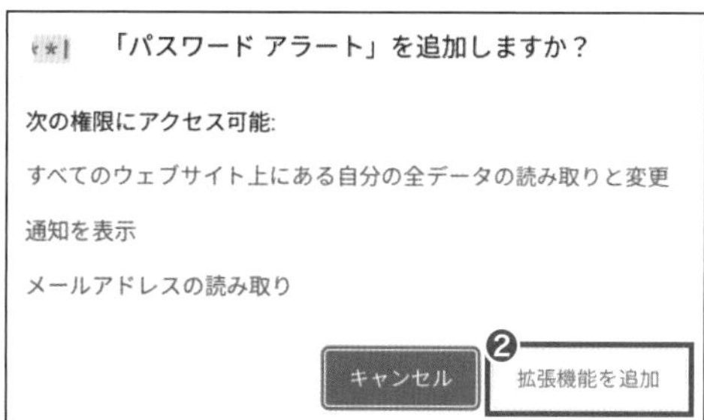

以上で完了です。

なお、Chrome ウェブストアで許可リストに追加されていない拡張機能を選択しても、右のように表示され追加することができません。

管理者によりブロック済み

ユーザーが許可されたAndoroidアプリをインストールする

ここでは管理者が許可リストに追加した「Desmos グラフ計算機」を Chromebook にインストールしてみましょう。

手順1. [Playストア]をクリックして、ランチャーから Google Play を起動します。

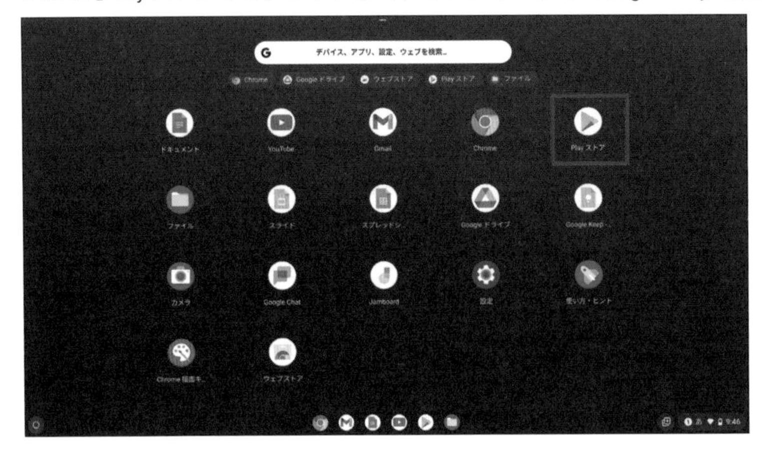

手順2. [Desmos グラフ計算機]を選択し(❶)、[インストール]をクリックします(❷)。

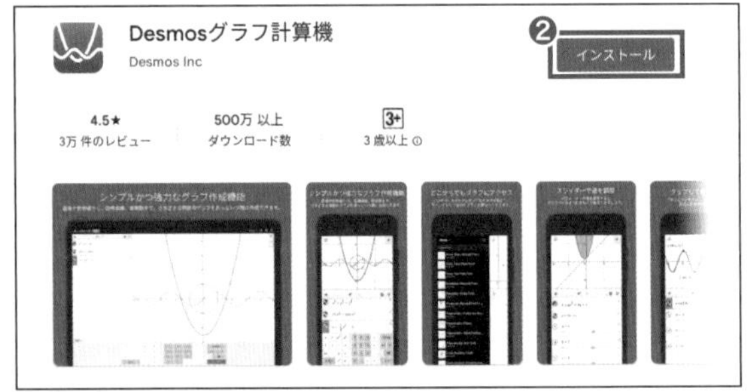

インストールが完了するとランチャーにショートカットアイコンが表示されます。

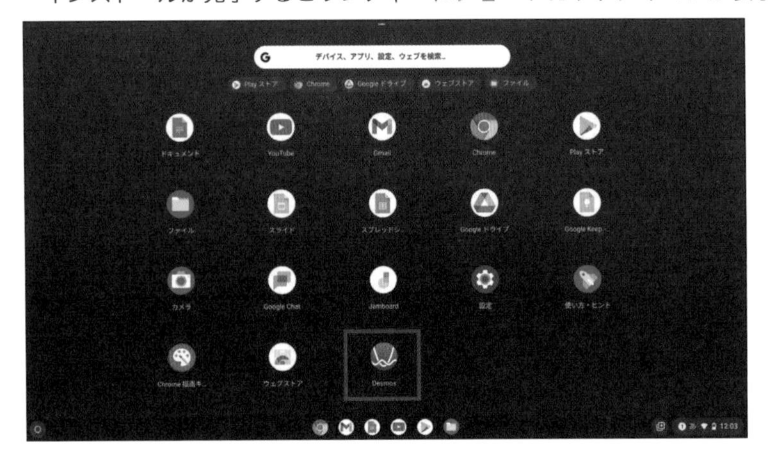

ユーザーが許可されたGoogle Workspace Marketplaceアプリをインストールする

ユーザーが許可リストに追加されたMarketplaceアプリをインストールするには、まず、Google Workspace Marketplaceにアクセスします。

ここでは、Google管理コンソールに登録されているChromebookの在庫とメタデータをまとめて取得、設定できるGoogleスプレッドシートのアドオンChromebook Getter by AdminRemixをインストールしてみましょう。

手順1. アプリランチャーの一番下の[Google Workspace Marketplaceの詳細]をクリックします(❶)。[承認されているアプリ]として表示されているのでChromebook Getter by AdminRemixをクリックして(❷)、[インストール]をクリックします(❸)。

許可リストに追加されていないMarketplaceアプリを選択しても[管理者がインストールを許可していないアプリです]と表示されインストールできません。

管理者がインストールを許可していないアプリです

手順2. このアプリの利用規約およびプライバシーポリシーを確認し、[続行]をクリックします。

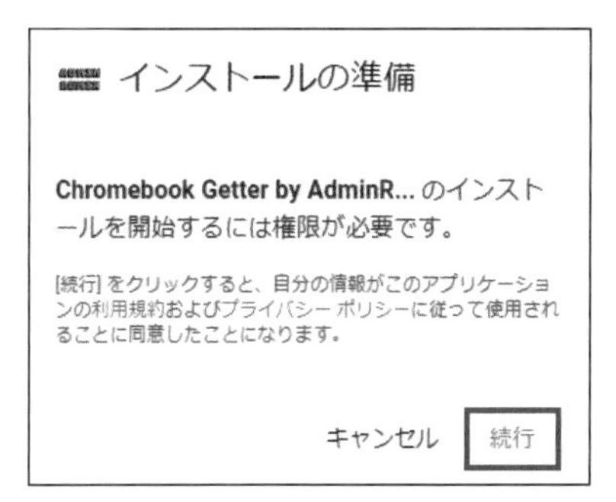

手順3. プライバシーポリシーと利用規約を確認し、[許可]をクリックします。

手順4. [次へ](❶) - [完了]をクリックします(❷)。

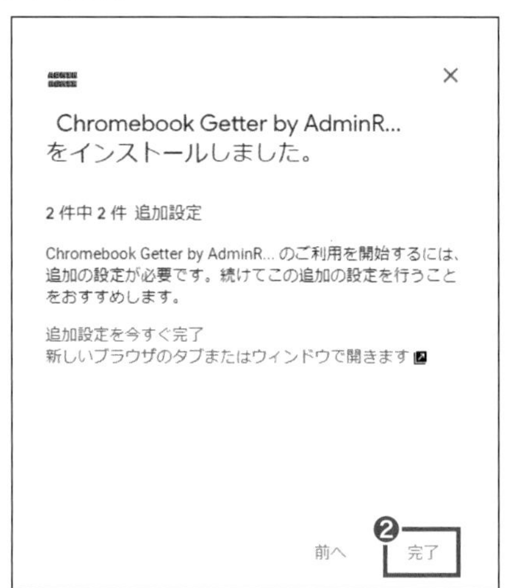

Chromebook Getter by AdminRemix は Google スプレッドシートのアドオンなので、対象ユーザーはスプレッドシートを開き、メニューバーの[拡張機能]をクリックすると[Chromebook Getter by AdminRemix]が利用可能になっていることを確認できます。

以上、セキュリティを高めるさまざまな対策と設定方法についてご紹介しました。

Google Workspace と Chromebook を使って、安全性と利便性を両立し、組織における情報共有、活動を活性化させ、ぜひ10倍の成果をあげてください。

おわりに

最後までお読みいただきありがとうございました。

本書には管理コンソールの画面を見たことがないという読者を想定して多くのスクリーンショットを入れました。手順通りにやれば設定できるというところに重きを置きました。 Google の進化のスピードは速く、管理コンソールの機能や画面がアップデートされ、やがて、掲載の図とは異なる日がやってきます。しかし、基本の考え方は変わりません。現時点での基本設定を理解していただければ大丈夫です。

私は私立中学校・高等学校で永らく教育の情報化・校務の情報化を担当しておりました。その中で2015年、Google Classroom と出会い、これはこれからの学校では必要不可欠なものになると直感しました。ITに苦手意識を持っていらっしゃる先生方にとってもハードルが低く、授業の空間が拡がる（授業が授業時間内にとどまらない）ためです。早速 Google Apps for Education（現在の Google Workspace for Education ）の利用申請をしました。当時はサポートしてくださるベンダーさんやリセラーさんは極めて少なく、設定作業をするのにヘルプページを頼りにサーチアンドトライアルの繰り返し。これが結構時間がかかる。授業準備にかける時間を削ることへの罪悪感に苛まれながらの葛藤の日々の連続でした。GIGA スクール構想が前倒しで進んでいくなかで「同じ苦しみを学校の中でIT管理を任された全国の先生方に味あわせてはならない。」という使命感に似た「想い」が膨らんでいきました。DXが進む中で学校の先生方だけではなく、Google Workspace の導入を検討・決定している組織（特に中小企業）の担当者の方に対しても同じ「想い」を抱いています。その「想い」を常に頭に置きながら執筆いたしました。その「想い」が通じ、本書が次の一歩を踏み出すキッカケになったと感じてくださる方がいらっしゃるならば、著者としてこれ以上幸せなことはありません。

執筆にあたり、特にISMS及びISMS-CLS（クラウドセキュリティ）主任審査員である中西孝治先生には、情報セキュリティの専門家ではない我々に適切なご助言をしていただき、誠にありがとうございました。また刊行に至るまで多くの方々に応援、ご協力をいただき、感謝いたしております。末筆ではございますがお礼を申し上げます。
そして、慣れない執筆をいつもそばで応援してくれた君に…「39！」。

2022年7月
井上　勝

付録 各種推奨ポリシー一覧

ユーザーとブラウザの設定

カテゴリ	設定項目名	設定項目	設定値	設定内容
ログイン設定	ブラウザのログイン設定	ブラウザのログインを無効にする	-	ユーザーが Chrome ブラウザにログインして、ブラウザの情報を Google アカウントに同期できるかどうかを指定します。
		ブラウザのログインを有効にする	-	
		ブラウザを使用するにはログインを必須とする	◎	
登録の管理	デバイスの登録	Chromeデバイスを現在の組織に配置したままにする	◎	Chromebook を、最上位の組織部門もしくは端末を使用するユーザーの組織部門に配置させることができます。
		Chromeデバイスをユーザーの組織内に配置する	—	
セキュリティ	アイドル設定-スリープ時の画面ロック	ユーザーに設定を許可	—	Chromebook がスリープ状態になった場合に、画面をロックするように指定するか、ユーザーが操作を決定できるようにします。
		画面をロックしない	—	
		ロック画面	◎	
	シークレットモード	シークレット モードを許可する	—	ユーザーがシークレット モードでブラウジングできるかを指定します。
		シークレット モードを無効にする	◎	
		強制的にシークレット モードにする		
	ブラウザの履歴	ブラウザの履歴を保存しない	—	Chrome ブラウザにユーザーの閲覧履歴を保存するかを指定します。
		常にブラウザの履歴を保存する	◎	
	ブラウザの履歴の削除	設定メニューでの履歴の削除を許可する	—	ユーザーが閲覧履歴やダウンロード履歴などの閲覧データを削除できるかどうかを指定します。
		設定メニューでの履歴の削除を許可しない	◎	
コンテンツ	セーフサーチと制限付きモード	Google 検索クエリにセーフサーチを適用しない	—	・Google セーフサーチ ユーザーの検索結果から不適切なコンテンツを除外するセーフサーチ機能を有効または無効にできます。
		Google 検索クエリに常にセーフサーチを使用する	◎	
		YouTube で制限付きモードを強制適用しない	—	・YouTube の制限付きモード YouTube の制限付きモードを有効にするかを選択します。
		YouTube で制限付きモード「中」以上を強制的に適用する	○	
		YouTube で制限付きモードを強制的に適用する	○	
	URLのブロック	ブロックされるURL	☆	URL ブラックリストを指定をします。
Chrome のセーフブラウジング	セーフブラウジング	ユーザーによる決定を許可	—	ユーザーに対して Google セーフ ブラウジングを有効にするかを指定します。
		常にセーフ ブラウジングを無効にする	—	
		常にセーフ ブラウジングを有効にする	◎	

Chromeのセーフブラウジング	ダウンロードの制限	特別な制限なし	—	ユーザーがマルウェアや感染ファイルなどの危険なファイルをダウンロードできないようにします。
		不正なダウンロードをすべてブロックする	—	
		危険なダウンロードをブロックする	—	
		危険性のあるダウンロードをブロックする	◎	
		すべてのダウンロードをブロックする	—	
	セーフ ブラウジングの警告の無視を無効にする	セーフ ブラウジングの警告の無視をユーザーに許可しない	◎	ユーザーがセーフ ブラウジングの警告を無視し、偽のサイトや危険なサイトにアクセスしたり、有害なファイルをダウンロードしたりできるかを指定します。
		セーフ ブラウジングの警告の無視をユーザーに許可する	—	
	SafeSites URLフィルタ	アダルト コンテンツに基づくサイトの除外を行わない	—	SafeSites URL フィルタ（URL をポルノとそれ以外に分類する）を有効または無効にできます。
		アダルト コンテンツに基づいて最上位サイト（埋め込み iframe 以外）を除外する	◎	
ハードウェア	外部ストレージ デバイス	外部ストレージ デバイスを許可する	—	USB フラッシュ ドライブ、外部ハードドライブ、光学式ストレージ、セキュア デジタル（SD）カード、その他のメモリカードなどの外部ドライブをマウントできるかどうかを制御します。
		外部ストレージ デバイスを許可する（読み取り専用）	—	
		外部ストレージ デバイスを許可しない	◎	
起動	起動時に読み込むページ	ユーザーによる決定を許可	—	ユーザーが Chromebook を起動したときに読み込む追加ページの URL を指定します。
		URL のリストを開く	◎	
		[新しいタブ] ページを開く	—	
		最後のセッションを復元	—	
ユーザーエクスペリエンス	管理対象のブックマーク	フォルダ名、リンク名、URLを登録するとブックマーク バーのフォルダ内にこのブックマークが表示される	☆	モバイルデバイスなど、あらゆるプラットフォームのChrome にブックマークのリストを送信し、ユーザーの利便性を高めることができます。

デバイスの設定

カテゴリ	設定項目名	設定項目	設定値	設定内容
登録とアクセス	自動的に再登録	ワイプ後にデバイスを自動再登録	◎	ワイプした Chromebook を、管理コンソールに自動的に再登録するかどうかを指定します。
		ワイプ後にユーザー認証情報を使用してデバイスを再登録（この設定は今後移行され、自動的に再登録になります）	—	
		ワイプ後にユーザー認証情報を使用してデバイスを再登録	—	
		ワイプ後にデバイスを自動再登録しない	—	
	無効になっているデバイスの返却手順	※この設定では、紛失または盗難により無効になっているデバイスの画面に表示するカスタムテキストを指定します。この画面を見たユーザーがデバイスを組織に返却できるように、返却先の住所と連絡先電話番号を含めることを推奨。	（例）このデバイスを拾得された方は下記までご連絡ください。組織名・住所・電話番号	
ログイン設定	ゲストモード	ゲストモードを許可する	—	管理対象の Chrome デバイスでゲストブラウジングを許可するかどうかを指定します。
		ゲストモードを無効にする	◎	
	ログインの制限	ログインをリスト内のユーザーのみに制限する	◎	Chromebook にログイン可能なユーザーを管理できます。
		すべてのユーザーにログインを許可する	—	
		いずれのユーザーにもログインを許可しない	—	

ログイン設定	ドメインのオートコンプリート	ログイン画面にオートコンプリートのドメインを表示しない	—	ユーザーのログインページに表示するドメイン名を選択できます。ユーザーがログインするときにユーザーのドメイン部分の入力をする必要がなくなります。
		ログイン時のオートコンプリート機能に、以下のドメイン名を使用する	◎	
	ユーザー データ	すべてのローカル ユーザーデータを消去	—	登録済みのChromebook からユーザーがログアウトするたびに、ローカルに保存されている設定とユーザーデータをすべて削除するかを指定します。
		ローカル ユーザー データを消去しない	◎	
デバイスの更新設定	自動更新の設定	アップデートをブロックする	—	新しいバージョンのChromeOS がリリースされた際にChromebookを自動更新するかどうかを指定します。
		アップデートを許可する	◎	
	展開スケジュール	デフォルト（新しいバージョンがリリースされるとデバイスが更新されます）	○	管理対象の Chromebook に更新を展開する方法を指定します。
		指定したスケジュールでアップデートを展開	—	
		更新を分散させる	○	
ユーザーとデバイスをレポート	利用していないデバイスに関する通知	利用していないデバイスに関する通知を有効にする	◎	ドメインで利用されていない端末に関するレポートをメールで受け取れます。
		利用していないデバイスに関する通知を無効にする	—	

アプリと拡張機能の設定

教育機関向け

カテゴリ	設定項目名	設定項目	設定値	設定内容
許可／ブロックモード	Chrome ウェブストア	すべてのアプリを許可する、管理者が拒否リストを管理する	—	ユーザーが Chrome ウェブストアからインストールできる拡張機能等を制御できます。
		すべてのアプリを拒否する、管理者が許可リストを管理する	○	
		すべてのアプリを拒否する、管理者が許可リストを管理する、ユーザーは拡張機能をリクエストできる	○	
アプリケーションのその他の設定	Chromeデバイス上 のAndroidアプリ	許可	◎	サポート対象の Chrome デバイスに対して承認済み Android アプリのインストールを許可するか禁止するかの設定。 ※アプリの自動インストールは非推奨
		禁止	—	

一般組織向け

カテゴリ	設定項目名	設定項目	設定値	設定内容
許可／ブロックモード	Play ストア	すべてのアプリを許可する、管理者が拒否リストを管理する	—	サポート対象の Chrome デバイスに対してユーザーがインストールできる Android アプリを制御できます。
		すべてのアプリを拒否する、管理者が許可リストを管理する	◎	

※カテゴリ［許可／ブロックモード］- 設定項目名［Chrome ウェブストア］については教育機関向けと同じ

Google Workspace Marketplace アプリの設定

カテゴリ	設定項目	設定値	設定内容
アプリへのアクセスの管理	ユーザーに対してすべてのアプリの Marketplace からのインストールと実行を許可する	—	Google Workspace Marketplaceで提供されている Google Workspace（Gmail、ドライブ、ドキュメント、カレンダーなど）を強化、拡張するアドオンや連携アプリのインストール設定。ドメインに強制的にインストールすることもできます。
	ユーザーに対して選択したアプリのみの Marketplace からのインストールと実行を許可する	◎	
	ユーザーに対して Marketplace からのアプリのインストールと実行を許可しない	—	

ディレクトリ設定

カテゴリ	設定項目名	設定項目	設定値	設定内容
共有設定	連絡先の共有	連絡先の共有を有効にする	◎	ディレクトリを有効または無効にします（有効にしてカスタムディレクトリ作成することもできる）。
		連絡先の共有を有効にしない	—	

ドライブの共有設定

カテゴリ	設定項目名	設定項目	設定値	設定内容
共有設定	共有オプション	オフ	—	組織外のユーザーとのファイル共有を許可するが、共有先を特定のドメインに限定します。
		許可リスト登録済みドメイン	◎	
		オン	—	

※設定値
◎：特に推奨する設定
○：推奨する設定
☆：必要に応じて設定

索 引